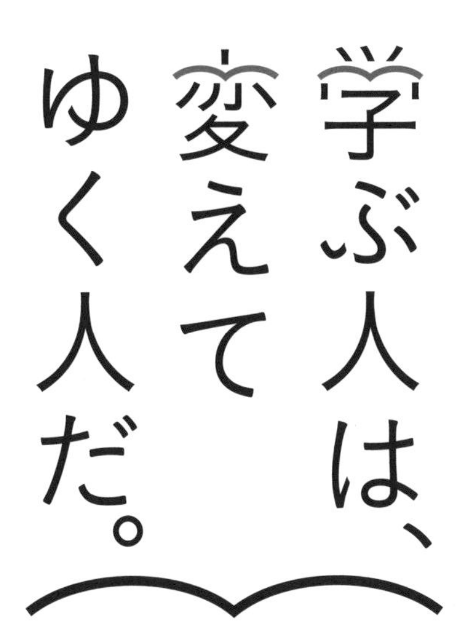

目の前にある問題はもちろん

人

社会の

挑み続けるために、人は学ぶ。

「学び」で、

少しずつ世界は変えてゆける。

いつでも、どこでも、誰でも、

学ぶことができる世の中へ。

旺文社

基礎からの
ジャンプアップノート

無機・有機化学
暗記ドリル

改訂版

東進ハイスクール 講師・駿台予備学校 講師
橋爪健作 著

旺文社

はじめに

「書いて覚える！」

何事も効率良くこなすことが評価される現代では，この「書いて覚える！」という勉強法は，非効率で無駄が多いと感じる人がいるかもしれません。でも，「読む」・「下線を引く」・「マーキングする」という勉強法では，膨大な勉強内容が覚えられないし，入試問題がなかなか解けるようにもならないとも感じていませんか？　ただし，教科書全文をノートに書き写して覚えるような勉強法は明らかに効率が良くない。**インプットとアウトプットの絶妙なバランス，少しずつレベルアップする構成，そして「書いて覚える」という王道の勉強法**をメインに据えた本があれば受験生に喜ばれるのではないだろうか，そんなことを日頃から漠然と考えていました。

いろいろと考え悩んだ末に，従来の参考書や問題集とは異なる新しい形のアウトプット中心のドリルを書くことを思いつきました。漠然とイメージしていたものを形にするのにはかなりの時間と困難を要しましたが，時間をかけ苦労し，かなり納得のいく自慢のドリルに仕上がりました。是非皆さんには，このドリルに書き込みまくり最後まで仕上げてほしいと思います。ドリルが完成した時には，**「短時間」で「効率良く」，入試で必要とされる内容を覚える**ことができたと実感できるのではないかと思います。編集担当者とさまざまなアイディアを盛り込んだこのドリルを楽しみながら完成していってほしいと思います。頑張ってくださいね。

橋爪 健作

この本の特長と使い方

本書は，化学に苦手意識をもっている人・これから学習する人のためのドリル形式の問題集です。初歩の初歩から入試の基礎がためまで，少しずつレベルアップできるように構成してありますので，無機化学・有機化学の問題を解くために必要な力が無理なく身につきます。
無機化学・有機化学の全分野を学習できます。

本冊の構成

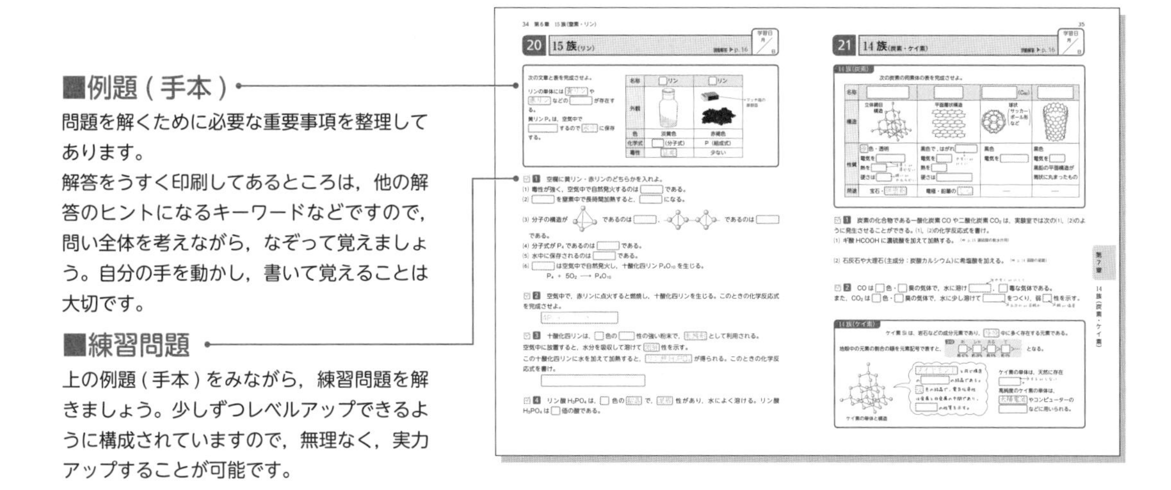

■例題（手本）
問題を解くために必要な重要事項を整理してあります。
解答をうすく印刷してあるところは，他の解答のヒントになるキーワードなどですので，問い全体を考えながら，なぞって覚えましょう。自分の手を動かし，書いて覚えることは大切です。

■練習問題
上の例題（手本）をみながら，練習問題を解きましょう。少しずつレベルアップできるように構成されていますので，無理なく，実力アップすることが可能です。

別冊解答の構成

まず，別冊解答の向きを回転させ，文字が読める向きにしてください。
別冊解答では，本冊の問題を縮小して再掲載してありますので，解答が探しやすくなっています。

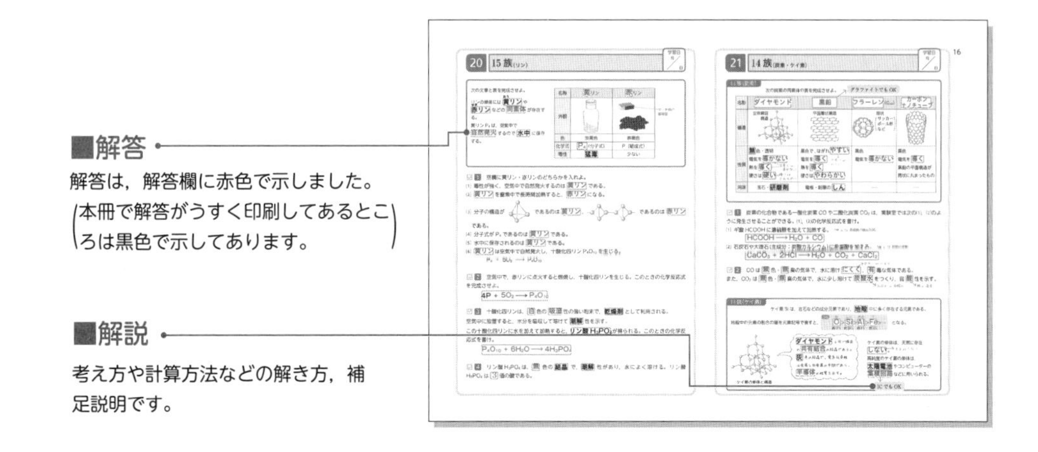

■解答
解答は，解答欄に赤色で示しました。
（本冊で解答がうすく印刷してあるところは黒色で示してあります。）

■解説
考え方や計算方法などの解き方，補足説明です。

もくじ

有機化学

1 沈殿(金属イオンの分離と確認)

別冊解答 ▶ p. 2

Ag^+ の水溶液に希塩酸 HCl を加えると □ 色の水に溶けにくい塩 AgCl が生じる。塩には，水に溶けやすいものと溶けにくいものがあり，水に溶けにくい塩(難溶性塩)を □ という。

$Ag^+ + Cl^- \longrightarrow AgCl\downarrow$ (□ 色沈殿が生じる)

【1】Cl^- と沈殿する金属イオン

化学式← □(現) , □(ナマ) など ←「現 ナマ で 苦労 する」と覚える！ □ □ Cl^-

$Ag^+ + Cl^- \longrightarrow$ □↓ (□ 色沈殿)

$Pb^{2+} + 2Cl^- \longrightarrow$ □↓ (□ 色沈殿)

補足 熱水に AgCl は溶け □ が，$PbCl_2$ は溶け □ 。(る or ない)

【2】$SO_4{}^{2-}$ と沈殿する金属イオン

化学式← □(カ) , □(バ) , □(な) など ←「カ バ な 硫酸」と覚える！ □ □ □ $SO_4{}^{2-}$

どれも □ 色沈殿が生じる

【3】$CO_3{}^{2-}$ と沈殿する金属イオン

化学式← □(カ) , □(バ) など ←「カ バ 炭酸」と覚える！ □ □ $CO_3{}^{2-}$

どちらも □ 色沈殿が生じる

☑ 1 次の沈殿の表を完成させよ。

操作(陰イオン) ＼ 金属イオン	Ca^{2+}	Ba^{2+}	Pb^{2+}	Ag^+
Cl^- を加える		(生じる沈殿の化学式／沈殿の色)	$PbCl_2\downarrow$ 白 色	□↓ □ 色
$SO_4{}^{2-}$ を加える	□↓ □ 色	□↓ □ 色	□↓ □ 色	
$CO_3{}^{2-}$ を加える	□↓ □ 色	□↓ □ 色		

☑ 2 $CrO_4{}^{2-}$ と沈殿する金属イオン

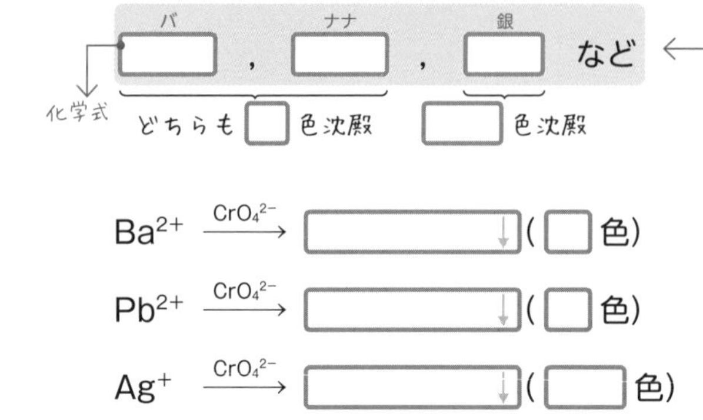

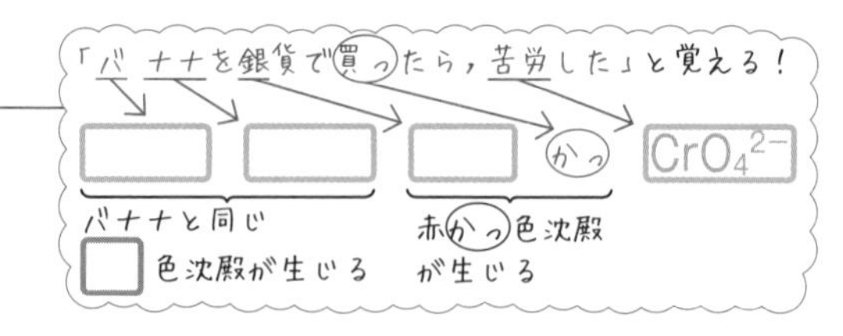

$Ba^{2+} \xrightarrow{CrO_4{}^{2-}}$ □↓ (□ 色)

$Pb^{2+} \xrightarrow{CrO_4{}^{2-}}$ □↓ (□ 色)

$Ag^+ \xrightarrow{CrO_4{}^{2-}}$ □↓ (□ 色)

2 イオン化傾向と沈殿

別冊解答 ▶ p. 2

学習日 月 / 日

【1】イオン化傾向の大きなものから順に元素記号を書け。

リ	カ	バ	カ	ナ	マ	ア	ア	テ	ニ	ス	ナ	ヒ	ド	ス	ギる	借	金
												H_2					

【2】水酸化ナトリウム NaOH やアンモニア NH_3 が水溶液中で電離するようすをそれぞれ表せ。

NaOH ＿＿＿　NH_3 ＿＿＿

☑ **1**　NaOH 水溶液や NH_3 水などの塩基を少量加えると，イオン化傾向が Na よりも小さな金属イオンが OH^- と［水酸化物］の沈殿を生じる。ただし, Hg^{2+} と Ag^+ は［酸化物］が沈殿する。

→イオン化傾向が Na よりも小さな金属イオン

化学式	Mg^{2+}	Al^{3+}	Zn^{2+}	Fe^{2+}	Fe^{3+}	Ni^{2+}	Sn^{2+}	Pb^{2+}	Cu^{2+}	Hg^{2+}	Ag^+
OH^- との沈殿					水酸化鉄(Ⅲ)	$Ni(OH)_2$	$Sn(OH)_2$			HgO	
沈殿の色				緑白		緑	白			黄	

水酸化物が沈殿する（Mg^{2+}～Cu^{2+}）　酸化物が沈殿する（Hg^{2+}, Ag^+）

(1) 上の表の水酸化物や酸化物の沈殿のうち，①過剰の NaOH 水溶液や②過剰の NH_3 水に溶けるものを化学式で答えよ。

「あ　あ　すん　なり　と溶ける」と覚える！
Al^{3+}　Zn^{2+}　Sn^{2+}　Pb^{2+} の水酸化物が溶ける

① 過剰の NaOH 水溶液に溶ける沈殿

あ ＿＿＿ ，あ ＿＿＿ ，すん ＿＿＿ ，なり ＿＿＿

② 過剰の NH_3 水に溶ける沈殿

藤 ＿＿＿ ，あ ＿＿＿ ，に $Ni(OH)_2$ ，銀 ＿＿＿

「安　藤さんの　あ　には　銀行員」と覚える！
NH_3　＿＿＿　＿＿＿　Ni^{2+}　＿＿＿　が溶ける
水酸化物　酸化物

☑ **2**　$Al(OH)_3$ や $Zn(OH)_2$ は，過剰の NaOH 水溶液を加えると溶ける。このときのイオン反応式を書け。

$Al(OH)_3$ ＋ 　　　$\longrightarrow [Al(OH)_4]^-$

$Zn(OH)_2$

☑ **3**　$Cu(OH)_2$ や $Zn(OH)_2$ は，過剰の NH_3 水を加えると溶ける。このときのイオン反応式を書け。

$Cu(OH)_2$ ＋ 　　　$\longrightarrow [Cu(NH_3)_4]^{2+}$

$Zn(OH)_2$

3 硫化物の沈殿，ハロゲン化銀，鉄イオンの反応

別冊解答 ▶p. 3

学習日 月 / 日

硫化物の沈殿

金属イオンの水溶液に硫化水素 H_2S を通じると，水溶液の液性(酸性，中性，塩基性)によって，硫化物の沈殿を生じる場合・生じない場合がある。

【1】イオン化傾向が Zn～Ni の金属イオンを含む水溶液

ア(化学式) □，テ □，□，ニ Ni^{2+} の水溶液は，

中 性や 塩基 性のときに，H_2S を通じると硫化物の沈殿を生じる。

金属イオン	Zn^{2+}	Fe^{2+}	Fe^{3+}	Ni^{2+}
中性～塩基性で H_2S を通じる	□↓ (□)(色)	□↓ (□)	□↓ (□)	NiS↓ (黒)

Fe^{3+} は H_2S により 還元 され □(化学式) になるので □(化学式) の 黒 色沈殿を生じる。

補足 これらの金属イオンは，水溶液が 酸 性のときに H_2S を通じても沈殿が生じない。

【2】イオン化傾向が Sn～Ag の金属イオンを含む水溶液

ス Sn^{2+}，ナ □，ド □，ス Hg^{2+}，ギる Ag^{+} の水溶液は，

酸 性，中 性，塩基 性のいずれであっても，H_2S を通じると硫化物の沈殿を生じる。

金属イオン	Sn^{2+}	Pb^{2+}	Cu^{2+}	Hg^{2+}	Ag^{+}
中性～塩基性で H_2S を通じる	SnS↓ (黒～褐)	□↓ (□)	□↓ (□)	HgS↓ (黒)	□↓ (□)
酸性で H_2S を通じる	SnS↓ (黒～褐)	□↓ (□)	□↓ (□)	HgS↓ (黒)	□↓ (□)

酸性，中性，塩基性，どの条件でも沈殿が生じる

☑ **1** 次の硫化物の沈殿の色を答えよ。

ZnS，FeS，NiS，SnS，PbS，CuS，HgS，Ag_2S

ZnS：□色　FeS～Ag_2S：いずれも □色

☑ **2** 次の表を完成させよ。沈殿を生じる場合は「沈殿の化学式と色」を答え，沈殿を生じない場合は「沈殿しない」と答えよ。

金属イオン	Zn^{2+}	Fe^{2+}	Fe^{3+}	Ni^{2+}	Pb^{2+}	Cu^{2+}	Ag^{+}
H_2S を通じる 酸性	□	□	□	沈殿しない	□ (□)	□ (□)	□ (□)
H_2S を通じる 中性～塩基性	□ (□)	□ (□)	□ (□)	NiS↓ (黒)	□ (□)	□ (□)	□ (□)

ハロゲン化銀

Cl^-, Br^-, I^- は，Ag^+ と沈殿を生じ［　］が，F^- は Ag^+ と沈殿を生じ［　］。
（る or ない）（る or ない）

AgCl は［　］色沈殿で，NH_3 水に溶け［　］。
AgBr は［　］色沈殿で，NH_3 水にわずかに溶ける。
AgI は［　］色沈殿で，NH_3 水に溶け［　］。

AgCl などのハロゲン化銀の沈殿には［　］性があり，［　］を当てると分解し，［　］が析出することで［　］くなる。
（空気 or 光）（化学式）（色）

$2AgCl \xrightarrow{光}$ ［　］

☑ **3** 次の表を完成させよ。

	AgF	AgCl	AgBr	AgI
	水に溶ける	［　］色沈殿	［　］色沈殿	［　］色沈殿
NH_3 水を加える	――	溶け［　］	わずかに溶ける	溶け［　］

☑ **4** AgCl に NH_3 水を加えると溶ける。このときのイオン反応式を書け。

［ $\longrightarrow [Ag(NH_3)_2]^+$ ］

☑ **5** AgCl に光を当てると，しだいに黒くなる。このときの化学反応式を書け。

［　］

鉄イオンの反応

Fe^{2+} に 6 個の CN^- が［配位］結合した［錯］イオンは［$[Fe(CN)_6]^{4-}$］となる。
Fe^{3+} に 6 個の CN^- が［　］結合した［　］イオンは［　］となる。

☑ **6** $[Fe(CN)_6]^{4-}$ のような［　］イオンを含む塩を［錯塩］という。
$[Fe(CN)_6]^{4-}$ と K^+ からなる［　］塩の化学式は［　］となる。
$[Fe(CN)_6]^{3-}$ と K^+ からなる［　］塩の化学式は［　］となる。

☑ **7** Fe^{2+} を含む水溶液に，$[Fe(CN)_6]^{3-}$ と K^+ からなる錯塩の水溶液を加えると［　］色沈殿を生じる。
（ヘキサシアニド鉄(Ⅲ)酸カリウム $K_3[Fe(CN)_6]$）

Fe^{3+} を含む水溶液に，$[Fe(CN)_6]^{4-}$ と K^+ からなる錯塩の水溶液を加えると［　］色沈殿を生じる。
（ヘキサシアニド鉄(Ⅱ)酸カリウム $K_4[Fe(CN)_6]$）

Fe^{3+} を含む水溶液に，KSCN（チオシアン酸カリウム）水溶液を加えると［　］色溶液になる。

4 イオンや沈殿の色

別冊解答 ▶ p. 4

学習日　月／日

【1】水溶液中のイオンの色

ほとんどの水溶液が□色　例 Li^{+}，K^{+}，Ba^{2+}，Ca^{2+}，Pb^{2+}，…

Fe^{2+}：淡□色　Fe^{3+}：□色　Cu^{2+}：□色　Ni^{2+}：緑色

CrO_4^{2-}：□色　$Cr_2O_7^{2-}$：□色　MnO_4^{-}：□色　$[Cu(NH_3)_4]^{2+}$：□色

【2】沈殿の色など

① Cl^{-}，SO_4^{2-}，CO_3^{2-} の沈殿はすべて□色

② CrO_4^{2-} の沈殿は，$BaCrO_4$：□色　$PbCrO_4$：□色　Ag_2CrO_4：□色

「バ(Ba^{2+})ナナ(Pb^{2+})」と同じ色　「買っ」から赤かつ色

③ OH^{-} の沈殿は□色が多いので，□色以外を覚える。

$Fe(OH)_2$：□色　水酸化鉄(Ⅲ)：□色　$Cu(OH)_2$：□色　$Ni(OH)_2$：緑色

④ 酸化物は以下を覚える。

CuO：□色　Cu_2O：□色　Ag_2O：□色　MnO_2：□色

Fe_3O_4：□色　Fe_2O_3：□色　ZnO：□色　HgO：黄色

⑤ S^{2-} の沈殿は□色が多いので，□色以外を覚える。

ZnS：□色

☑ **1** Li，Na，K(□金属)や Ca，Sr，Ba(Be と Mg を除く［土類］金属)，Cu などの元素を含んだ化合物やその水溶液を炎の中に入れると，それぞれの元素に特有の色を示す。これを□反応という。

☑ **2** ［炎色］反応における炎の色を答えよ。

ゴロ

アルカリ金属			Be と Mg を除くアルカリ土類金属			
Li り	Na な	K ケー	Ca 借りる	Sr するも	Ba 馬	Cu 動
□色	□色	□色	□色	□色	□色	□色
アカー	き	村	とう	くれない	リキ	リョク

☑ **3** 水溶液や沈殿の色，沈殿の化学式を答えよ。

加える試薬 ＼ 水溶液・色	Fe^{2+} □色	Fe^{3+} □色
NaOH 水溶液	□↓（化学式）　□色	水酸化鉄(Ⅲ)↓　□色
ヘキサシアニド鉄(Ⅱ)酸カリウム $K_4[Fe(CN)_6]$ 水溶液	青白色沈殿	□色沈殿
ヘキサシアニド鉄(Ⅲ)酸カリウム $K_3[Fe(CN)_6]$ 水溶液	□色沈殿	褐色溶液
チオシアン酸カリウム KSCN 水溶液	変化なし	□色溶液
中性～塩基性で H_2S を通じる	（化学式）□↓　□色	（化学式）□↓　□色

4 次の沈殿や錯イオンの化学式・色を答えよ。

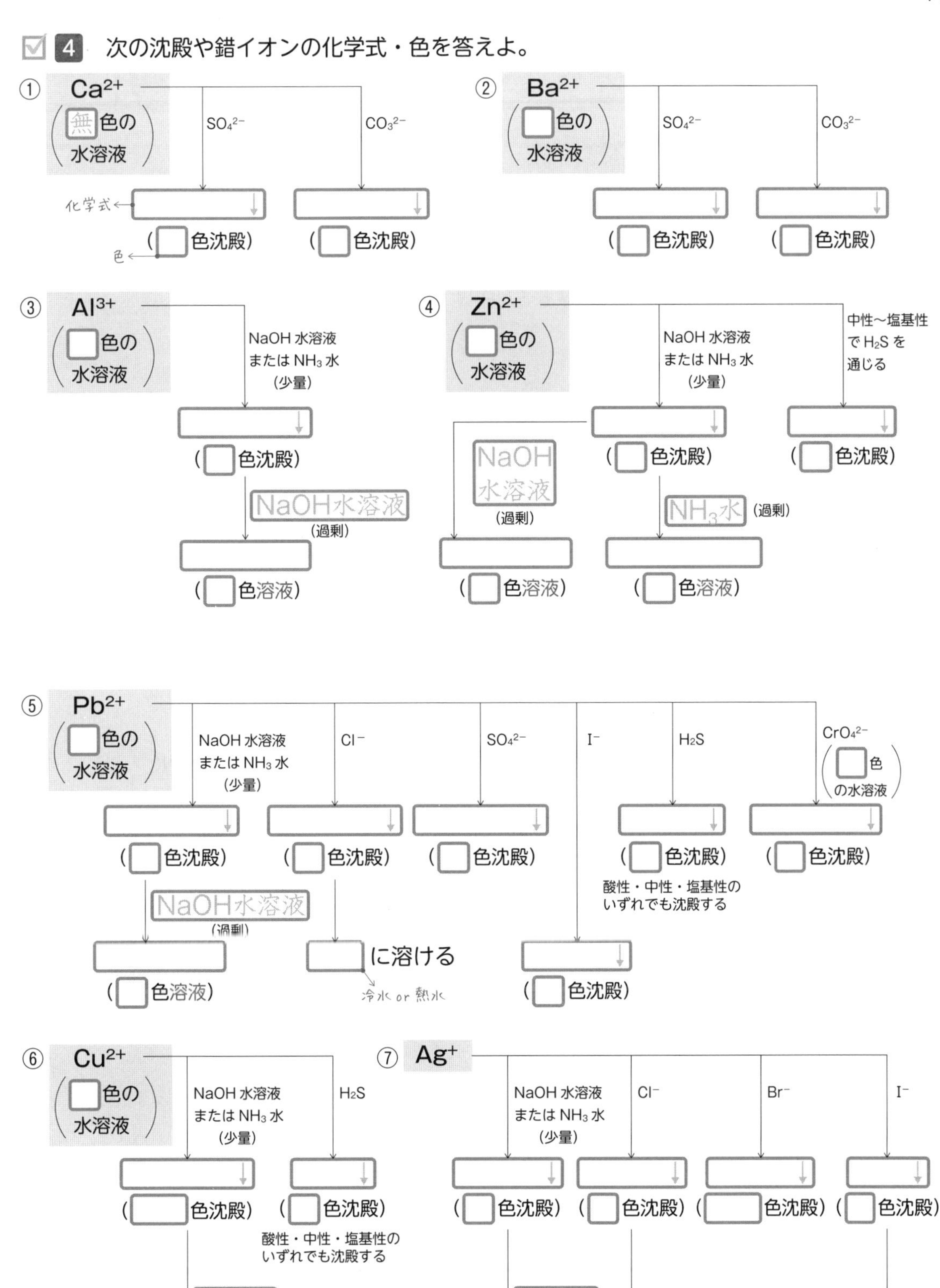

学習日　月／日

5 錯イオン

別冊解答 ▶ p. 5

錯イオン

$[Zn(NH_3)_4]^{2+}$，$[Zn(OH)_4]^{2-}$ のようなイオンを［イオン］という。

$[Zn(NH_3)_4]^{2+}$ や $[Zn(OH)_4]^{2-}$ は，Zn^{2+} に［　　　］をもつ NH_3 や OH^- が［　　］結合してできている。

Zn^{2+}（中心金属イオン）と［　　］結合を形成する NH_3 や OH^- などの分子や陰イオンを［　　］，その数を［　　］という。

NH_3，Zn^{2+}，NH_3，H_3N，NH_3

←は［　　］結合を示している

（Zn^{2+}の［イオン］は，［正四面体形］をとる）は，$[Zn(NH_3)_4]^{2+}$ と表す。

［配位子］といい，［　　　］をもつ

［配位子］の数を［　　］という

1 次の表を完成させよ。

錯イオンのようす（←は配位結合を表す）	$H_3N \rightarrow Ag^+ \leftarrow NH_3$	NH_3, Zn^{2+}, NH_3, H_3N, NH_3	H_3N, NH_3, Cu^{2+}, H_3N, NH_3	CN^-, ^-NC, CN^-, Fe^{2+}, ^-NC, CN^-, CN^-	CN^-, ^-NC, CN^-, Fe^{3+}, ^-NC, CN^-, CN^-
化学式	$[Ag(NH_3)_2]^+$	［　］	［　］	［　］	［　］
金属イオン	Ag^+	［　］	［　］	［　］	［　］
配位数	2	［　］	［　］	［　］	［　］
形	［　］	正四面体形	［　］	［　］	［　］

錯イオンの形は，中心金属イオンの種類と配位数で決まる。

2 錯イオンの名前をつけるとき，配位数はギリシャ語の数詞で表す。次の表を完成させよ。

数字	1	2	3	4	5	6
数詞	モノ	［　］	［　］	［　］	［　］	［　］

3 錯イオンの名前をつけるとき，配位子名は次の表のように表す。表を完成させよ。

配位子	NH_3	H_2O	OH^-	CN^-
名称	アンミン	［　］	［　］	［　］

4 次の錯イオンの形，配位数，配位子名を答えよ。ただし，配位数はギリシャ語の数詞で答えよ。

$[Cu(NH_3)_4]^{2+}$ の形は［　　　］で，配位数は［　　　］，NH_3 の配位子名は［　　　］になる。$[Fe(CN)_6]^{3-}$ の形は［　　　］で，配位数は［　　　］，CN^- の配位子名は［　　　］になる。

錯イオンの名前

錯イオンの名前は，

配位数 ➡ 配位子名 ➡ 中心金属イオンの名前 ➡ イオン

と➡の順につける。ただし，$[Fe(CN)_6]^{4-}$ や $[Fe(CN)_6]^{3-}$ のような［陰イオン］の場合，「イオン」ではなく「［酸イオン］」とする。よって，

酸化数は(　)をつけて，ローマ数字で表す。+1→Ⅰ，+2→Ⅱ，+3→Ⅲ，…

$[Zn(NH_3)_4]^{2+}$ は［テトラ アンミン 亜鉛(Ⅱ) イオン］となり，

（テトラ→配位数　アンミン→配位子名　亜鉛(Ⅱ)→Zn^{2+}　イオン→陽イオンなので）

$[Cu(NH_3)_4]^{2+}$ は［　　　　　　　　］となる。

また，

$[Fe(CN)_6]^{4-}$ は，陰イオンであることに注意すると［　　　　　　　　］となる。

☑ **5**　次の錯イオンの名称と形，またその水溶液の色を答えよ。

化学式	名称	形	水溶液の色
$[Ag(NH_3)_2]^+$	［　　　　］	［　　］	［　］色
$[Cu(NH_3)_4]^{2+}$	［　　　　］	［　　］	［　］色
$[Fe(CN)_6]^{3-}$	［　　　　］	［　　］	黄色

↑ 参考程度

☑ **6**　次の［　］に沈殿やイオンの化学式，色を答えよ。

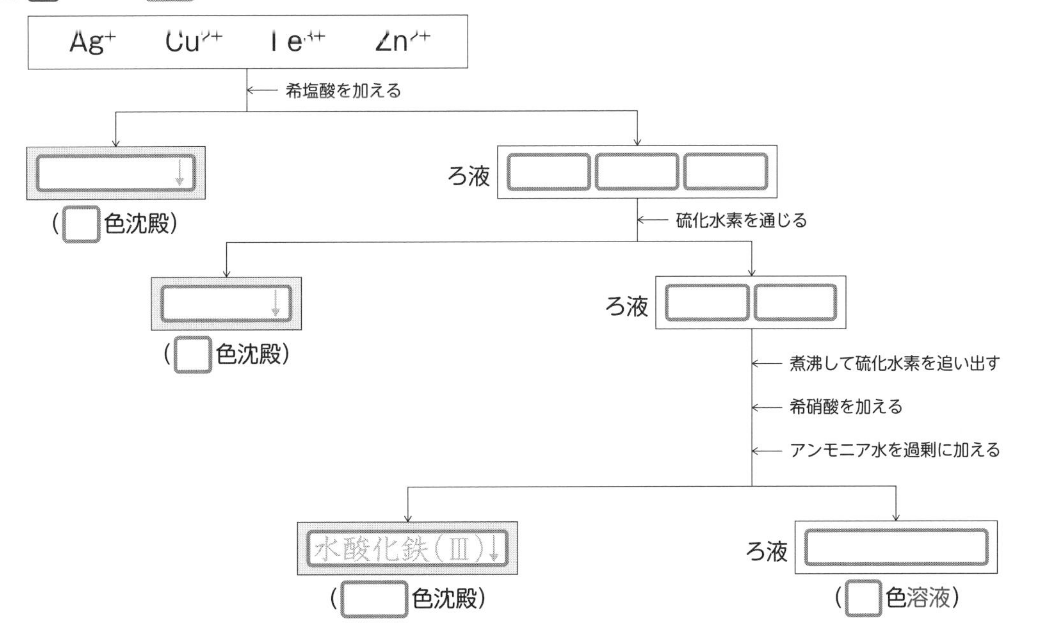

6 おもな気体の発生方法(弱酸・弱塩基の遊離，濃硫酸)

別冊解答 ▶ p. 6

学習日　月／日

弱酸の遊離(H_2S，CO_2，SO_2)

【1】次の酸は，強酸・弱酸のどちらになるか答えよ。

塩酸(塩化水素 HCl の水溶液)　⇒ ［　　］
希硫酸 H_2SO_4　⇒ ［　　］
炭酸 H_2CO_3(CO_2 ＋ H_2O)　⇒ ［　　］
硫化水素 H_2S　⇒ ［　　］
亜硫酸 H_2SO_3(SO_2 ＋ H_2O)　⇒ ［　　］

【2】弱酸のイオンに強酸を加えると弱酸が遊離する。次の反応式を完成させよ。

S^{2-} ＋ 2HCl ⟶ ［　　］ ＋ ［　　］　(硫化水素の発生方法)
(弱酸のイオン)(強酸)　(弱酸)

CO_3^{2-} ＋ 2HCl ⟶ H_2O ＋ CO_2 ＋ ［　　］　(二酸化炭素の発生方法)

SO_3^{2-} ＋ 2HCl ⟶ ［　　］ ＋ ［SO_2］ ＋ ［　　］　(二酸化硫黄の発生方法)

☑ **1**　(1)～(4)の化学反応式を書け。

(1) 硫化鉄(Ⅱ)に塩酸を加えると，硫化水素が発生する。　(弱酸の遊離)

(2) 硫化鉄(Ⅱ)に希硫酸を加える。　(弱酸の遊離)

(3) 石灰石(主成分 $CaCO_3$)に塩酸を加えると，二酸化炭素が発生する。　(弱酸の遊離)

(4) 亜硫酸ナトリウム Na_2SO_3 に希硫酸を加えると，二酸化硫黄が発生する。　(弱酸の遊離)

弱塩基の遊離(NH_3)

【1】次の塩基は，強塩基・弱塩基のどちらになるか答えよ。

アンモニア NH_3　⇒ ［　　］
水酸化ナトリウム NaOH　⇒ ［　　］
水酸化カルシウム $Ca(OH)_2$　⇒ ［　　］

【2】アンモニアが水溶液中で電離するようすをイオン反応式で表せ。

［　　　　　　］

☑ **2**　アンモニウムイオン NH_4^+ に強塩基を加えると，NH_3 が遊離する。

［NH_4^+ ＋ OH^- ⟶ NH_3 ＋ H_2O］　(アンモニアの発生方法)

このイオン反応式を利用し，「塩化アンモニウム NH_4Cl に水酸化カルシウムを混合し［加熱］した」ときの化学反応式を書け。

［　　　　　　　　　　］　(弱塩基の遊離)

濃硫酸の不揮発性（HCl，HF）

濃硫酸は沸点が約 340℃と高く，［　　　　］の酸である。濃硫酸に比べて，塩化水素 HCl（沸点 −85℃）やフッ化水素 HF（沸点 20℃）は［　　　　］の酸になる。［　　　　］の酸である HCl や HF のイオン Cl^- や F^- を含む塩を，［　　　　］の酸である濃硫酸 H_2SO_4 とともに［加熱］すると，HCl や HF を発生させることができる。
次の反応式を完成させよ。

$$Cl^- + H_2SO_4 \xrightarrow{加熱} [\quad] + HSO_4^-$$ （HCl の発生方法）

$$2F^- + H_2SO_4 \xrightarrow{加熱} [\quad] + SO_4^{2-}$$ （HF の発生方法）

3 (1)，(2)の化学反応式を書け。

(1) 塩化ナトリウムに濃硫酸を加えて［加熱］する。

(2) ホタル石（主成分 フッ化カルシウム CaF_2）に濃硫酸を加えて［加熱］する。

濃硫酸の脱水作用（CO）

炭素原子を骨格とする化合物である有機化合物に対し，濃硫酸は［　　作用］（H_2O の形で引き抜く作用）がある。

〈脱水作用の例〉 次の化学反応式を完成させよ。

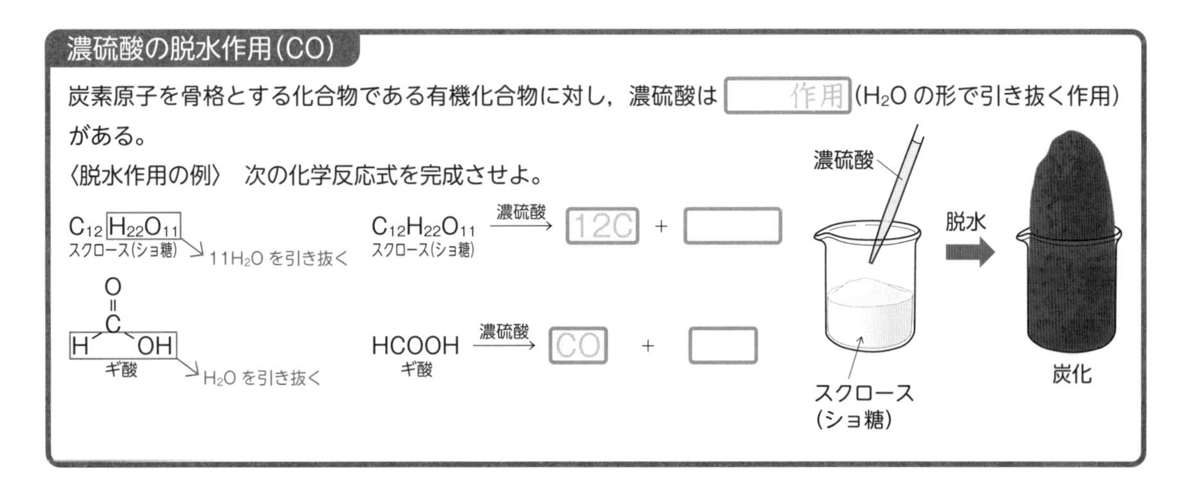

4 ギ酸 HCOOH に濃硫酸を加えて［加熱］すると，一酸化炭素が発生する。このときの化学反応式を書け。

5 (1)〜(3)の化学反応式を書け。

(1) 大理石（主成分 炭酸カルシウム）に塩酸を反応させる。

(2) 塩化アンモニウムと水酸化カルシウムの混合物を［加熱］する。

(3) フッ化カルシウムに濃硫酸を加えて［加熱］する。

7 おもな気体の発生方法（酸化還元反応）

別冊解答 ▶ p. 7

学習日　月／日

酸化還元反応（H_2）

水素よりもイオン化傾向が［　　］い金属であるZnやFeは，希硫酸H_2SO_4や塩酸HClから電離して生じるH^+と酸化還元反応により［　］を発生する。このとき，Znは［Zn^{2+}］，Feは［Fe^{2+}］へと変化する。
次の【1】，【2】の化学反応式を書け。

分子式

【1】亜鉛に希硫酸を加えると水素が発生する。

Zn ⟶ ［Zn^{2+} + $2e^-$］
［$2H^+$ + $2e^-$］⟶ H_2
まとめる ⟶ ［　　　　　　　　］…(a)

(a)式の両辺にSO_4^{2-}を加えると完成する。

［　　　　　　　　］

【2】鉄に希塩酸を加える。

Fe ⟶ ［　　　　］
［　　　　］⟶ H_2
まとめる ⟶ ［　　　　　　　　］…(b)

(b)式の両辺に$2Cl^-$を加えると完成する。

［　　　　　　　　］

☑ **1**　(1)，(2)の化学反応式を書け。

(1) 亜鉛に希塩酸を加える。

(2) 鉄に希硫酸を加える。

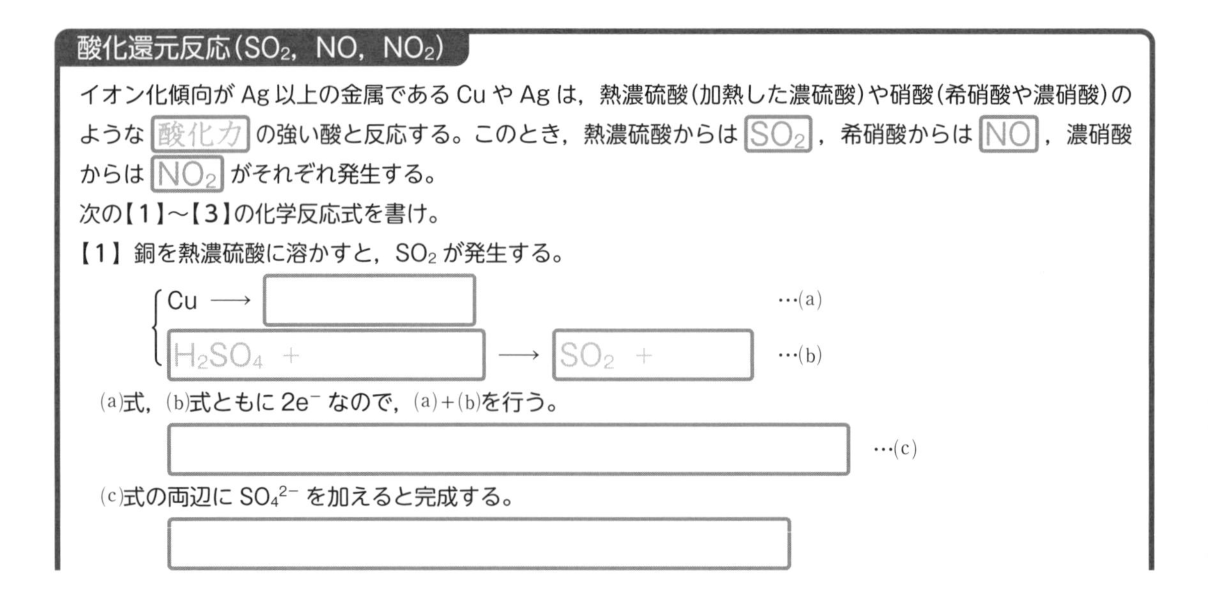

酸化還元反応（SO_2，NO，NO_2）

イオン化傾向がAg以上の金属であるCuやAgは，熱濃硫酸（加熱した濃硫酸）や硝酸（希硝酸や濃硝酸）のような［酸化力］の強い酸と反応する。このとき，熱濃硫酸からは［SO_2］，希硝酸からは［NO］，濃硝酸からは［NO_2］がそれぞれ発生する。
次の【1】～【3】の化学反応式を書け。

【1】銅を熱濃硫酸に溶かすと，SO_2が発生する。

Cu ⟶ ［　　　　］…(a)
［H_2SO_4 +　　　　］⟶［SO_2 +　　］…(b)

(a)式，(b)式ともに$2e^-$なので，(a)+(b)を行う。

［　　　　　　　　］…(c)

(c)式の両辺にSO_4^{2-}を加えると完成する。

［　　　　　　　　］

【2】銅と希硝酸を反応させると，NO が発生する。

$Cu \longrightarrow$ ［　　］ …(a)
［HNO_3 ＋　　］ $\longrightarrow$ ［NO ＋　　］ …(b)

(a)式を［　］倍，(b)式を［　］倍して $6e^-$ でそろえる。

(a)×［　］＋(b)×［　］から，

［　　　　］ …(c)

(c)式の両辺に $6NO_3^-$ を加えると完成する。

［　　　　］

【3】銅と濃硝酸を反応させると，NO_2 が発生する。

［$Cu \longrightarrow$　　］ …(a)
［HNO_3 ＋　　$\longrightarrow$　　］ …(b)

(b)式を［　］倍して，(a)式と $2e^-$ でそろえる。

(a)＋(b)×［　］から，

［　　　　］ …(c)

(c)式の両辺に $2NO_3^-$ を加えると完成する。

［　　　　］

☑ **2**　鉛 Pb は，希硫酸や塩酸とは，水に溶けにくい塩を生じて被膜をつくるために，ほとんど反応しない。このとき生じる塩の化学式を答えよ。

［　　］と［　　］

☑ **3**　［Fe］(テ)，［Ni］(ニ)，［Al］(アル)は，濃硝酸に入れてもほとんど反応しない。これは，それぞれの表面に［ち密］な［酸化物の被膜］ができることで内部を保護するためである。このような状態を［　　］という。

☑ **4**　(1)～(3)の反応を化学反応式で書け。

(1) 銅に濃硫酸を加えて［加熱］する。

(2) 銅に濃硝酸を加える。

(3) 銅に希硝酸を加える。

酸化還元反応(O_2)

過酸化水素 H_2O_2 は，反応する相手により，酸化剤や還元剤としてはたらく。酸性条件で酸化剤としてはたらくときには H_2O に，還元剤としてはたらくときには O_2 になる。

【1】H_2O_2 が酸化剤としてはたらくときの e^- を含むイオン反応式を書け。

…(a)

【2】H_2O_2 が還元剤としてはたらくときの e^- を含むイオン反応式を書け。

…(b)

【3】過酸化水素水に，触媒として酸化マンガン(Ⅳ)MnO_2 を加えると，酸素が発生する。このときの化学反応式は，(a)+(b)からつくることができる。この化学反応式を書け。

5　酸化マンガン(Ⅳ)MnO_2 に濃塩酸 HCl を加えて 加熱 すると，塩素が発生する。この反応では，MnO_2 は 酸化剤 としてはたらき Mn^{2+} へと変化する。また，濃塩酸中に含まれている Cl^- は 還元剤 としてはたらき Cl_2 が発生する。この反応の化学反応式は，以下のようにつくることができる。

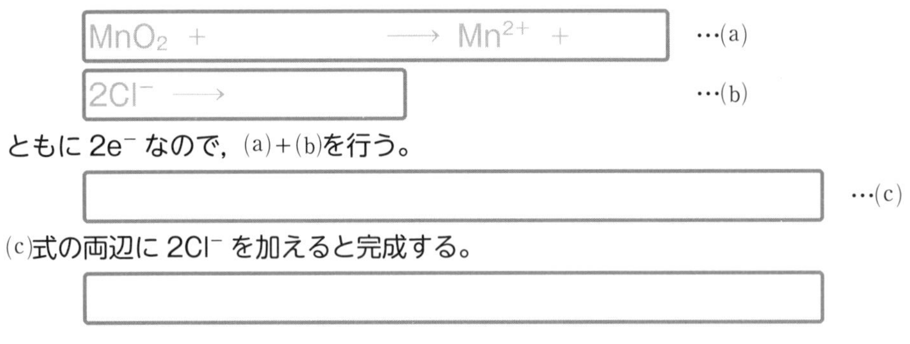

MnO_2 ＋　　　　$\longrightarrow$ Mn^{2+} ＋　　…(a)

$2Cl^-$ $\longrightarrow$　　…(b)

ともに $2e^-$ なので，(a)+(b)を行う。

…(c)

(c)式の両辺に $2Cl^-$ を加えると完成する。

6　(1)〜(3)の化学反応式や e^- を含むイオン反応式を書け。

(1) 過酸化水素水に酸化マンガン(Ⅳ)(触媒)を加えたときの化学反応式。

(2) 酸化マンガン(Ⅳ)が酸性条件で酸化剤としてはたらくときのイオン反応式。

(3) 酸化マンガン(Ⅳ)に濃塩酸を加えて 加熱 したときの化学反応式。

8 おもな気体の発生方法(熱分解反応)

別冊解答 ▶ p. 8

学習日 月 / 日

熱分解反応(O_2, N_2)

塩素酸カリウム $KClO_3$ に，触媒として MnO_2 を加えて 加熱 すると，O_2 が発生する。このときの化学反応式は次のようになる。

$$2KClO_3 \longrightarrow 2KCl + 3O_2$$

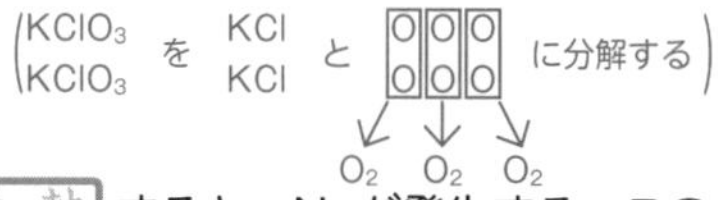

($KClO_3$, $KClO_3$ を KCl, KCl と O_2 O_2 O_2 に分解する)

亜硝酸アンモニウム NH_4NO_2 を含む水溶液を 加熱 すると，N_2 が発生する。このときの化学反応式は次のようになる。

$$NH_4NO_2 \longrightarrow N_2 + 2H_2O$$

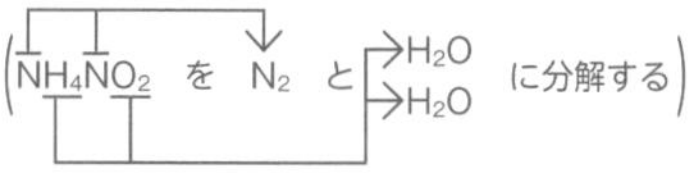

(NH_4NO_2 を N_2 と H_2O, H_2O に分解する)

☑ **1** 硫酸 H_2SO_4 や硝酸 HNO_3 のように，分子中に 酸素 原子を含む酸を [　　　] という。次の オキソ酸 の化学式を答えよ。

(1) 過塩素酸 酸の強さ 塩素酸　亜塩素酸　次亜塩素酸

[　　] ＞ [　　] ＞ [　　] ＞ [　　]

(2) 硫酸 酸の強さ 亜硫酸

[　　] ＞ [　　]

(3) 硝酸 酸の強さ 亜硝酸

[　　] ＞ [　　]

☑ **2** **1** の酸の強さから，同一元素(Cl，S，N)のオキソ酸では，Cl，S，N に結合する 酸素 原子の数が [　　] ほど酸性が 強く なることがわかる。

多い or 少ない

☑ **3** 次の化学式を答えよ。

(1) 塩素酸は [　　]，塩素酸イオンは [　　]，塩素酸カリウムは [　　] となる。

(2) 亜硝酸は [　　]，亜硝酸イオンは [　　]，亜硝酸ナトリウムは [　　]，亜硝酸アンモニウムは [　　] となる。

☑ **4** (1)，(2)の化学反応式を書け。

(1) 塩素酸カリウムに，触媒として酸化マンガン(Ⅳ)を加えて 加熱 する。

(2) 亜硝酸アンモニウム水溶液を 加熱 する。

9　気体の性質と捕集法

別冊解答 ▶ p. 9

学習日　月／日

【1】次の①〜④は，いずれも常温で有色の気体である。それぞれの色を答えよ。
① F_2 ［　　］色　② Cl_2 ［　　］色　③ NO_2 ［　　］色　④ O_3 ［　　］色

【2】気体の捕集方法について空欄に「やすい」「にくい」「軽い」「重い」のいずれかを入れよ。

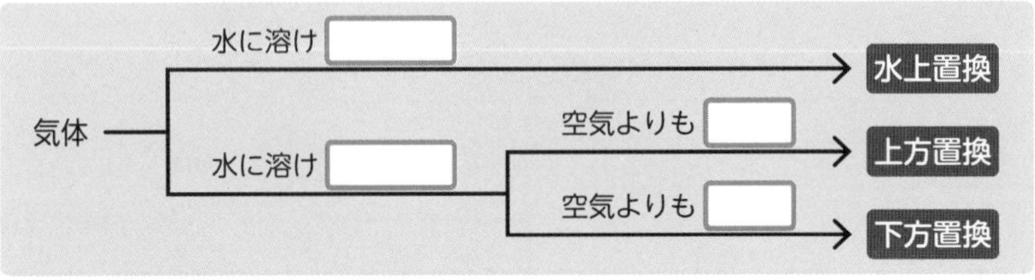

気体 ─ 水に溶け［　　］→ 水上置換
気体 ─ 水に溶け［　　］─ 空気よりも［　　］→ 上方置換
　　　　　　　　　　　 └ 空気よりも［　　］→ 下方置換

空気の平均分子量は約 29（フク）になる。
例えば，NH_3 は水に溶け［　　］気体であり，分子量が 17 なので，空気よりも［　　］気体である。
そのため，NH_3 は 上方置換 で捕集する。

【3】水に溶けにくい気体は 中性 の気体 であり，［　　］で捕集する。中性の気体の化学式を答えよ。

農・工・水・産・地・油（石油，有機化合物）
［　］・［　］・［　］・［　］・［　］・CH_4（メタン）・C_2H_4（エチレン）・C_2H_2（アセチレン）

【4】NH_3 は水によく溶ける［　　］性の気体 であり，［　　］で捕集する。

【5】H_2S, Cl_2, HF, HCl, CO_2, NO_2, SO_2 は，いずれも水に溶けて［　］性を示す［　］性の気体 である。これらの気体はいずれも［　　］で捕集する。

☑ **1**　次の(1)〜(3)の気体について，捕集法とその性質(酸性・中性・塩基性のいずれか)を答えよ。

(1) NO（農），CO（工），H_2（水），O_2（産），N_2（地），CH_4，C_2H_4，C_2H_2（油） ⇒ ［　　］，［　］性の気体
(2) NH_3 ⇒ ［　　］，［　］性の気体
(3) H_2S，Cl_2，HF，HCl，CO_2，NO_2，SO_2 ⇒ ［　　］，［　］性の気体

☑ **2**　次の(1)〜(6)の気体について，その臭い(無臭・特異臭・刺激臭・腐卵臭のいずれか)と色を答えよ。

(1) H_2S は［　］臭をもつ［　］色の気体である。
(2) O_3 は［　］臭をもつ［　］色の気体である。
(3) Cl_2 は［　］臭をもつ［　］色の気体である。
(4) NH_3 は［　］臭をもつ［　］色の気体である。
(5) HCl は［　］臭をもつ［　］色の気体である。
(6) CO_2 は［　］臭で［　］色の気体である。

学習日 月／日

10 加熱を必要とする反応

別冊解答 ▶ p. 9

実験室で気体を発生させる場合，加熱の必要な反応は，次の【1】〜【4】をおさえる。次の化学反応式を書け。

【1】アンモニアを発生させる反応

例 塩化アンモニウムに水酸化カルシウムを混合し，加熱 する。

加熱→

(➡ p.14 弱塩基の遊離)

【2】濃硫酸を使う反応

例 塩化ナトリウムに濃硫酸を加えて 加熱 する。

加熱→

(➡ p.15 濃硫酸の不揮発性)

注意 濃硫酸を使う反応は加熱が必要だが，希硫酸を使う反応は加熱を必要としない。

例 硫化鉄(Ⅱ)に希硫酸を加える。

~~加熱~~→

(➡ p.14 弱酸の遊離)

【3】熱分解反応

例 亜硝酸アンモニウム水溶液を 加熱 する。

加熱→

(➡ p.19 熱分解反応)

【4】酸化マンガン(Ⅳ)と濃塩酸から塩素を発生させる反応

酸化マンガン(Ⅳ)に濃塩酸を加え，加熱 する。

加熱→

(➡ p.18 酸化還元反応)

☑ 1 乾燥した塩素は，実験室では次図のような装置を用いて，酸化マンガン(Ⅳ)と濃塩酸から発生させる。

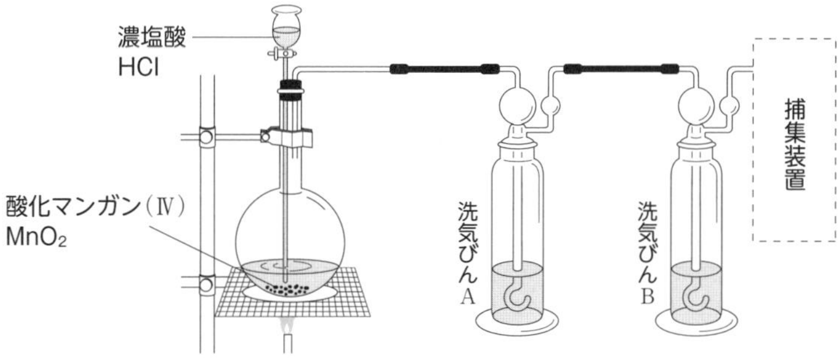

濃塩酸
HCl
酸化マンガン(Ⅳ)
MnO_2
洗気びんA
洗気びんB
捕集装置

(1) 下線部の化学反応式を書け。 (➡ p.18 酸化還元反応)

(2) 洗気びん A に入っている物質の名称と A で除かれる物質の名称を答えよ。

入っている物質 [　　]　　除かれる物質 [　　]

(3) 洗気びん B に入っている物質の名称と B で除かれる物質の名称を答えよ。

入っている物質 [　　]　　除かれる物質 [　　]

(4) 捕集装置は，水上置換・上方置換・下方置換のいずれか答えよ。 [　　]

11 酸化物の反応

別冊解答 ▶p. 10

学習日　月／日

金属の酸化物

Na_2O，CaO，Al_2O_3，CO_2，SO_3 のような酸素の化合物を［　　］といい，Na_2O，CaO，Al_2O_3 のような金属の［　　］や，CO_2，SO_3 のような非金属の［　　］がある。
（金属：Na，Ca，Al など　非金属：C，S など）

金属の［酸化物］である Na_2O は，水と反応して［塩基］を生じる。

Na_2O ＋ H_2O ⟶ ［　　］

（O^{2-} ＋ H_2O ⟶ $2OH^-$ からつくる
O^{2-} ＋ $H^{\delta+}$–$O^{\delta-}$–$H^{\delta+}$ ⟶ OH^- ＋ OH^-　引かれる）

また，Na_2O は，酸と反応して［塩］を生じる。

Na_2O ＋ $2HCl$ ⟶ ［　　］　（O^{2-} ＋ $2H^+$ ⟶ H_2O からつくる）

そのため，Na_2O などの金属の酸化物は［　　］とよばれる。

（ただし，Al_2O_3，ZnO などは金属の［酸化物］ではあるが，酸だけでなく強塩基とも反応し［　］を生じる。そのため Al_2O_3，ZnO などは［　　］とよばれる。
また，Al（あ），Zn（あ），Sn（すん），Pb（なり）などは［　　］金属という。）

1　次の金属の酸化物を塩基性酸化物と両性酸化物に分類せよ。

MgO，CaO，Al_2O_3，Na_2O，Fe_2O_3，ZnO

塩基性酸化物 ⇒ ［　　］

両性酸化物 ⇒ ［　　］

2　次の化学反応式を書け。

(1) 酸化カルシウム CaO に水を加えると，［発熱］しながら反応して，水酸化カルシウム $Ca(OH)_2$ になる。

［　　］

(2) 酸化カルシウム CaO に塩酸を加える。

［　　］

(3) 酸化アルミニウム Al_2O_3 は，塩酸とも水酸化ナトリウム水溶液とも反応する。

Al_2O_3 ＋ $6HCl$ ⟶ ［　　］

Al_2O_3 ＋ $2NaOH$ ＋ $3H_2O$ ⟶ ［$2Na[Al(OH)_4]$］

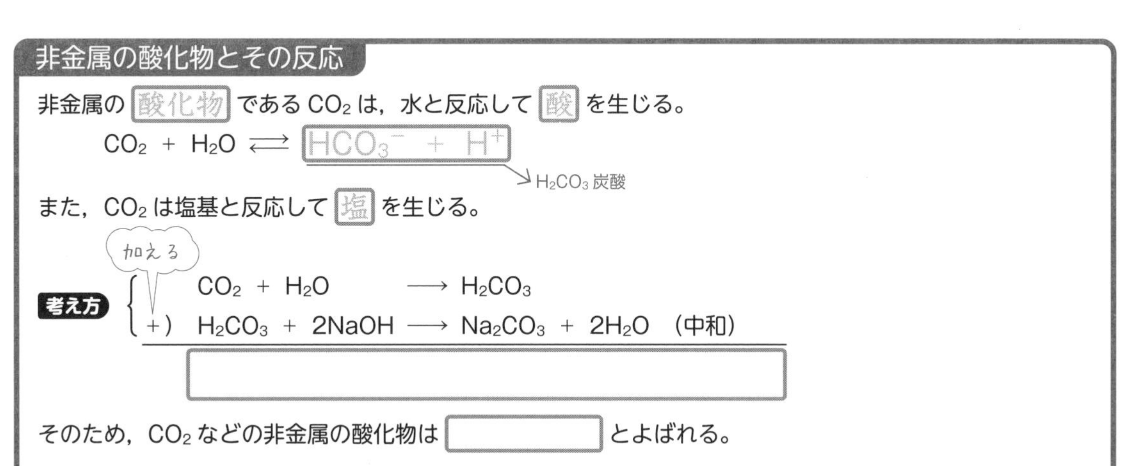

非金属の酸化物とその反応

非金属の［酸化物］である CO_2 は，水と反応して［酸］を生じる。

$CO_2 + H_2O \rightleftarrows$ ［$HCO_3^- + H^+$］

→ H_2CO_3 炭酸

また，CO_2 は塩基と反応して［塩］を生じる。

考え方

$$\begin{cases} CO_2 + H_2O \longrightarrow H_2CO_3 \\ +)\ H_2CO_3 + 2NaOH \longrightarrow Na_2CO_3 + 2H_2O \quad (\text{中和}) \end{cases}$$

［　　　　　　　　　　］

そのため，CO_2 などの非金属の酸化物は［　　　　］とよばれる。

3 次のイオン反応式や化学反応式を書け。

(1) 二酸化硫黄 SO_2 が水に溶けると，亜硫酸 H_2SO_3 を生じ，弱い酸性を示す。

［　　　　　　　　　　］

(2) 二酸化硫黄 SO_2 と水酸化ナトリウムとの反応。

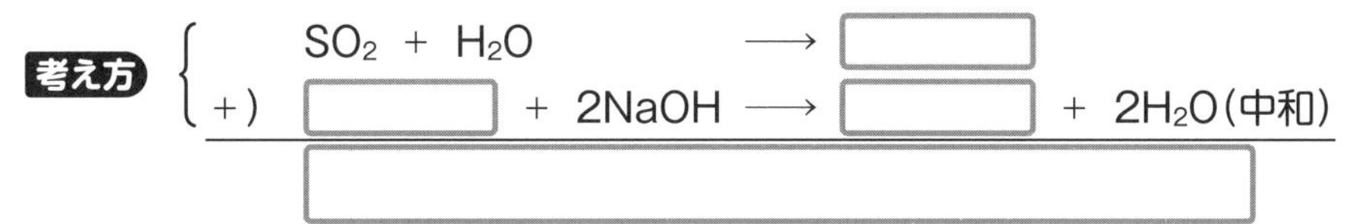

考え方

$$\begin{cases} SO_2 + H_2O \longrightarrow [\quad\quad] \\ +)\ [\quad\quad] + 2NaOH \longrightarrow [\quad\quad] + 2H_2O\ (\text{中和}) \end{cases}$$

［　　　　　　　　　　］

(3) 三酸化硫黄 SO_3 と水が反応すると硫酸 H_2SO_4 を生じる。

［　　　　　　　　　　］

(4) 十酸化四リン P_4O_{10} に水を加えて加熱すると，リン酸 H_3PO_4 が生じる。

［　　　　　　　　　　］

4 次の空欄に酸性・中性・塩基性・両性のいずれかを入れよ。

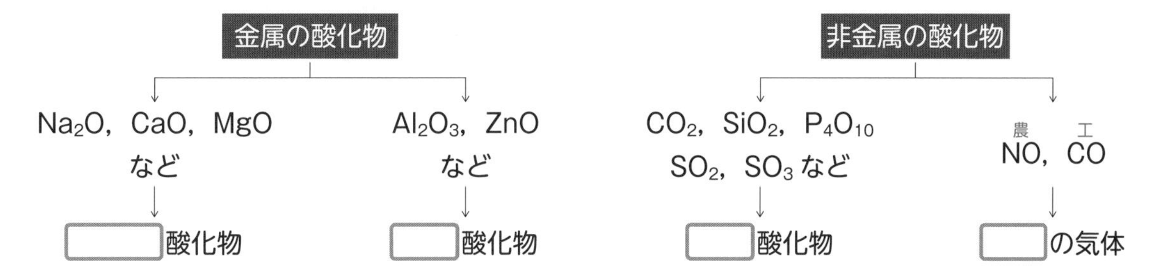

12 17族(ハロゲン)

別冊解答 ▶p. 11

学習日　月／日

次の表を完成させよ。

単体	分子式	色	常温での状態	分子量	融点・沸点	酸化力	水素 H_2 との反応
フッ素	□	□色	気体	小	低	強	低温・暗所でも爆発的に反応
塩素	□	□色	□	↓	↓	↑	常温・光により爆発的に反応
臭素	□	□色	□	↓	↓	↑	高温・触媒により反応
ヨウ素	□	□色	□	大	高	弱	高温・触媒により一部が反応

☑ **1** ハロゲン単体の常温での色と状態を答えよ。

(1) F_2 淡黄・気体　(2) Cl_2 □　(3) Br_2 □　(4) I_2 □

☑ **2** ハロゲン単体の沸点について，□に不等号や語句を入れよ。

沸点：F_2 □ Cl_2 □ Br_2 □ I_2

分子量が大きいほど，ファンデルワールス力が大きくなるので，沸点は□くなる。

☑ **3** ハロゲン単体は□剤としてはたらく。ハロゲン単体の酸化力の強さは，原子番号が□ほど強い。

→大きいor小さい

☑ **4** ハロゲン単体の酸化力について，□に不等号を入れよ。

酸化力：F_2 □ Cl_2 □ Br_2 □ I_2

☑ **5** ハロゲン単体の酸化力が　$X_2>Y_2$　の順のとき，次の反応が起こり，逆反応は起こらない。

$$X_2 + 2Y^- \longrightarrow Y_2 + 2X^-$$

強い酸化剤　弱い酸化剤　(酸化力㊌が，酸化力㊍を追い出す)

次の(1)～(3)の化学反応式を完成させよ。反応が起こらないものは，右辺に「起こらない」と書け。

(1) KBr水溶液 ＋ Cl_2

酸化力は Cl_2 ＞ Br_2 の順なので，反応が起こり，次のようになる。

$Cl_2 + 2KBr \longrightarrow$ □

(2) KI水溶液 ＋ Cl_2

$Cl_2 + 2KI \longrightarrow$ □

(3) KBr水溶液 ＋ I_2

$I_2 + 2KBr \longrightarrow$ □

学習日 月／日

13 ハロゲン単体と水との反応

別冊解答 ▶ p. 11

（> or <）

ハロゲン単体の酸化力は，F_2 [ ] Cl_2 [ ] Br_2 [ ] I_2 の順であり，極めて酸化力が強い F_2 は，水と激しく反応し，酸素 [O_2] を発生して，フッ化水素 [HF] を生じる。

$2F_2 + 2H_2O \longrightarrow$ [ ]

F_2 よりも酸化力の弱い Cl_2 は，水に溶け，その一部が水と反応する。Cl_2 の水溶液を [ ] という。Cl_2 が水と反応すると，塩化水素 [HCl] と次亜塩素酸 [HClO] を生じる。

$Cl_2 + H_2O \rightleftarrows$ [ ]

次亜塩素酸は [ ] 作用が強く，塩素水は [殺菌剤] や [漂白剤] に用いられる。

☑ **1** I_2 は常温で [ ] 色の [ ]（気体，液体 or 固体）であり，[ ] 性がある。水に溶け [ ]（やすく or にくく），ヘキサンやエタノールなどの有機溶媒には溶け [ ]（やすい or にくい）。また，ヨウ化カリウム KI 水溶液には，I_3^- を生じて溶けて，褐色の溶液（[ヨウ素溶液]）となる。

[$I_2 + I^- \rightleftarrows I_3^-$]
黒紫色　無色　褐色

☑ **2** F_2 は常温で [ ] 色の [ ]（気体，液体 or 固体）であり，水と激しく反応する。
このときの化学反応式を書け。

☑ **3** フッ化水素 HF は，分子間で [ ] 結合を形成しているので，HCl，HBr，HI などの他のハロゲンの水素化合物に比べ，沸点が [ ]（高い or 低い）。
フッ化水素の水溶液を [ ] といい，ガラス（主成分 SiO_2）を溶かすので [ポリエチレン] の容器に保存される。

[$SiO_2 + 6HF \longrightarrow H_2SiF_6 + 2H_2O$]
ガラスの主成分　フッ化水素酸　ヘキサフルオロケイ酸

フッ化水素酸は [ ]（強 or 弱）酸性を示す。ハロゲン化水素の水溶液の酸としての強さの順は，次のようになる。

[HF] ≪ [HCl] < [HBr] < [HI]
弱酸性　　強酸性

☑ **4** Cl_2 と水との化学反応式を書け。

14 ハロゲン化水素

別冊解答 ▶ p. 12

学習日　月／日

【1】次の表を完成させよ。

ハロゲン化水素	分子式	色	常温での状態	水溶液の名称	酸の強さ
フッ化水素		色			
塩化水素		色			
臭化水素		色		臭化水素酸	強酸
ヨウ化水素		色		ヨウ化水素酸	強酸

【2】空欄に HF, HCl, HBr, HI のいずれかを入れよ。

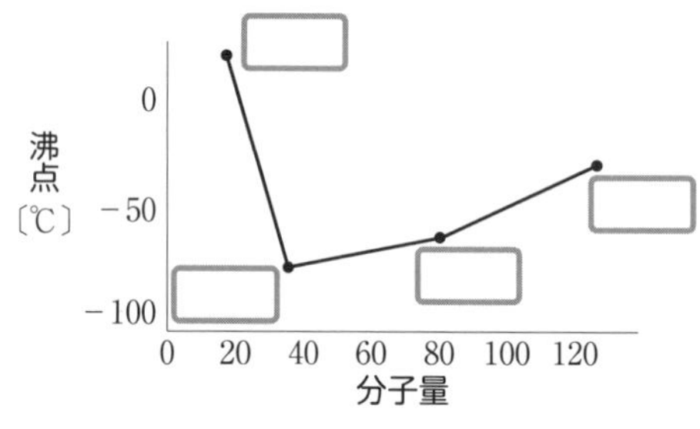

1　HF は分子間で［　］結合を形成するため，他のハロゲン化水素に比べて沸点が［　］。（高い or 低い）
HF の水溶液を［　］とよび，他のハロゲン化水素の水溶液と異なり［　］酸性を示す。（強 or 弱）

2　フッ化水素酸は，ガラスの主成分である［二酸化ケイ素］を溶かし，ヘキサフルオロケイ酸［H_2SiF_6］を生じる。そのため，フッ化水素酸は［　］の容器に保存される。（ガラス or ポリエチレン）
SiO_2 とフッ化水素酸の化学反応式を書け。

［　］

3　塩化ナトリウムに濃硫酸を加えて加熱したところ，気体が発生した。このときの化学反応式を書け。

［　］

(➡ p. 15 濃硫酸の不揮発性)

この気体は，［　］色・［　］臭で，アンモニアと中和反応して塩化アンモニウム NH_4Cl の［白煙］を生じる。

補足　NH_4Cl の微小な結晶が生じるので，［　］煙となる。
この反応は HCl と NH_3 の相互の［検出］に使われる。

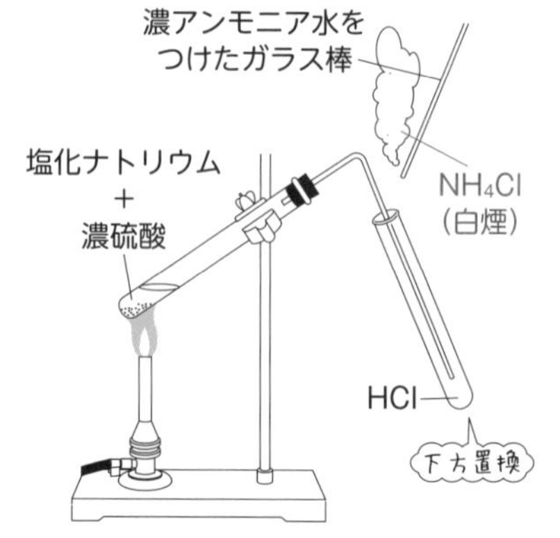

学習日 月 ／ 日

15 16族(酸素)

別冊解答 ▶ p. 12

同素体 or 同位体

酸素の [ ] についてまとめた次の表を完成させよ。

単体	酸素	[ ]
分子式	[ ]	[ ]
分子の形	 [ ]形	 [ ]形
気体の色・臭い	[ ]色・[ ]臭	[ ]色・[ ]臭

地上 20～40km 上空には [ ] 層があり，地表の生物にとって有害な [ ] の大部分を吸収している。

1 酸素分子は，空気中に体積で約 21% 存在する。実験室では，
(1)過酸化水素水に触媒として 酸化マンガン(Ⅳ) を加えて発生させたり，
(2)塩素酸カリウムに触媒として 酸化マンガン(Ⅳ) を加えて加熱すると
発生させることができる。上述の(1)，(2)の化学反応式を書け。

(1) [ ] (➡ p. 18 酸化還元反応)

(2) [ ] (➡ p. 19 熱分解反応)

2 酸素中で [ ] を行うか，強い [ ] を酸素に当てると，オゾン O_3 が生じる。このときの化学反応式を書け。

音を伴わない放電のこと

[ ]

3 オゾンを水で湿らせたヨウ化カリウム KI デンプン紙にふきつけると，[ ] 色に変色する。このときの化学反応式を書け。

考え方

$O_3 \longrightarrow O_2$

加える +) $2I^- \longrightarrow I_2$

[ ] $\longrightarrow$ [ ]

↓ $2OH^-$ $2K^+$　　↓ $2OH^-$ $2K^+$

2H⁺ を $2H_2O$ にするために，$2OH^-$ を両辺にそれぞれ加える。
また，$2I^-$ を 2KI にするために，$2K^+$ も両辺にそれぞれ加える。

[ ]

となり，まとめると，

[ ]

4 O_3 は [ ] 色・[ ] 臭であり，[ ] 色・[ ] 臭の O_2 中で [ ] 放電を行うか，強い [ ] を当てると生じる。

学習日 月／日

16　16族(硫黄)

別冊解答 ▶p. 13

【1】硫黄の［　　　］（→同位体 or 同素体）についてまとめた次の表を完成させよ。

外観	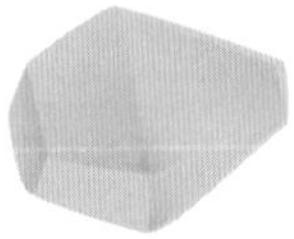	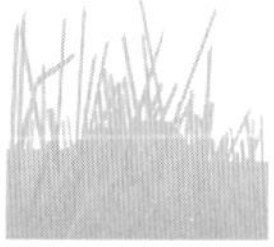	
名称	［　　　］	［　　　］	［　　　］
形	塊状	針状	無定形
分子式	［　　］(環状分子)	［　　］(環状分子)	S_x（鎖状分子）

斜方硫黄と単斜硫黄は王冠状の［　　　］（→環状 or 鎖状）分子［S_8］からなる。ゴム状硫黄 S_x は，長い［鎖状］分子。

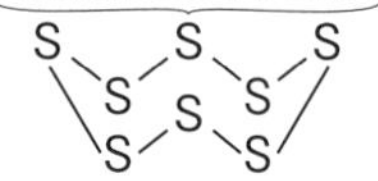

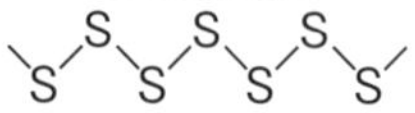

【2】硫黄Sのどの同素体も，空気中で燃焼させると［　　］色の炎を出し，二酸化硫黄になる。このときの化学反応式を書け。

［S ＋　　⟶　　　］

☑ **1**　硫化水素 H_2S は［　　］臭をもつ［　　］色の［　　］毒な気体で，硫化鉄(Ⅱ)に希硫酸を加えると発生させることができる。このときの化学反応式を書け。

［　　　　　　　　　　］　(➡ p. 14 弱酸の遊離)

☑ **2**　硫化水素は［　　］価の［　　］酸である。硫化水素が水溶液中で2段階に電離するようすを2つのイオン反応式で書け。

［　　　　　　　　　　］

［　　　　　　　　　　］

☑ **3**　二酸化硫黄 SO_2 は［　　］臭をもつ［　　］色の［　　］毒な気体で，亜硫酸ナトリウムに希硫酸を加えると発生させることができる。このときの化学反応式を書け。

［　　　　　　　　　　］　(➡ p. 14 弱酸の遊離)

☑ **4**　二酸化硫黄には［還元］作用があり，紙や繊維などの［　　　］に用いられる。また，銅に濃硫酸を加えて［加熱］すると，発生させることができる。このときの化学反応式を書け。

［　　　　　　　　　　］　(➡ p. 16 酸化還元反応)

17 二酸化硫黄 SO_2 と硫酸 H_2SO_4

別冊解答 ▶p. 13

学習日 月 日

二酸化硫黄 SO_2 の反応

SO_2 は①，②式のように，還元剤や酸化剤としてはたらく。次のイオン反応式を完成させよ。

還元剤としてのはたらき⇒ SO_2 + 　 ⟶ SO_4^{2-} + 　 …①

酸化剤としてのはたらき⇒ SO_2 + 　 ⟶ S + 　 …②

多くの場合，SO_2 は①式のように [　　] 剤としてはたらく。
ただし，硫化水素 H_2S のような [　　] 剤に対しては，②式のように [　　] 剤としてはたらく。

☑ **1** 硫化水素水に二酸化硫黄を通すと，硫黄が析出し，水溶液が [　] 濁する。このときの化学反応式を書け。

考え方
H_2S ⟶ 　 …ⓐ
SO_2 + 　 ⟶ 　 …ⓑ

ⓐ×[　]＋ⓑから，

[　　　　]

接触法(接触式硫酸製造法)

硫酸 H_2SO_4 の工業的製法を [　　] という。硫酸は，次のようにしてつくられる。

1 石油の精製の際に多量に得られる S を燃焼させ，SO_2 を得る。このときの化学反応式を書け。

[　　　　]

2 酸化バナジウム(Ⅴ) V_2O_5 を [　　] に用いて，SO_2 を空気中の酸素で酸化して三酸化硫黄 SO_3 をつくる。このときの化学反応式を書け。

[　　　　]

3 SO_3 を濃硫酸に吸収させて 発煙硫酸 とし，これを 希硫酸 でうすめて 濃硫酸 とする。このときの化学反応式を書け。

SO_3 + H_2O ⟶

☑ **2** 接触法では，二酸化硫黄を酸化し三酸化硫黄とする段階がある。このときに使われる触媒の化学式と，このときの化学反応式を書け。

触媒の化学式：[　　]　　化学反応式：[　　　　]

☑ **3** 濃硫酸に SO_3 を吸収させて製造される硫酸を何というか。 [　　]

濃硫酸の性質と反応

濃硫酸は濃度約98%，[ ]色で密度が[ ]（大きく or 小さく），粘性の[ ]（大き or 小さ）な[ ]（気，液 or 固）体であり，次のような性質がある。

【1】濃硫酸は沸点が[ ]（高く or 低く），[ ]（揮発 or 不揮発）性の酸である。

例 塩化ナトリウムに濃硫酸を加えて加熱すると次の反応が起こり，気体が発生する。この気体の捕集方法と化学反応式を書け。

捕集方法：[ ]

[ ]　(➡ p. 15 濃硫酸の不揮発性)

【2】濃硫酸は[ ]（酸 or 吸湿）性が強く，酸性気体や中性気体の[ ]（酸化 or 乾燥）剤に用いる。

補足 「NO，CO，H_2，O_2，N_2，CH_4，C_2H_4，C_2H_2」（農 工 水 産 地 油）は，[ ]置換で捕集する[ ]性気体であり，「H_2S，Cl_2，HF，HCl，CO_2，NO_2，SO_2」は[ ]置換で捕集する[ ]性気体である。

【3】濃硫酸には，有機化合物からH_2Oの形で引き抜く作用([ ]作用)がある。

例 スクロース(ショ糖)$C_{12}H_{22}O_{11}$に濃硫酸を加えると[ ]化する。このときの化学反応式を書け。

[ ]　(➡ p. 15 脱水作用)

【4】加熱した濃硫酸を[ ]という。この[ ]には強い[ ]（酸化 or 還元）作用があり，イオン化傾向がAg以上の金属であるCuやAgなどと反応し，[ ]（化学式）を発生する。

例 銅に熱濃硫酸を作用させたときの化学反応式を書け。

[ ]　(➡ p. 16 酸化還元反応)

【5】濃硫酸は水をほとんど含まず[電離]しない。

☑ **4** 水に濃硫酸を加えると，多量の[ ]を発生し[ ]（濃 or 希）硫酸になる。希硫酸は強い[ ]（酸 or 塩基）性を示し，水素よりもイオン化傾向の大きなFeなどと反応して[H_2]を発生する。このときの化学反応式を書け。(➡ p. 16 酸化還元反応)

☑ **5** 右図は濃硫酸を希釈して希硫酸をつくるときのようすを表している。
空欄に濃硫酸・水のいずれかを入れよ。

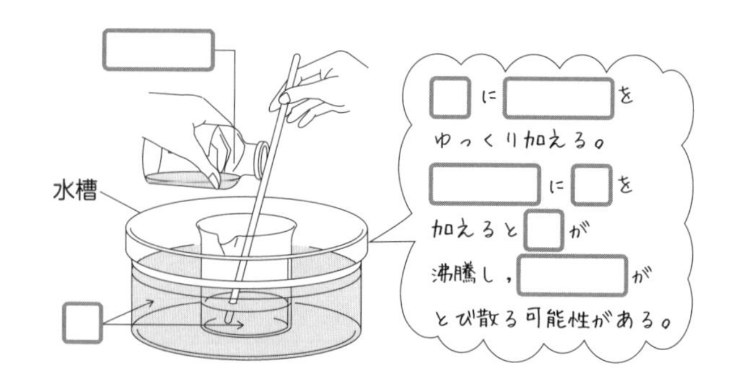

18 15族(窒素)

別冊解答 ▶p. 14

学習日 月 日

【1】窒素 N_2 は，□色・□臭の気体で，空気中に体積で約78%含まれている。工業的には 液体空気 の □ で得られる。液体窒素 は □ 剤として利用されている。

【2】アンモニア NH_3 は，□色・□臭の気体で空気よりも □（重く or 軽く），実験室では □ 置換で捕集する。水に溶け □（やすく or にくく），その水溶液は弱い □ 性を示す。

【3】アンモニア水の電離するようすをイオン反応式で書け。

□

【4】アンモニアに濃塩酸をつけたガラス棒を近づけると □ 煙を生じる。この反応はアンモニアや塩化水素の 検出 に用いられる。このときの化学反応式を書け。

□ (➡ p. 26 中和反応)

【5】アンモニアは，工業的には四酸化三鉄 Fe_3O_4 を主成分とした触媒を用いて，N_2 と H_2 から合成される。これを ハーバー・ボッシュ法 という。このときの化学反応式を書け。

$N_2 + 3H_2 \rightleftarrows 2NH_3$

☑ **1** アンモニアは，実験室では塩化アンモニウムと水酸化カルシウムの混合物を加熱して発生させる。このときの化学反応式を書け。 (➡ p. 14 弱塩基の遊離)

☑ **2** アンモニアは，工業的には窒素と水素から鉄の酸化物を利用して合成される。

(1) このアンモニアの工業的製法を何というか。

□

(2) 鉄の酸化物の役割と，その化学式を答えよ。

□ として用いており，その化学式は □ になる。

(3) この工業的製法で起こる反応を化学反応式で表せ。

□

☑ **3** 塩化アンモニウムと水酸化ナトリウムの混合物を加熱したときに起こる反応を化学反応式で書け。 (➡ p. 14 弱塩基の遊離)

19 硝酸 HNO_3

別冊解答 ▶ p. 15

学習日　月／日

硝酸の性質と反応

濃硝酸は，濃度約60%以上の□色の□体である。
希硝酸は，濃硝酸を水でうすめてつくることができる。
濃硝酸や希硝酸には，次のような性質がある。

【1】濃硝酸，希硝酸ともに□(強 or 弱)い 酸性 を示す。硝酸が水溶液中で電離するようすをイオン反応式で書け。

□

【2】濃硝酸，希硝酸ともに強い□剤であり，イオン化傾向が Ag 以上の金属である Cu や Ag などと反応する。このとき濃硝酸では NO_2，希硝酸では NO が発生する。これを e^- を含むイオン反応式で表すと次のようになる。

濃硝酸　HNO_3 ＋　　　⟶

希硝酸　HNO_3 ＋　　　⟶

【3】濃硝酸には，Fe(テ)，Ni(ニ)，Al(アル) などは溶けない。これは金属の表面にち密な□が生じて，内部が保護されるためである。この状態を□という。

【4】硝酸は 光 や 熱 で分解しやすいので，□色のびんに入れて 冷暗所 に保存する。

☑ **1**　硝酸は 揮発 性で，実験室では硝酸ナトリウム $NaNO_3$ に濃硫酸 H_2SO_4 を加えて加熱することで発生させることができる。このときの化学反応式を書け。(➡ p. 15 濃硫酸の不揮発性)

☑ **2**　二酸化窒素 NO_2 は□臭をもつ□色の□毒な気体で，銅に濃硝酸を加えて発生させることができる。このときの化学反応式を書け。(➡ p. 17 酸化還元反応)

☑ **3**　一酸化窒素 NO は□色の気体で，銅に希硝酸を加えて発生させることができる。このときの化学反応式を書け。(➡ p. 17 酸化還元反応)

☑ **4**　□色の NO は，空気中の酸素によりすぐに酸化され，□色の NO_2 になる。このときの化学反応式を書け。

硝酸の工業的製法

硝酸 HNO_3 は，工業的にはアンモニア NH_3 の［　　］(→酸化 or 還元) によりつくる。この硝酸の工業的製法は［　　　　　　］とよばれ，次のようにしてつくられる。

1 NH_3 を空気と混合し，800℃で白金触媒を用いて酸化し，NO と H_2O をつくる。このときの化学反応式を書け。

［　　　　　　　　　　　　］

↓

2 冷却し，NO を空気中の O_2 で酸化して NO_2 とする。このときの化学反応式を書け。

［　　　　　　　　　　　　］

↓

3 NO_2 を温水と反応させて HNO_3 と NO にする。このときの化学反応式を書け。
（NO → **2**で再利用される）

［　　　　　　　　　　　　］

☑ **5**　オストワルト法を図に表す。図の空欄に適当な化学式を書け。

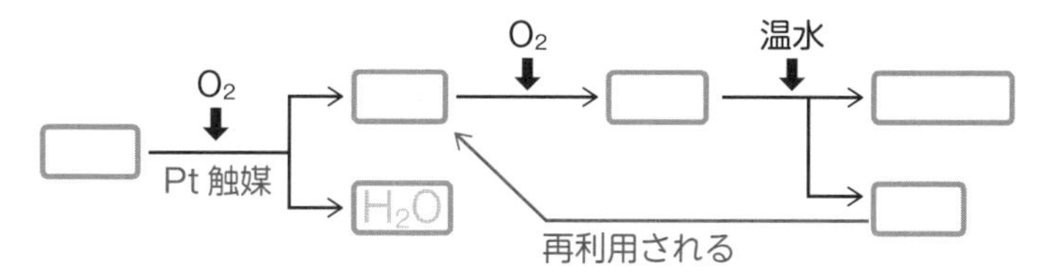

☑ **6**　オストワルト法全体では，NH_3 と O_2 から HNO_3 と H_2O が生じる。オストワルト法全体の化学反応式を書け。

☑ **7**　硝酸は，工業的には［　　　　］法によって大量に製造されている。［　　　　］法では，［　　］を触媒として，(i)アンモニアを酸素と反応させて一酸化窒素とし，(ii)これをさらに酸化して二酸化窒素にしてから，(iii)温水に吸収させて，硝酸を製造する。

(1) 下線部(i)の化学反応式を書け。

(2) 下線部(ii)の化学反応式を書け。

(3) 下線部(iii)の化学反応式を書け。

(4) オストワルト法の反応が完全に進むと，1 mol のアンモニアから何 mol の硝酸が得られるか。整数値で答えよ。　［　］mol

学習日　月／日

20　15族(リン)

別冊解答 ▶ p. 16

次の文章と表を完成させよ。

リンの単体には［黄リン］や［赤リン］などの［　　］が存在する。

黄リン P_4 は，空気中で［　　］するので［水中］に保存する。

名称	［　］リン	［　］リン
外観		マッチ箱の摩擦面
色	淡黄色	赤褐色
化学式	［　］(分子式)	P（組成式)
毒性	［猛毒］	少ない

☑ **1**　空欄に黄リン・赤リンのどちらかを入れよ。

(1) 毒性が強く，空気中で自然発火するのは［　　］である。

(2) ［　　］を窒素中で長時間加熱すると，［　　］になる。

(3) 分子の構造が（四面体）であるのは［　　］，（網目状）であるのは［　　］である。

(4) 分子式が P_4 であるのは［　　］である。

(5) 水中に保存されるのは［　　］である。

(6) ［　　］は空気中で自然発火し，十酸化四リン P_4O_{10} を生じる。

$$P_4 + 5O_2 \longrightarrow P_4O_{10}$$

☑ **2**　空気中で，赤リンに点火すると燃焼し，十酸化四リンを生じる。このときの化学反応式を完成させよ。

［$4P +$　　$\longrightarrow$　　］

☑ **3**　十酸化四リンは，［　］色の［　　］性の強い粉末で，［乾燥剤］として利用される。
空気中に放置すると，水分を吸収して溶けて［潮解］性を示す。
この十酸化四リンに水を加えて加熱すると，［リン酸 H_3PO_4］が得られる。このときの化学反応式を書け。

［　　　　　　　　］

☑ **4**　リン酸 H_3PO_4 は，［　］色の［結晶］で，［潮解］性があり，水によく溶ける。リン酸 H_3PO_4 は［　］価の酸である。

21 14族(炭素・ケイ素)

別冊解答 ▶p. 16

学習日　月／日

14族(炭素)

次の炭素の同素体の表を完成させよ。

名称	［　　　］	［　　　］	［　　　］(C_{60})	［　　　］
構造	立体網目構造	平面層状構造	球状（サッカーボール形など）	
性質	無色・透明 電気を［　　　］ 熱を［　　　］→導く or 導かない 硬さは［　　　］→硬い or やわらかい	黒色で，はがれ［　　　］→やすい or にくい 電気を［　　　］ 熱を［　　　］ 硬さは［　　　］	黒色 電気を［　　　］	黒色 電気を［　　　］ 黒鉛の平面構造が筒状に丸まったもの
用途	宝石・研磨剤	電極・鉛筆のしん	—	—

☑ **1** 炭素の化合物である一酸化炭素 CO や二酸化炭素 CO_2 は，実験室では次の(1)，(2)のように発生させることができる。(1)，(2)の化学反応式を書け。

(1) ギ酸 HCOOH に濃硫酸を加えて加熱する。 (➡ p. 15 濃硫酸の脱水作用)

(2) 石灰石や大理石(主成分：炭酸カルシウム)に希塩酸を加える。 (➡ p. 14 弱酸の遊離)

☑ **2** CO は［　］色・［　］臭の気体で，水に溶け［　　　］(→やすく or にくく)，［　］毒な気体である。
また，CO_2 は［　］色・［　］臭の気体で，水に少し溶けて［　　　］(→石灰水 or 炭酸水)をつくり，弱［　］(→酸 or 塩基)性を示す。

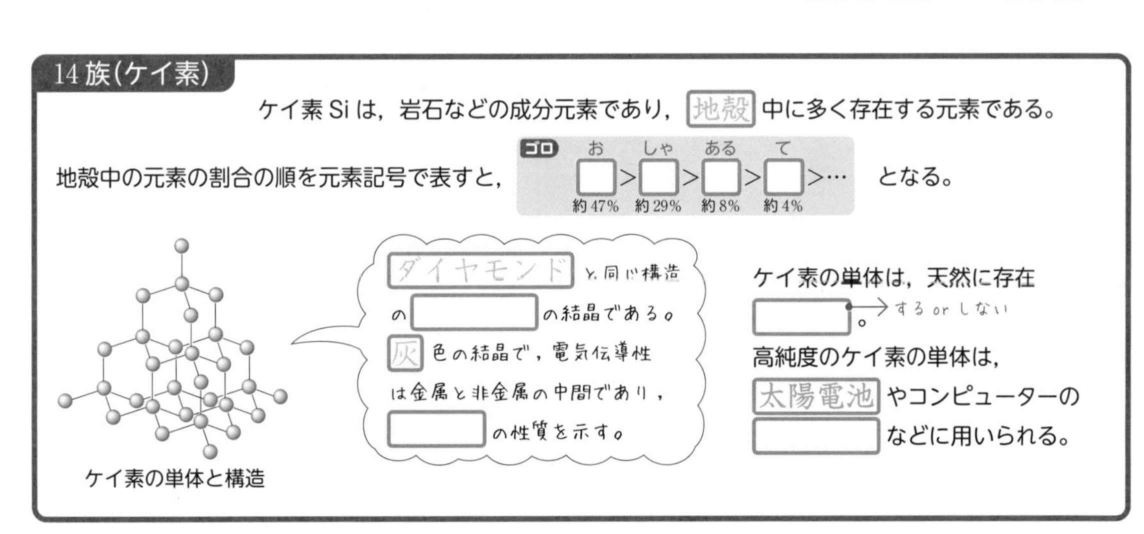

14族(ケイ素)

ケイ素 Si は，岩石などの成分元素であり，地殻中に多く存在する元素である。

地殻中の元素の割合の順を元素記号で表すと，

ゴロ　お［　］＞しゃ［　］＞ある［　］＞て［　］＞…　となる。
約47%　約29%　約8%　約4%

ダイヤモンドと同じ構造の［　　　］の結晶である。灰色の結晶で，電気伝導性は金属と非金属の中間であり，［　　　］の性質を示す。

ケイ素の単体と構造

ケイ素の単体は，天然に存在［　　　］。→する or しない

高純度のケイ素の単体は，太陽電池やコンピューターの［　　　］などに用いられる。

22 ケイ素の製法とケイ素の化合物

別冊解答 ▶p. 17

学習日　月／日

ケイ素の製法・ケイ素化合物の性質

ケイ素の単体は天然には存在［　　］(する or しない)ため，二酸化ケイ素 SiO_2 を炭素 C で［還元］してつくる。このとき，Si に加えて CO が発生する。この反応を化学反応式で書け。

［　　　　　　　　］

SiO_2 は［シリカ］ともよばれ，天然には［　　］(岩石中)・［　　］(大きな結晶)・［　　］(砂状)などとして存在している。

SiO_2 は［　］性酸化物なので，塩酸 HCl などには溶け［ない］が，フッ化水素酸には例外的に溶ける。ガラスの主成分である SiO_2 とフッ化水素 HF の水溶液である［フッ化水素酸］との化学反応式を書け。

［　　　　　　　　］

この反応で生じる H_2SiF_6 は［　　　　］という。このようにフッ化水素酸はガラスを溶かすため，［　　　　］(ガラス or ポリエチレン)の容器に保存する。

1 非金属の酸化物である CO_2 は水に少し溶けて［炭酸水］をつくり，弱［　］性を示す酸化物なので，［　　］酸化物とよばれる。この CO_2 と水酸化ナトリウム水溶液との反応を化学反応式で書け。

考え方

CO_2 ＋ H_2O ⟶ ［　　］

＋) ［　　］ ＋ 2NaOH ⟶ ［　　］ ＋ $2H_2O$　(中和)

［　　　　　　　　］

2 酸性酸化物である SiO_2 を塩基である NaOH とともに加熱すると起こる反応の化学反応式を，**1** でつくった化学反応式を参考にして書け。 CO_2 を SiO_2 におきかえて考えるとよい

［　　　　　　　　］

3 **2** の反応で生じる Na_2SiO_3 を［　　　　］といい，酸性酸化物である SiO_2 と炭酸ナトリウム Na_2CO_3 などの塩基を反応させても生じる。このときの化学反応式を書け。

［SiO_2 ＋ Na_2CO_3 ⟶ Na_2SiO_3 ＋　　］

4 ケイ酸ナトリウム Na_2SiO_3 に水を加えて長時間加熱すると，粘性の大きな液体が得られる。これを何というか。

［　　　　］

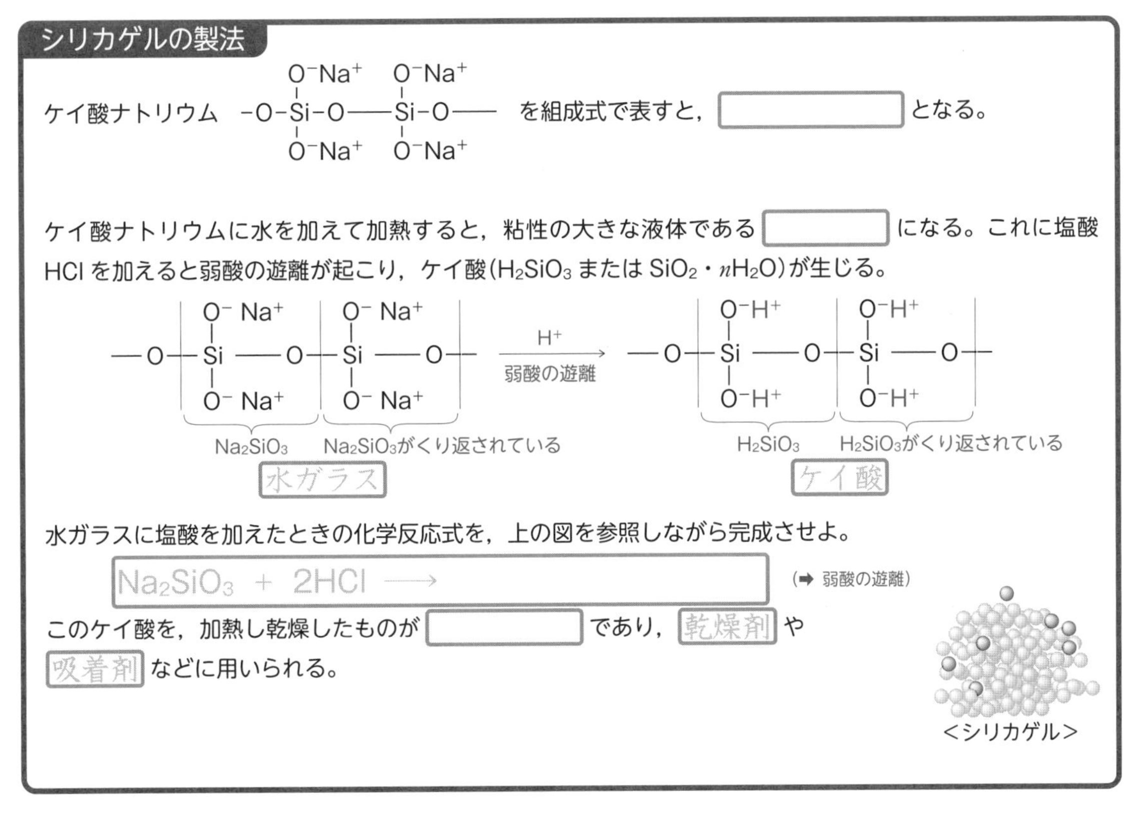

シリカゲルの製法

ケイ酸ナトリウム $-O-Si(O^-Na^+)_2-O-Si(O^-Na^+)_2-O-$ を組成式で表すと，［　　　］となる。

ケイ酸ナトリウムに水を加えて加熱すると，粘性の大きな液体である［　　　］になる。これに塩酸 HCl を加えると弱酸の遊離が起こり，ケイ酸（H_2SiO_3 または $SiO_2 \cdot nH_2O$）が生じる。

水ガラスに塩酸を加えたときの化学反応式を，上の図を参照しながら完成させよ。

［Na_2SiO_3 ＋ 2HCl ⟶　　　］（➡ 弱酸の遊離）

このケイ酸を，加熱し乾燥したものが［　　　］であり，［乾燥剤］や［吸着剤］などに用いられる。

☑ **5**　次の(1)，(2)の化学反応式を書け。

(1) 二酸化ケイ素を水酸化ナトリウムとともに加熱する。

(2) 水ガラスに塩酸を加えると，ケイ酸 H_2SiO_3 を生じる。（➡ 弱酸の遊離）

☑ **6**　ケイ酸を加熱し乾燥した固体は［乾燥剤］や［吸着剤］などに用いられる。この固体を何というか。［　　　］

☑ **7**　シリカゲルは小さなすきまが多くあるので，その表面積がきわめて［　　］く，気体や色素などを［吸着］することができる。また，表面に［親水性］の −OH の構造があるので，［水蒸気］を［吸着］する力が強い。

☑ **8**　シリカゲルは，小さなすきまを多くもつ［多孔質］の固体で，［　　］剤や［　　］剤などとして広く用いられる。

23 アルカリ金属(水素H以外の1族元素)

別冊解答 ▶p. 18

学習日　月／日

水素以外の1族元素を□といい，その単体はいずれも[銀白]色でやわらかい。
1族元素の原子は，いずれも価電子を□個もち，□価の□イオンになりやすい。

次の表を完成させよ。

名称	元素記号	イオンの化学式	密度	融点	[反応性]	炎色反応
リチウム	□	□	水より[小さ]い	高い ↑	低い ↓	□ リアカー
ナトリウム	□	□	水より□い			□ なき
カリウム	□	□	水より□い			□ K村
ルビジウム	Rb	Rb^+	水より□い			赤
セシウム	Cs	Cs^+	水より大きい	低い	高い	青

☑ **1**　アルカリ金属の単体の(1)密度，(2)融点，(3)反応性　の順は，それぞれ次のようになる。不等号を入れて完成させよ。

(1) 密度　⇒　Li [<] Na [≒] K [<] Rb [<] Cs
(2) 融点　⇒　Li □ Na □ K [>] Rb [>] Cs
(3) 反応性　⇒　Li □ Na □ K [<] Rb [<] Cs

☑ **2**　アルカリ金属の単体は強い[還元剤]であり，空気中の酸素に速やかに酸化され，また，常温の水と激しく反応して水素を発生し，水酸化物になる。NaとO_2との化学反応式と，Naと常温の水との化学反応式をそれぞれ書け。

O_2との反応　□

H_2O(常温)との反応　□　(金属単体 ＋ 水 ⟶ 水酸化物 ＋ 水素)

☑ **3**　アルカリ金属の単体は，空気中の酸素や水と反応しやすいため□中に保存する。

☑ **4**　Naは冷水と反応して水素を発生し，水酸化ナトリウムを生じる。このときの化学反応式を書け。

☑ **5**　水酸化ナトリウムNaOHは，白色の固体で，空気中に放置すると空気中の水分を吸収して溶ける。この現象を何というか。　□

☑ **6**　炭酸ナトリウム十水和物$Na_2CO_3 \cdot 10H_2O$の結晶を空気中に放置すると，水和水の一部を失って白色粉末になる。この現象を何というか。　□

24 アルカリ土類金属(2族元素)

別冊解答 ▶ p. 18

学習日 月 / 日

金属 or 非金属

2族元素はすべて [ ] 元素であり，[ ] という。
2族元素の原子は，いずれも価電子を [ ] 個もち，[ ] 価の [ ] イオンになりやすい。

次の表を完成させよ。

名称	元素記号	イオンの化学式	反応性	水との反応条件	炎色反応
ベリリウム	[ ]	[ ]	低い		示さない
マグネシウム	[ ]	[ ]	↓	熱水 と反応して H_2 を発生し，$Mg(OH)_2$ になる。	示さない
カルシウム	[ ]	[ ]	↓	常温 の水と反応して [ ] を発生し，[ ] になる。(化学式)	[ ] 借りるとう
ストロンチウム	[ ]	[ ]	↓	[ ] の水と反応して [ ] を発生し，[ ] になる。	[ ] するもくれない
バリウム	[ ]	[ ]	高い	[ ] の水と反応して [ ] を発生し，[ ] になる。	[ ] 馬リキ

☑ **1** マグネシウムと熱水との反応を化学反応式で書け。

☑ **2** BeとMgを除くアルカリ土類金属の単体は，いずれも 常温 の水と反応して 水酸化物 と 水素 を生じる。Caと常温の水との反応を化学反応式で書け。

[ ]

この反応で生じる水酸化カルシウムは 消石灰 ともよばれ，その飽和水溶液が 石灰水 である。

☑ **3** 次の表を完成させよ。

生石灰 or 消石灰

名称	化学式	特徴
酸化カルシウム	[ ]	[ ] ともよばれる白色の固体。水を加えると，多量の [ ] を発生する。
水酸化カルシウム	[ ]	[ ] ともよばれる白色の粉末。飽和水溶液は [ ] という。
炭酸水素カルシウム	[ ]	水に Ca^{2+} と [ ](イオンの化学式) に電離して溶ける。
炭酸カルシウム	[ ]	石灰石，大理石，貝殻 などの主成分。水にほとんど溶け ない 。(沈殿)

25 カルシウムの化合物

別冊解答 ▶p. 19

学習日　月／日

【1】酸化カルシウム CaO は［　　］ともよばれる白色の固体で，水を加えると，多量の［　］を発生しながら反応する。このときの化学反応式を書け。

［　　　　　　　　］　（➡ p. 22 O^{2-} ＋ H_2O ⟶ $2OH^-$　からつくる）

CaO は［乾燥剤］や［発熱剤］などに用いられる。

酸化カルシウムは，石灰石(主成分 $CaCO_3$)を強熱してつくる。このときの化学反応式を書け。

［　　　　　　　　］　（塩 $\xrightarrow{加熱}$ 塩基性酸化物 ＋ 酸性酸化物　となる）

【2】水酸化カルシウム $Ca(OH)_2$ は［　　］ともよばれる白色の粉末で，水に少し溶けて強い［　　］性を示す。この飽和水溶液を［　　］といい，CO_2 を通じると［炭酸カルシウム］の［　］色沈殿を生じる。このときの化学反応式を書け。

考え方

　　CO_2 ＋ H_2O ⟶［　　］
＋）［　　］＋ $Ca(OH)_2$ ⟶［　　］＋ $2H_2O$　(中和)
―――――――――――――――――
［　　　　　　　　　　］

☑ **1**　次の(1)〜(3)の化学反応式を書け。

(1) 石灰水に二酸化炭素を通じると，白色沈殿を生じた。

［　　　　　　　　］

(2) (1)の水溶液に二酸化炭素を通じ続けると，炭酸水素カルシウム $Ca(HCO_3)_2$ を生じた。$Ca(HCO_3)_2$ は水に電離して溶けるので，白色沈殿が消えた。

［$CaCO_3$ ＋ CO_2 ＋ H_2O ⟶　　　　］

(3) (2)の白色沈殿が消えた水溶液を加熱すると，CO_2 を発生し再び $CaCO_3$ の白色沈殿が生じた。

［　　　　　　　　］　((2)の逆反応を書く)

☑ **2**　空欄に適当な化学式を入れよ。

石灰水（［　　］の飽和水溶液のこと）　―［CO_2］を通じる→　［　　］の白色沈殿が生じる　―［　］を通じる→　［　　］を生じ，白色沈殿が消える　―加熱する→　［　］が発生し，再び［　　］の白色沈殿が生じる

☑ **3**　硫酸カルシウム $CaSO_4$ は，天然には $CaSO_4 \cdot 2H_2O$ として産出する。

［$CaSO_4 \cdot 2H_2O$］は［　　］ともよばれ，約 140℃ に加熱すると［$CaSO_4 \cdot \frac{1}{2}H_2O$］の［　　］になる。

26 アンモニアソーダ法

別冊解答 ▶p. 19

学習日 月 日

炭酸ナトリウム Na_2CO_3 は ソーダ灰 ともよばれ，ガラス や セッケン（洗剤も OK）の製造原料などに用いられる。Na_2CO_3 の工業的製法を ［　　　］ という。
アンモニアソーダ法の工程は，次のようになる。空欄に適当な化学式を入れよ。

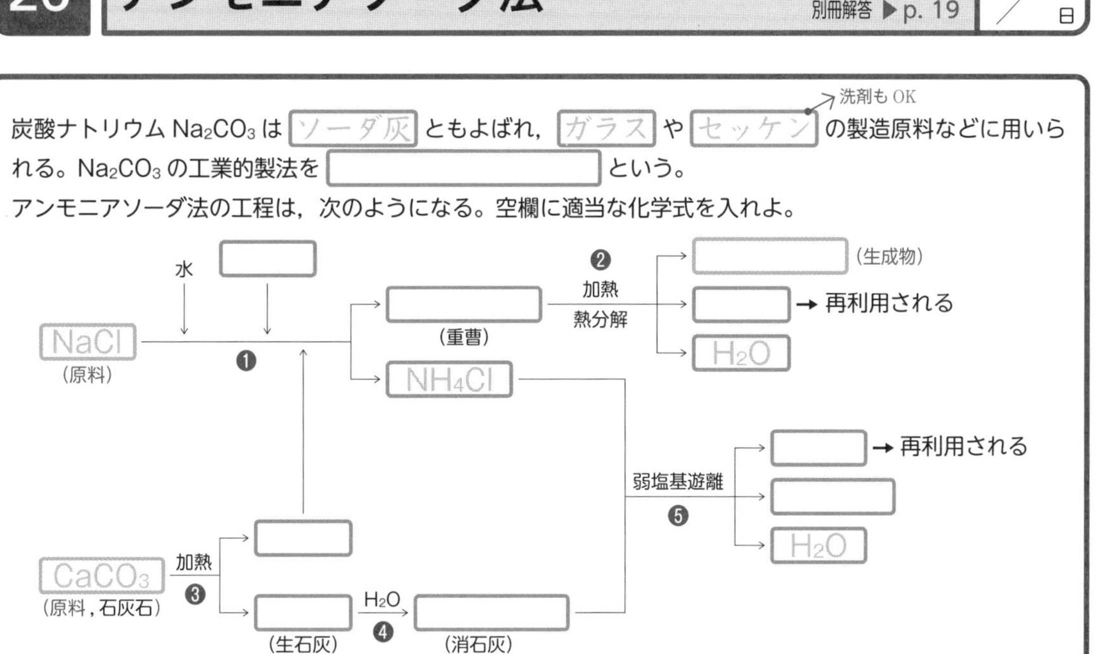

1 アンモニアソーダ法の工程（上の図）を見ながら，工程❶～❺の化学反応式を書け。

❶ NaCl の飽和水溶液に NH_3 を十分に溶かし，これに CO_2 を吹き込むと，溶解度の小さい $NaHCO_3$ が沈殿する。

$NaCl + H_2O + NH_3 + CO_2 \longrightarrow NaHCO_3\downarrow +$ ［　　　］

❷ ❶で沈殿した $NaHCO_3$ を加熱すると，炭酸ナトリウム，二酸化炭素，水に分解する。

［　　　］

❸ 石灰石（主成分 $CaCO_3$）を加熱する。

［　　　］ （➡ p. 40 塩 $\xrightarrow{加熱}$ 塩基性酸化物 ＋ 酸性酸化物　からつくる）

❹ ❸で生じた CaO を水に溶かす。

［　　　］ （➡ p. 22 $O^{2-} + H_2O \longrightarrow 2OH^-$　からつくる）

❺ ❶で生じた NH_4Cl と❹で生じた $Ca(OH)_2$ を反応させる。生じた NH_3 は再利用される。

［　　　］ （➡ p. 14 弱塩基の遊離）

2 アンモニアソーダ法全体では，原料として NaCl と $CaCO_3$ を用いて Na_2CO_3 と $CaCl_2$ を生成物として得る。このときの化学反応式を書け。

27 NaOH の工業的製法など

別冊解答 ▶ p. 20

学習日　月／日

水酸化ナトリウム NaOH と塩素 Cl_2 は，工業的には陽イオンだけを通す膜(　　　　)を用いて，塩化ナトリウム NaCl 水溶液を電気分解する［イオン交換膜法］で製造される。

＋ 電源 －

飽和食塩水 NaCl　陽極 Cl_2 (＋)　H_2 陰極 (－)　水 H_2O

Na^+　Cl^-　$2e^-$　Cl_2　Na^+　Na^+　$2Cl^-$　H_2　$2e^-$　$2H_2O$　$2OH^-$

低濃度食塩水　陽イオン交換膜（陰イオンは通れない）　水酸化ナトリウム NaOH 水溶液

図を見ながら，陰極と陽極で起こる反応を，e^- を含むイオン反応式で示せ。

(陰極)［　　　　］

(陽極)［　　　　］

陰極側の水溶液を濃縮すると［　　］が得られる。（化学式）

☑ **1**　酸性酸化物である二酸化炭素と水酸化ナトリウム水溶液との反応を，化学反応式で書くと次のようになる。

考え方

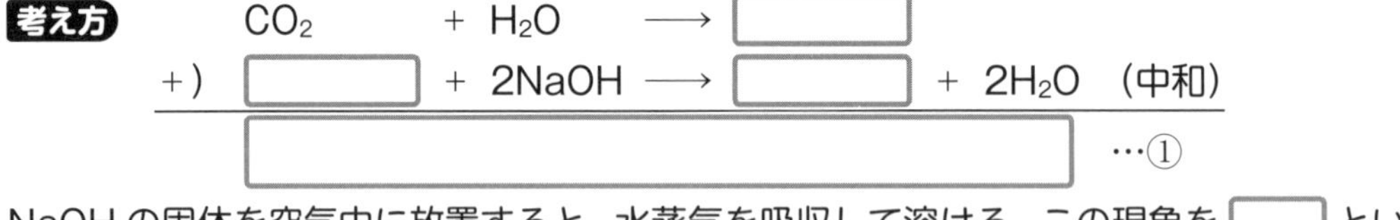

CO_2 ＋ H_2O ⟶ ［　　　］

＋) ［　　　］ ＋ 2NaOH ⟶ ［　　　］ ＋ $2H_2O$　(中和)

［　　　　　　　　］ …①

NaOH の固体を空気中に放置すると，水蒸気を吸収して溶ける。この現象を［　　］という。また，NaOH は空気中の CO_2 を吸収し，①の反応を起こし［炭酸ナトリウム Na_2CO_3］を生じる。

☑ **2**　炭酸ナトリウムの濃い水溶液を放置すると，水分が蒸発し無色透明の結晶が得られる。この結晶を空気中に放置しておくと，水和水の一部を失って，炭酸ナトリウム一水和物［$Na_2CO_3 \cdot H_2O$］の白色粉末になる。無色透明の結晶の化学式と白色粉末になる現象の名称を答えよ。

無色透明の結晶の化学式［　　　　］　　現象［　　］

☑ **3**　炭酸水素ナトリウムは［重曹］ともよばれ，［ベーキングパウダー］や発泡入浴剤などに含まれている。炭酸水素ナトリウムを加熱すると分解し，炭酸ナトリウム，二酸化炭素，水を生じる。このときの化学反応式を書け。

［炭酸水素ナトリウム］ $\xrightarrow{\text{加熱}}$ ［炭酸ナトリウム］ ＋ ［二酸化炭素］ ＋ ［水］

化学反応式にする → ［　　　　　　　　］

28 13族(アルミニウム)

別冊解答 ▶ p. 20

学習日 月 日

アルミニウム(13族)

【1】アルミニウム原子の原子番号，電子配置，価電子の数を答えよ。
原子番号は □。その電子配置はK(□)L(□)M(□)となり，価電子の数は □ 個である。

【2】地殻中の元素の存在比(質量%)の順は，□(お)>□(しゃ)>□(ある)>□(て)>… の順になる。
元素記号

【3】単体のアルミニウムは 銀白 色の軽くてやわらかい金属であり，□(原料鉱石)から得られる酸化アルミニウム Al_2O_3(アルミナ)の 溶融塩 電解または 融解塩 電解によりつくられる。

補足1 金属単体の色は，銅 Cu が □ 色，金 Au が □ 色であり，残りの金属単体のほとんどは銀白色・灰白色などと表される。

補足2 密度が 4～5 g/cm^3 以下の金属を □ 金属，4～5 g/cm^3 より大きな金属を □ 金属という。アルカリ金属・アルカリ土類金属・Al は □ 金属，ほとんどの遷移金属は □ 金属になる。

【4】高温で融解し，電気分解することを □ または □ という。

【5】金属単体の電気伝導度・熱伝導度の順は，
□>□>□>□>… の順になる。
元素記号

【6】アルミニウムは，濃硝酸中では □ となり，ほとんど反応が進まない。

☑ **1** アルミニウムは 両性 金属であり，酸の水溶液にも強塩基の水溶液にも溶けて 水素 を発生する。次の(1)，(2)の化学反応式を書け。

(1) アルミニウムと塩酸の反応

Al ⟶ □ …(a)
2H⁺ + □ ⟶ □ …(b)

(a)×□+(b)×□ から，

□ …(c)

(c)式の両辺に $6Cl^-$ を加えると完成する。

□

(2) アルミニウムと水酸化ナトリウム水溶液との反応

□ ⟶ $2Na[Al(OH)_4]$ + $3H_2$

☑ **2** アルミニウムは，空気中では表面に Al_2O_3 のち密な □ 被膜を生じて内部まで酸化されず，濃硝酸にも溶け ない 。このような状態をどちらも □ という。

アルミニウムの単体・化合物

アルミニウムを強熱すると，多量の［熱］や強い［光］を発生し，酸化アルミニウムになる。このときの化学反応式を書け。

［　　　　　　　　　　　　］

また，アルミニウムの粉末と酸化鉄(Ⅲ)Fe_2O_3 の粉末を混合して点火すると，激しく反応し，融解した鉄 Fe が得られる。この反応を［　　　　］反応といい，［レールの溶接］などに利用されている。このときの化学反応式を書け。

［　　　　　　　　　　　　］　(Al が還元剤としてはたらき，Fe_2O_3 から O をうばう。)

アルミニウム表面に人工的にち密な酸化被膜をつけた製品を［　　　　］という。

アルミニウムの単体は，酸の水溶液にも強塩基の水溶液にも水素を発生して溶ける［　　］金属であるが，濃硝酸には［　　　］となり溶けない。

＜アルマイトの例＞

☑ **3**　(1) アルミニウム Al に［Cu］や［Mg］などを添加した合金を何というか。

［　　　　］

(2) ルビーやサファイアの主成分の化学式を答えよ。　［　　　］

(3) ミョウバンのような複数の塩が結合した塩を何というか。また，ミョウバンの化学式を答えよ。

［　　］　化学式：［　　　　　　　　］

☑ **4**　Al や Al_2O_3 は，いずれも酸や強塩基と反応して溶ける。このような金属や酸化物をそれぞれ何というか。

金属：［　　］金属　　酸化物：［　　］酸化物

☑ **5**　$Al(OH)_3$ は両性水酸化物で，塩酸や水酸化ナトリウム水溶液と反応して溶ける。このときの化学反応式をそれぞれ書け。

塩酸との反応　⇒　［　　　　　　　　　　　　］　(中和反応)

水酸化ナトリウム水溶液との反応　⇒　［　　　　　　　　　　　　］　(錯イオンをつくる反応)

☑ **6**　Al は常温の水とは反応［しない］が，［高温の水蒸気］とは反応し［　　］を発生する。

☑ **7**　$AlK(SO_4)_2\cdot12H_2O$ は［　　　　］といい，［　　　　］形の無色透明な結晶になる。この水溶液は弱い［　］性を示す。

29 アルミニウムの製錬

別冊解答 ▶p. 21

学習日 月 日

イオン化傾向の大きなAlの単体は，Al^{3+}を含む水溶液の電気分解では得られ［　］(る or ない)。そのため，アルミニウムの酸化物［Al_2O_3］を融解し，液体とし，これを電気分解してAlをつくる。この操作を［　　］または［　　］という。

<溶融塩電解のようす>

アルミニウムの鉱石である［　　］$Al_2O_3 \cdot nH_2O$を精製して得られる酸化アルミニウムAl_2O_3(［　　］ともよぶ)を［　石］Na_3AlF_6とともに，［　］(白金 or 炭素)電極を用いて［　　］電解することでAlを製造する。このとき，Alは［　］(陽 or 陰)極に析出する。陰極と陽極で起こるe^-を含むイオン反応式を完成させよ。

(陰極)［　　　　　　］

(陽極)　$C + O^{2-} \longrightarrow$［　］$+ 2e^-$　または　$C + 2O^{2-} \longrightarrow$［　］$+ 4e^-$

☑ **1**　アルミナAl_2O_3は融点が約2000℃と高いが，［氷晶石］Na_3AlF_6を約1000℃に加熱し融解させたものには，次のように電離して溶解する。イオン反応式を完成させよ。

［$Al_2O_3 \longrightarrow$　　　　　　］

また，この溶液を炭素電極を用いて電気分解したときの，陰極と陽極のe^-を含むイオン反応式を完成させよ。

(陰極)［　　　　　　］

(陽極)［　　　　$\longrightarrow CO +$　　］

または［　　　　$\longrightarrow CO_2 +$　　］

30 遷移元素

別冊解答 ▶ p. 22

学習日　月／日

遷移元素は，周期表の［　］～［　］族の元素をいい，すべて［　］元素である。（→金属 or 非金属）

●遷移元素の特徴

【1】最外殻電子の数を［　］個または［　］個に保ったまま，［内側］の電子殻に電子が配置される。

【2】周期表で，たてに並んだ元素だけでなく，［　］に並んだ元素どうしの性質も［似ている］ことが多い。

【3】単体は，密度が［　］く，融点の［　］いものが多く，電気や熱の伝導性も大きい。

補足 電気・熱伝導度の順は，［　］>［　］>［　］>［Al］>…（元素記号）
遷移元素(11族)の単体　典型元素の単体

【4】同一の元素が，複数の［酸化数］をとることが多い。

【5】イオンや化合物には，［有色］のものが多い。

例 Fe^{2+} 水溶液：［　］色　Fe^{3+} 水溶液：［　］色　CuO：［　］色　Cu_2O：［　］色

☑ **1** ある金属と他の金属を融解し混ぜ合わせた後に固めたものを［合金］といい，遷移元素やアルミニウムは合金をつくりやすい。次の表を完成させよ。

合金の名称	組成（◯は主成分）	特徴・用途
［青銅］→ブロンズもOK	［(Cu)−Sn］	さびにくく加工しやすい。［銅像］，鐘など
［　］	［(Cu)−Zn］	加工しやすい。楽器，［　］円硬貨など
［　］	(Cu)−Ni	加工しやすい。［50］円硬貨，［　］円硬貨など
［　］	［(Fe)−Cr−Ni］	さびにくい。刃物など
ニクロム	［(Ni)−Cr］	電気抵抗が［　］い。電熱線など
［　］	［(Al)−Cu−Mg−Mn］	軽くて丈夫。［航空機］など

☑ **2** 金属の表面を別の金属でおおう操作を，めっきという。めっきすることで，金属の腐食(さび)を防ぐことができる。

(1) 鉄 Fe の表面に亜鉛 Zn をめっきして，Fe がさびるのを防いだものを何というか。［　］

(2) 鉄 Fe の表面にスズ Sn をめっきしたものを何というか。［　］

31 亜鉛 Zn

別冊解答 ▶ p. 22

学習日　月／日

【1】亜鉛 Zn，カドミウム Cd，水銀 Hg は，□族に属する[遷移元素]であり，□個の最外殻電子をもち□価の□イオンになりやすい。

亜鉛は，[アルミニウム]，[スズ]，[鉛]と同じ[両性金属]であり，酸や強塩基の水溶液と反応して□を発生する。

(補足 両性金属 → [Al](あ)，□(あ)，□(すん)，□(なり)，…)

Zn は常温の水とは反応しないが，[高温の水蒸気]とは反応し□を発生する。

【2】酸化亜鉛 ZnO は[白]色の粉末で，酸化アルミニウム Al_2O_3 と同じ□酸化物であり，酸や強塩基の水溶液と反応して溶ける。ZnO は[亜鉛華]ともいわれ，□色の絵の具や[医薬品]などに用いられる。

【3】水酸化亜鉛 $Zn(OH)_2$ は，水酸化アルミニウム $Al(OH)_3$ と同じ□水酸化物であり，酸や強塩基の水溶液と反応して溶ける。

☑ **1** Zn，ZnO，$Zn(OH)_2$ は，いずれも両性であり，酸や強塩基の水溶液と反応する。次の化学反応をそれぞれ化学反応式で書け。

(1) $Zn(OH)_2$ の反応

① HCl 水溶液との反応　(中和反応)

② NaOH 水溶液との反応　(錯イオンをつくる反応)

(2) ZnO の反応

① HCl 水溶液との反応　(➡ p. 22 O^{2-} ＋ $2H^+$ ⟶ H_2O　からつくる)

② NaOH 水溶液との反応　(錯イオンをつくる反応)

(3) Zn の反応

① HCl 水溶液との反応　(➡ p. 16 Zn は Zn^{2+} へ，$2H^+$ は H_2 へと変化する)

② NaOH 水溶液との反応　(錯イオンをつくり，水素を発生する)

32 銅 Cu

別冊解答 ▶ p. 23

学習日　月／日

銅 Cu

黄銅鉱(主成分 CuFeS₂)から得られる [　　] (純度約 99%)を 電解精錬 によって [　　] (純度約 99.99%以上)にすることで，銅 Cu の単体を得る。

●銅 Cu の性質

【1】[　] 色のやわらかい金属で 展 性・[　] 性に富み，電気や熱の伝導性が大きい。

- **補足1** 金属単体の色は，Cu：[　] 色，Au：[　　] 色。残りの金属単体のほとんどは銀白色・灰白色などと表される。
- **補足2** 金属単体の電気伝導度・熱伝導度の順は，[　　](元素記号) > [　　] > Au > [　　] >…　の順。

【2】湿った空気中では徐々に [　　] され，[　　] とよばれる緑色のさびを生じる。

【3】イオン化傾向は水素 H_2 より [　　] く，塩酸 HCl や希硫酸 H_2SO_4 とは反応 [　　](する or しない) が，希硝酸には NO，濃硝酸には [　　](化学式)，熱濃硫酸には [　　](化学式) を発生して溶け [　　](る or ない) 。

【4】銅と亜鉛の合金を [　　]，銅とスズの合金を [　　]，銅とニッケルの合金を [　　] という。

1 次の(1)〜(9)の色を答えよ。

(1) 銅単体：[　] 色
(2) Cu^{2+} の水溶液：[　] 色
(3) $Cu(OH)_2$：[　　] 色
(4) $[Cu(NH_3)_4]^{2+}$：[　　] 色
(5) CuS：[　] 色
(6) CuO：[　] 色
(7) Cu_2O：[　] 色
(8) $CuSO_4 \cdot 5H_2O$：[　] 色
(9) $CuSO_4$：[　] 色

2 湿った空気中で生じる銅のさびを何というか。 [　　]

3 次の(1)，(2)の銅の合金の名称と組成を答えよ。

(1) 銅像や鐘などに利用される合金：[　　]，組成は Cu−[　　]
(2) 楽器や 5 円硬貨などに利用される合金：[　　]，組成は Cu−[　　]

4 次の(1)，(2)の空欄に化学式を入れよ。

(1) 銅を空気中で加熱すると黒色の [　　] になり，1000℃以上の高温で加熱すると赤色の [　　] になる。

(2) 銅は熱濃硫酸に [　　] を発生して溶ける。この水溶液から析出させることのできる青色結晶の [　　　　] を加熱すると，水和水をすべて失って，白色粉末状の [　　　] になる。この白色の無水物は水に触れると再び青色結晶に戻るので 水の検出 に使われる。

銅の電解精錬

黄銅鉱(化学式 [ ])を製錬すると，[ ](純度約 99%)が得られる。

●銅の 電解精錬 のようす

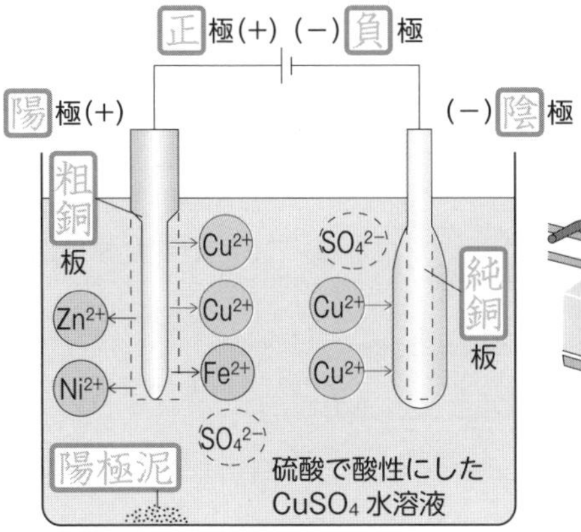

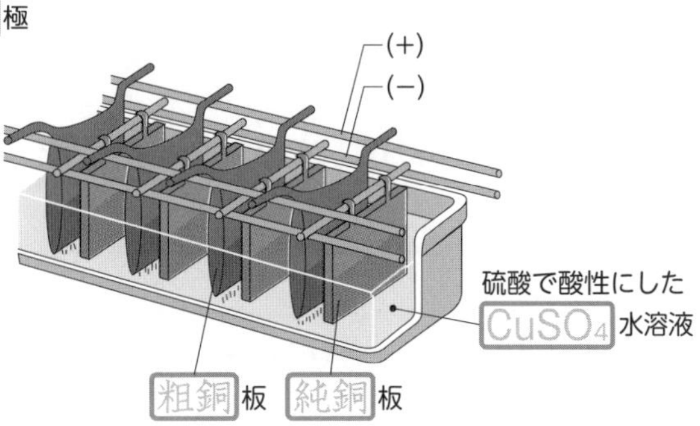

粗銅板を [ ] 極，純銅板を [ ] 極として，硫酸で酸性にした $CuSO_4$ の水溶液に入れ電気分解すると，[ ] 銅板では Cu が Cu^{2+} となって溶け出し，[ ] 銅板上に Cu が析出する。この操作を銅の [ ] という。次のイオン反応式を完成させよ。

(手書き：陽 or 陰，陽 or 陰，粗 or 純，粗 or 純)

[[ ] 極：粗銅板] Cu ⟶

[[ ] 極：純銅板] Cu^{2+} + ⟶

このとき，粗銅中に不純物として含まれている銅よりイオン化傾向の [ ] Zn，Fe，Ni は，それぞれ [ ]，[ ]，[ ] になって溶け出す。

(手書き：大きい or 小さい，イオンの化学式)

一方，銅よりイオン化傾向の [ ] Au，Ag は，陽イオンにならずに粗銅板からはがれ落ち，陽極の下に 沈殿 する。これを [ ] という。

(手書き：大きい or 小さい)

5 銅の電解精錬について [ ] の中に適切な語句を入れよ。

陽極：[ ] 銅板
陰極：[ ] 銅板

(手書き：粗 or 純)

(電解質水溶液は，[ ] で酸性にした $CuSO_4$ 水溶液を用いる)

<粗銅板のようす>

大 ← イオン化傾向 → 小

Zn ＞ Fe ＞ Ni ＞ Cu ＞ Ag ＞ Au

[ ] 価の [ ] イオンとなって溶液中に溶け出す

[ ] として沈殿する

6 塩基性酸化物である酸化銅(Ⅱ)は，[ ] 色で希硫酸 H_2SO_4 に溶ける。このときの化学反応式を書け。(➡ p. 22 O^{2-} + $2H^+$ ⟶ H_2O よりつくる)

7 $CuSO_4 \cdot 5H_2O$ の [ ] 色結晶を 150℃ に加熱すると，水和水を失って白色粉末になる。このときの化学反応式を書け。(白色粉末 ⇒ $CuSO_4$)

33 鉄 Fe

別冊解答 ▶ p. 24

学習日　月／日

鉄 Fe

鉄は，地殻中に多く含まれている。地殻中に多く存在する元素の順は，

ゴロ　お　しゃ　ある　て

[　　] > [　　] > [Al] > [　　] >…　の順になる。

元素記号

Fe は灰白色の金属で，塩酸 HCl や希硫酸 H_2SO_4 と反応して [Fe^{2+}] になる。このときの化学反応式を書け。

塩酸のとき [　　　　　　　　] (➡ p. 16 酸化還元反応)

希硫酸のとき [　　　　　　　　] (➡ p. 16 酸化還元反応)

Fe は濃硝酸には [　　　] となり，溶け [　　　]。

る or ない

鉄は湿った空気中で [酸化] され，酸化鉄(Ⅲ) Fe_2O_3([　　　]色)を含む [赤さび] を生じる。

これに対して，鉄は空気中で強く熱すると [　　　] され，四酸化三鉄 Fe_3O_4([　]色)を生じる。Fe_3O_4 は [黒さび] の主成分である。

☑ 1　次の(1)～(8)の色を答えよ。

(1) Fe^{2+} の水溶液：[　　　]色　(2) Fe^{3+} の水溶液：[　　　]色　(3) $Fe(OH)_2$：[　　　]色

(4) 水酸化鉄(Ⅲ)：[　　　]色　(5) FeS：[　]色　(6) Fe_2O_3：[　　　]色

(7) Fe_3O_4：[　]色　(8) $FeSO_4 \cdot 7H_2O$：[　　　]色

☑ 2　次の合金やめっきした鋼板の名称を答えよ。

(ただし，(2)と(3)は，めっきした鋼板に傷がついて Fe が露出している。)

(1) 鉄とクロム，ニッケルの合金 [　　　　　]

(2)

[　　　　]

(3)

[　　　　]

補足　Fe，Zn，Sn のイオン化傾向の順は，[　　] > [　　] > [　　]　の順であるため，[　　　　]（トタン or ブリキ）では傷がついて Fe が露出しても，イオン化傾向の大きい Zn が先に酸化され [Zn^{2+}] になることで，Fe の腐食(さび)を防ぐことができる。

一方，[　　　　]（トタン or ブリキ）では，Fe が Sn よりもイオン化傾向が大きく，先に酸化され [Fe^{2+}] になることで，Fe の腐食(さび)が進行してしまう。

☑ 3　Fe は高温の水蒸気と反応する。このときの化学反応式を書け。(四酸化三鉄を生じる)

鉄の製錬

鉄の製錬には，赤鉄鉱(せきてっこう)(主成分 Fe_2O_3)や磁鉄鉱(主成分 Fe_3O_4)などの鉄鉱石を用いる。

赤鉄鉱(主成分 [　　] ←化学式)は，コークスCの燃焼で生じた CO によって溶鉱炉(高炉)内で次々と還元され，Fe になる。このときの化学反応式を書け。

[　　　　　　　　] (CO が O をうばう)

溶鉱炉で得られる鉄は [　　] とよばれ，約4%のCを含み硬くて もろく ，展性・延性に とぼしい 。マンホールのふたなど [　　] に用いられる。

[　　] を転炉に移して O_2 を吹き込み，酸化によりCの量を減らした鉄を [　] という。硬くて 粘り強い ので，鉄骨やレールなど広く用いられる。

☑ **4** 次の図は鉄の製錬のようすを表している。

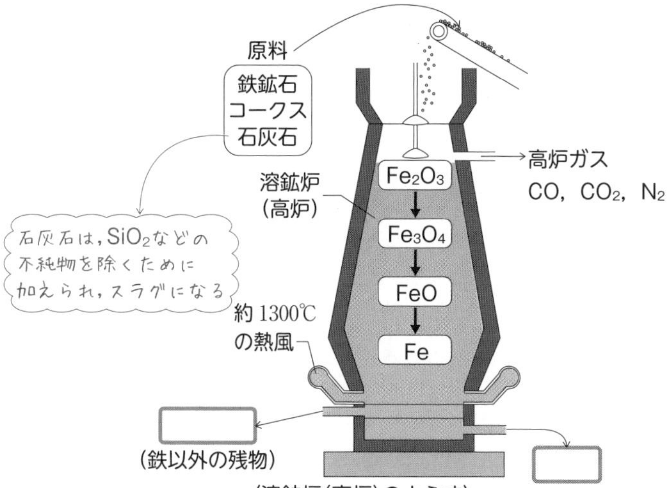

〈溶鉱炉(高炉)のようす〉 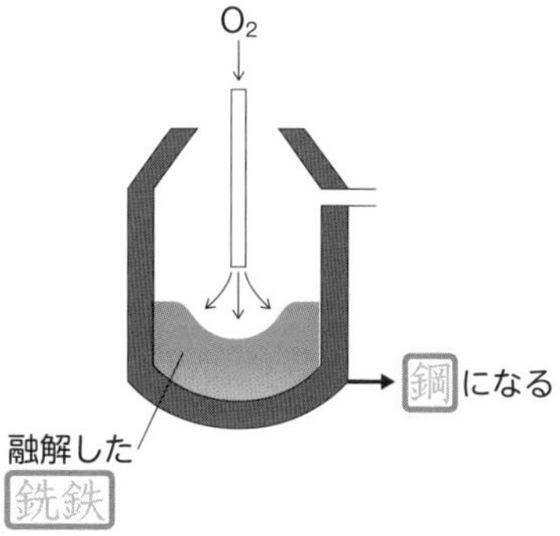　〈転炉のようす〉

(1) 原料として鉄鉱石，コークス，石灰石を利用する。これらの化学式を答えよ。

赤鉄鉱は [　　]，磁鉄鉱は [　　]，コークスは [　]，石灰石は [　　]

(2) 原料を溶鉱炉に入れて熱風を吹き込むと，コークスCから発生した CO が Fe_2O_3 などを 還元 する。Fe_2O_3 と CO が反応し，鉄が生じるときの化学反応式を書け。

[　　　　　　　　] (CO が O をうばう)

(3) 溶鉱炉で得られる鉄を何というか。 [　　]

(4) (3)を転炉に移し，酸素を吹き込み得られる鉄を何というか。 [　]

(5) 鉄鉱石中の SiO_2 などの不純物は，$CaCO_3$ の熱分解で生じる CaO と反応し，$CaSiO_3$ などとなって，銑鉄の上に浮かぶ。これを何というか。 [　　]

34 有機化合物の特徴

別冊解答 ▶p. 25

学習日　月／日

- **有機化合物**…［　　］原子を骨格とする化合物
- ［　　］**化合物**…有機化合物以外の化合物

（**補足**　ただし，CO や CO_2（酸化物），$CaCO_3$（炭酸塩）などの簡単な炭素化合物は，［　　］化合物として扱う。）

有機化合物を構成する元素は，［　］，［　］，［　］，N，S，P，ハロゲンなどで，元素の種類は［　　］。

（元素記号）（多く含まれている元素）（少ない元素）（多い or 少ない）

●**有機化合物の特徴**

【1】［分子］でできた物質であり，融点や沸点が［　　］ものが多い。（高い or 低い）

【2】水には溶け［　　］，ジエチルエーテルなどの有機溶媒に溶け［　　］ものが多い。（やすく or にくく）（やすい or にくい）

1　炭素と水素からできた化合物を［　　　］といい，炭素と水素からできている基を［　　　］という。

2　［メタン］ $H-\underset{H}{\overset{H}{C}}-H$ から H1個が取れた形の $H-\underset{H}{\overset{H}{C}}-$ を［　　］基という。

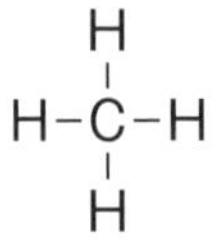

［エタン］ $H-\underset{H}{\overset{H}{C}}-\underset{H}{\overset{H}{C}}-H$ から H1個が取れた形の $H-\underset{H}{\overset{H}{C}}-\underset{H}{\overset{H}{C}}-$ を［　　］基という。

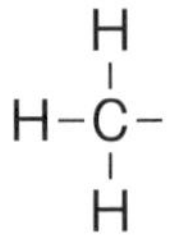

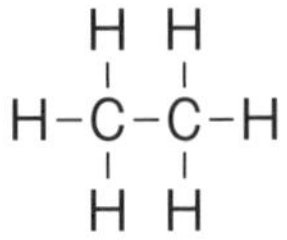

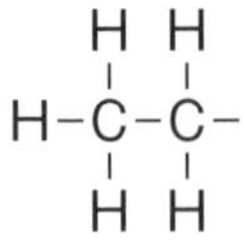

3　CH_3-［　　］基や C_2H_5-［　　］基に，−OH が結びついた

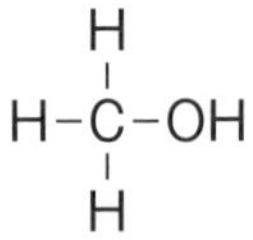

$H-\underset{H}{\overset{H}{C}}-OH$ を［　　　］，$H-\underset{H}{\overset{H}{C}}-\underset{H}{\overset{H}{C}}-OH$ を［　　　］という。

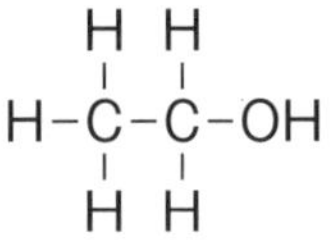

このように有機化合物は，炭化水素基に −OH のような有機化合物の性質を示す［官能基］が結びついた構造をもつ。

また，−OH を［　　　］基とよび，−OH をもつ化合物は［アルコール］とよばれる。Na と反応して［H_2］を発生するなど，アルコールはどれもよく似た性質を示す。

4　$H-\underset{H}{\overset{H}{C}}-\underset{H}{\overset{H}{C}}-OH$ は $H-\underset{H}{\overset{H}{C}}-\underset{H}{\overset{H}{C}}-$ ［エチル］基 と −OH ［　　　］基 からなる［アルコール］で，［　　　］とよばれる。

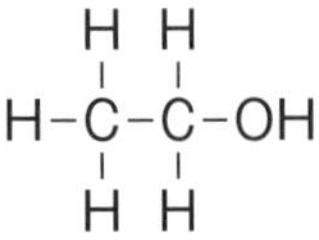

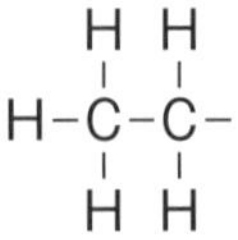

このように，原子間の結合を線−で表した化学式を［構造式］という。

また，CH_3-CH_2-OH のように，H− の − を省略した構造式は［簡略化した構造式］という。

35 官能基

別冊解答 ▶ p. 25

学習日 月 / 日

有機化合物は，H-C(H)(H)-O-H や H-C(H)(H)-C(=O)-O-H のように 炭化水素基 + 官能基 の構造をもつ。

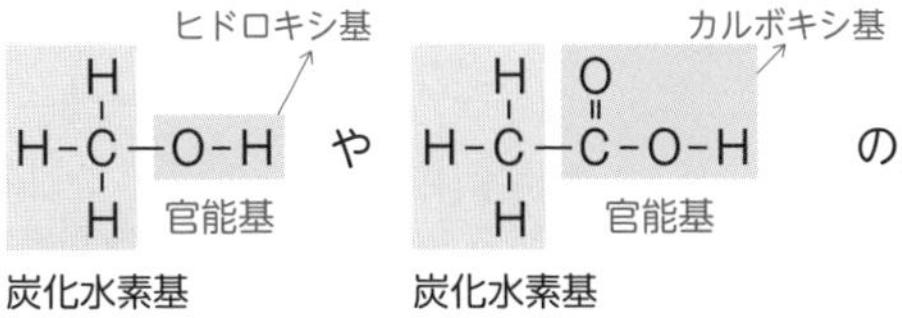

（ヒドロキシ基／カルボキシ基／官能基／炭化水素基）

メタノール　□ →化合物名

次の官能基の表を完成させよ。

官能基の構造	官能基の名称	化合物の一般名	有機化合物の例
-OH	□ 基	□	C_2H_5-OH □
		フェノール類	⬡-OH □
-C(=O)-H	□ 基	アルデヒド	CH_3-CHO アセトアルデヒド
>C=O	カルボニル（ケトン）基	ケトン	CH_3-C(=O)-CH_3 アセトン
-C(=O)-OH	□ 基	カルボン酸	CH_3-C(=O)-OH □
-C-O-C-	エーテル 結合	□	C_2H_5-O-C_2H_5 ジエチルエーテル
$-NH_2$	アミノ 基	アミン	⬡-NH_2 アニリン
-C(=O)-O-	□ 結合	エステル	CH_3-C(=O)-O-C_2H_5 酢酸エチル
$-NO_2$	□ 基	ニトロ化合物	⬡-NO_2 ニトロベンゼン
$-SO_3H$	□ 基	スルホン酸	⬡-SO_3H ベンゼンスルホン酸

注 ホルミル基，カルボキシ基，エステル結合の >C=O も カルボニル 基とよぶことがある。

☑ **1** (1) CH_3-CH(OH)-COOH 乳酸 のもつ CH_3- は □ 基，-OH は □ 基，-COOH は □ 基という。

(2) H-C(=O)-OH ギ酸 のもつ H-C(=O)- は □ 基，-C(=O)-OH は □ 基という。

36 有機化合物の表し方

別冊解答 ▶ p. 26

学習日　月／日

【1】分子をつくっている原子の 種類 と 数 を表した化学式を（　　　）という。

【2】分子式 $\begin{Bmatrix} CH_4O \\ C_2H_4O_2 \end{Bmatrix}$ から $\begin{Bmatrix} -OH（　　　）基 \\ -COOH（　　　）基 \end{Bmatrix}$ を抜き出し，$\begin{Bmatrix} CH_3OH \\ CH_3COOH \end{Bmatrix}$ のように表した化学式を（　　　）という。

【3】
```
  H  O
  |  ‖
H-C--C-O-H
  |
  H   酢酸
```
のように，原子間の結合を線－で表した化学式を（　　　），
```
     O
     ‖
CH3-C-OH
```
のようにーの一部(特に H－の－)を省略した構造式を 簡略化した構造式 という。

☑ **1** 次の表を完成させよ。

官能基の構造と名称	化合物の一般名	官能基の構造と名称	化合物の一般名
－OH（　　　）基	（　　　）	－O－（　　　）結合	（　　　）
	フェノール類	$-NH_2$（　　　）基	アミン
－CHO（　　　）基	（　　　）	－COO－（　　　）結合	（　　　）
＞CO（　　　）基	（　　　）	$-NO_2$（　　　）基	ニトロ化合物
－COOH（　　　）基	（　　　）	$-SO_3H$（　　　）基	スルホン酸

☑ **2** 次の表を完成させよ。

<table>
<tr><th>構造式</th><th>化合物名</th><th>簡略化した構造式</th><th>示性式</th><th>分子式</th></tr>
<tr><td>H
|
H-C-C-H
| ‖
H O</td><td>（　　　）</td><td>CH3-C-H
‖
O</td><td>（　　　）</td><td>（　　　）</td></tr>
<tr><td>H　　H
|　　|
H-C-C-C-H
| ‖ |
H O H</td><td>（　　　）</td><td>（　　　）</td><td>（　　　）</td><td>（　　　）</td></tr>
<tr><td>H O　 H H
| ‖　 | |
H-C-C-O-C-C-H
|　　 | |
H　　 H H</td><td>（　　　）</td><td>（　　　）</td><td>（　　　）</td><td>（　　　）</td></tr>
<tr><td>O
‖
⌬-C-O-H</td><td>安息香酸</td><td>O
‖
⌬-C-OH</td><td>C_6H_5COOH</td><td>（　　　）</td></tr>
</table>

37 構造異性体

学習日 月 / 日

別冊解答 ▶ p. 26

有機化合物には，分子式が同じでも，構造が異なる化合物が存在することがある。

例題 分子式は同じ C_2H_6O だが，2 種類の化合物がある。

$H-C(H)(H)-C(H)(H)-O-H$ → ［　　　　］基　　エタノール

$H-C(H)(H)-O-C(H)(H)-H$ → ［　　　　］結合　　ジメチルエーテル

官能基の種類が異なる。

このように，分子式が同じで構造の異なる化合物を，互いに［異性体］という。

［異性体］のうち，構造式が異なるものを［　　　　］という。

☑ **1** 構造異性体には，①官能基の種類が異なるもの，②炭素骨格が異なるもの，③官能基の位置が異なるもの，④不飽和結合（C=C や C≡C）の位置が異なるものなどがある。次の表の［　］に①〜④のいずれかを入れよ。

構造異性体の生じる原因	［　］	［　］	［　］	［　］
構造異性体の例	CH_3-CH_2-OH →［　　　　］基 CH_3-O-CH_3 →［　　　　］結合	$CH_3-CH_2-CH_2(OH)$ $CH_3-CH(OH)-CH_3$	$CH_3-CH_2-CH_2-CH_3$ $CH_3-CH(CH_3)-CH_3$	$CH_2=CH-CH_2-CH_3$ $CH_3-CH=CH-CH_3$

☑ **2** 構造異性体を考えるときには，C 骨格のパターンを覚えておくと便利である。考えられる C 骨格のパターンをすべて書け。

(1) 鎖状構造（環をもたない構造）

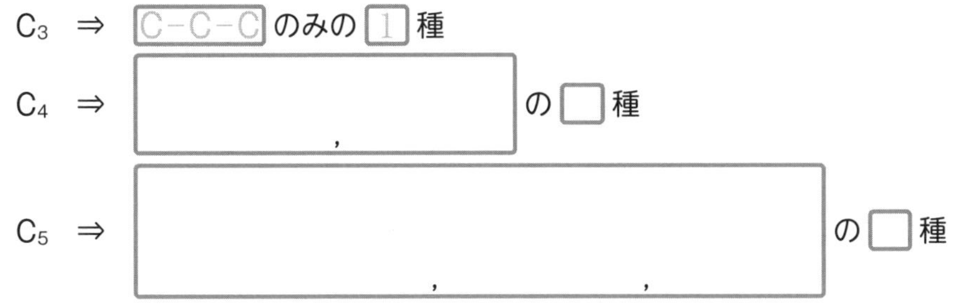

C_3 ⇒ ［C−C−C］のみの［1］種

C_4 ⇒ ［　　　　，　　　　］の［　］種

C_5 ⇒ ［　　　　，　　　　，　　　　］の［　］種

(2) 環状構造

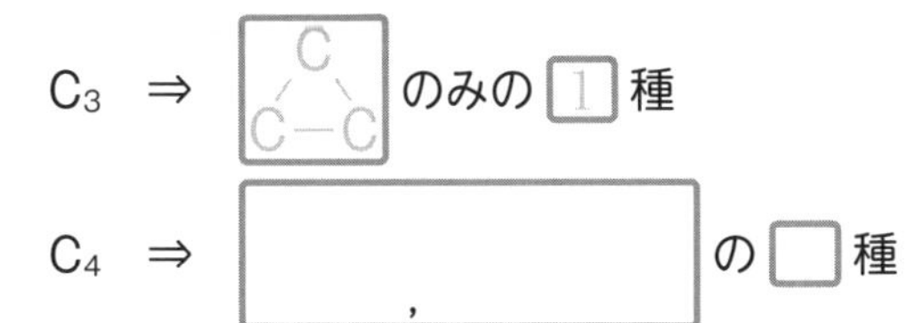

C_3 ⇒ ［三員環 C］のみの［1］種

C_4 ⇒ ［　　　　，　　　　］の［　］種

38 立体異性体

別冊解答 ▶p. 27

学習日　月／日

異性体には，分子の立体的な構造が異なるために生じる異性体があり，これを［　　　］という。
立体異性体には，
C=C 結合が原因で生じる［　　　］（幾何異性体）と
不斉炭素原子が原因で生じる［　　　］（光学異性体）
がある。

［　　　］異性体（［　　　］異性体）の 例

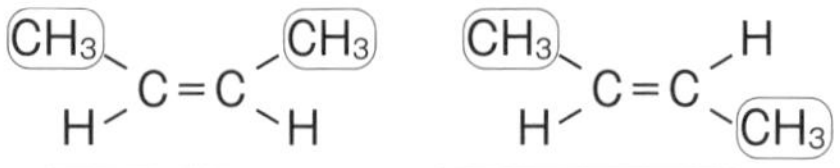

CH_3–C=C–CH_3（H, H）　シス形という
CH_3–C=C–H（H, CH_3）　トランス形という

C=C 結合が回転でき［　　　］ために生じる。（る or ない）

［　　　］異性体（［　　　］異性体）の 例

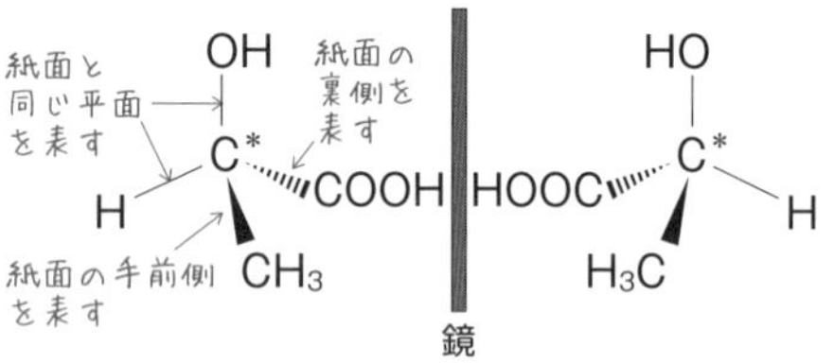

紙面と同じ平面を表す　紙面の裏側を表す　紙面の手前側を表す

OH, H, C*, COOH, CH_3 ｜鏡｜ HO, HOOC, C*, H, H_3C

どちらも乳酸だが，光に対する性質が異なる。
C*を［　　　］原子という。

☑ **1**　立体異性体には，C=C 結合が回転できないために生じる［　　　］異性体がある。

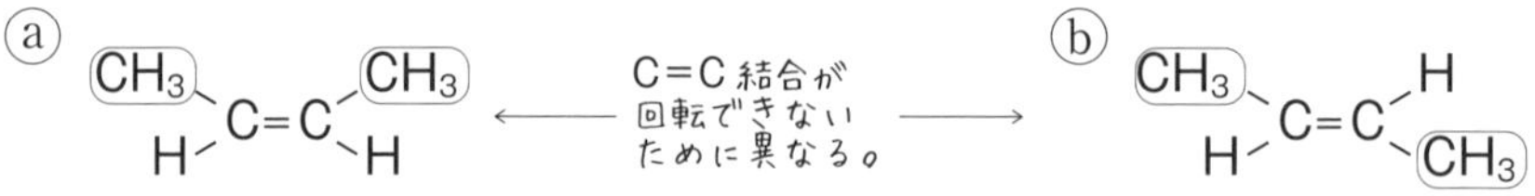

ⓐ CH_3–C=C–CH_3（H, H）←C=C 結合が回転できないために異なる。→ ⓑ CH_3–C=C–H（H, CH_3）

ⓐのように，同じ原子（–H）や同じ原子の集団（–CH_3）が C=C に対して同じ側にあるものを［　　　］形，ⓑのように反対側にあるものを［　　　］形という。

大切！ シス–トランス異性体は，次のように探す。

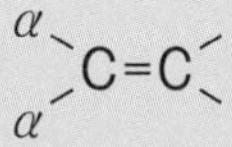

α,α–C=C の構造がある ⇒ シス–トランス異性体が存在［　　　］（する or しない）

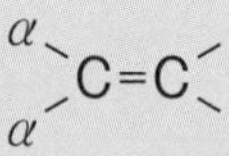

α,α–C=C の構造がない ⇒ シス–トランス異性体が存在［　　　］（する or しない）

☑ **2**　次の⑴～⑶の有機化合物に，シス–トランス異性体は存在するかしないかを判定せよ。

⑴ $CH_2=CH-COOH$　⑵ $CH_3-CH=CH-CH_3$　⑶ $HOOC-CH=CH-COOH$

存在［　　　］　存在［　　　］　存在［　　　］

学習日　月　日

39 鏡像異性体（光学異性体）

別冊解答 ▶ p. 27

【1】結合している原子や原子の集団が 4 つとも異なる炭素原子を［　　　　］という。
［　　　　］は C* のように書き，他の C 原子と区別することが多い。

Y　X－C－Z　W　［　　　　］原子

【2】［不斉炭素原子］を 1 個もつ化合物には，2 種類の立体異性体が存在する。
これらの分子は，右手と左手，または鏡に対する［実像］と［鏡像］（鏡に映った像）の関係にあるので，互いに［　　］異性体であるという。［　　］異性体は，光に対する性質が異なるので［　　］異性体ともよばれる。

鏡像異性体（光学異性体）は，生物に対する作用（味・におい・薬としての作用など）が異なることがある。

鏡像異性体は，物理的性質（融点，沸点など）や化学的性質（反応のようす）はほとんど［　　］。→同じ or 異なる

OH　C　H　COOH　CH_3　｜鏡｜　HO　C　HOOC　H　H_3C

鏡

<乳酸の鏡像異性体>

☑ **1** 次の **例題** にしたがい，(1)～(4)の有機化合物のもつ不斉炭素原子に ○ をつけよ。

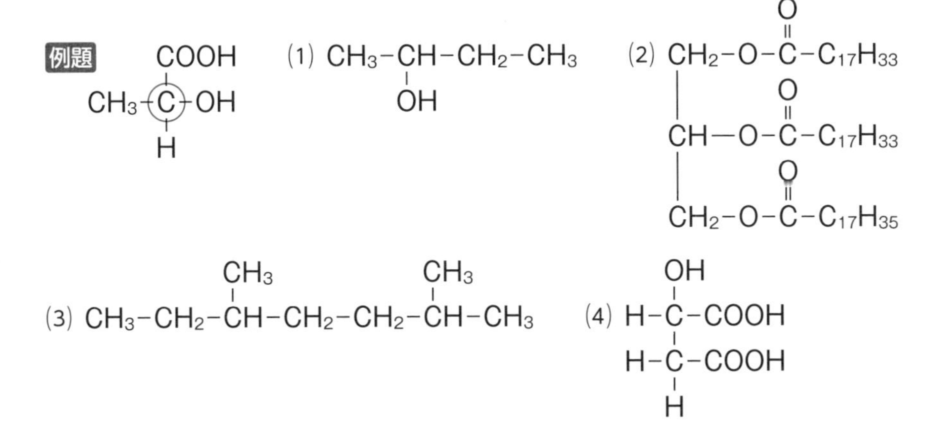

☑ **2** 空欄に構造，立体，シス－トランス，鏡像　のいずれかを入れよ。

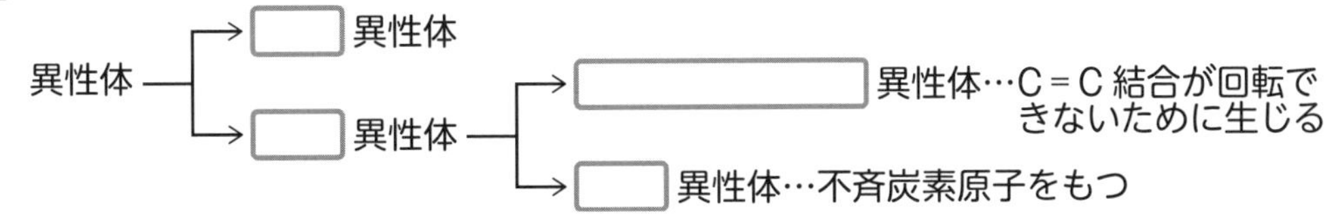

40 アルカン

別冊解答 ▶ p. 28

学習日 月 / 日

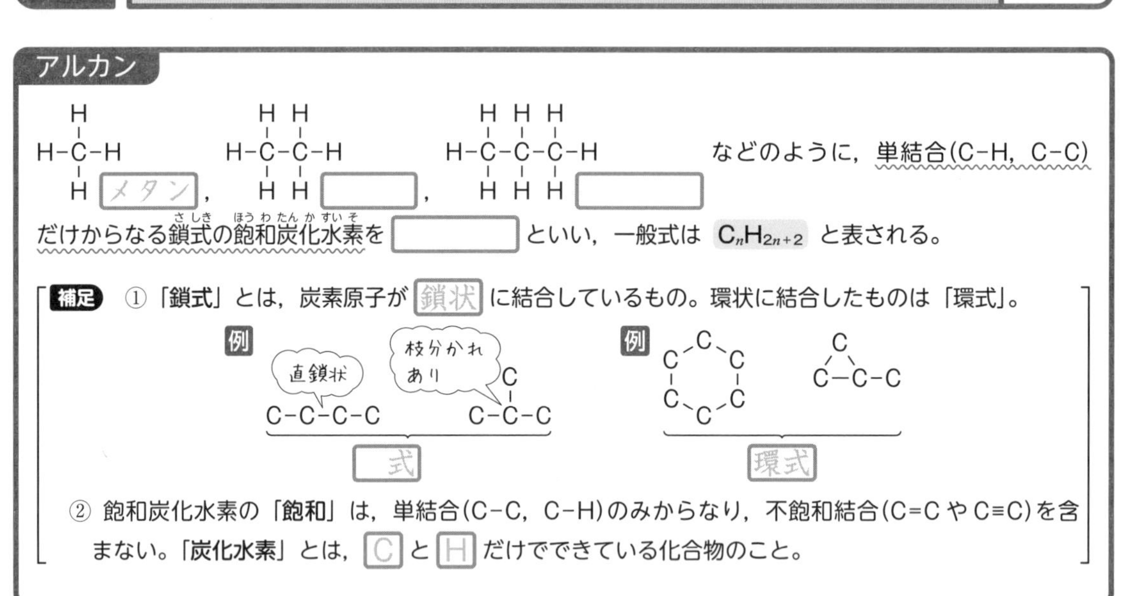

アルカン

$H-\underset{H}{\overset{H}{C}}-H$ [メタン]，$H-C-C-H$ [　　　]，$H-C-C-C-H$ [　　　] などのように，単結合(C−H，C−C)だけからなる鎖式(さしき)の飽和炭化水素(ほうわたんかすいそ)を [　　　] といい，一般式は C_nH_{2n+2} と表される。

補足 ①「鎖式」とは，炭素原子が [鎖状] に結合しているもの。環状に結合したものは「環式」。

例 C−C−C−C（直鎖状）　C−C−C−C（枝分かれあり）→ [　式]

例 六員環・三員環 → [環式]

② 飽和炭化水素の「**飽和**」は，単結合(C−C，C−H)のみからなり，不飽和結合(C=C や C≡C)を含まない。「**炭化水素**」とは，[C] と [H] だけでできている化合物のこと。

1 メタンの立体構造は，[　　　] 形である。エタンは [正四面体] が 2 個連なった構造で，プロパンやブタン C_4H_{10} など C の数が多くなると [　　　] が次々と連なった構造になる。

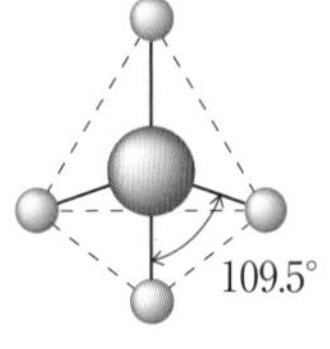

メタン CH_4

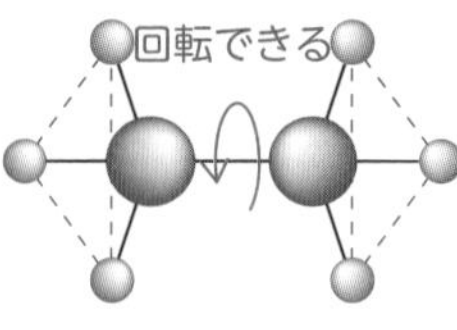

エタン C_2H_6

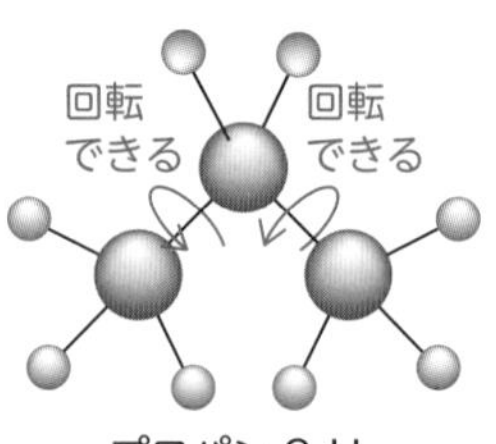

プロパン C_3H_8

エタン C_2H_6 やプロパン C_3H_8 は，[直鎖] 状の [アルカン] である。

2 アルカンに名前をつけるときに，ギリシャ語の数詞を利用することがある。次の表を完成させよ。

数字	1	2	3	4	5	6	7	8	9	10
数詞	[　]	[　]	[　]	[　]	[　]	[　]	[　]	[　]	[　]	[　]

3 直鎖状のアルカンの名前は，炭素数 5 以上ではギリシャ語の数詞の語尾を「ane(アン)」にする。次の表を完成させよ。

→ギリシャ語の数詞の語尾を「ane（アン）」にする

	モノ	ジ	トリ	テトラ	ペンタ	ヘキサ	ヘプタ	オクタ	ノナ	デカ
炭素数(n)	1	2	3	4	5	6	7	8	9	10
分子式 C_nH_{2n+2}	CH_4	[　]	[　]	[　]	[　]	[　]	[　]	[　]	[　]	[　]
名前	メタン	[　]	[　]	[　]	[　]	[　]	[　]	[　]	[　]	[　]

アルカンの名前

アルカン C_nH_{2n+2} から H 1 個を除いてできる炭化水素基を [ ] 基といい，[$C_nH_{2n+1}-$] で表される。

CH_3- を [ ] 基，CH_3-CH_2- を [ ] 基，$CH_3-CH_2-CH_2-$ を [ ] 基といい，

$CH_3-CH(CH_3)-$ を [イソプロピル] 基という。

●枝分かれのあるアルカンの名前のつけ方

❶ 最も長い炭素の鎖(主鎖(しゅさ))を探し，名前をつける。 → ❷ 枝の部分(側鎖(そくさ))の位置がなるべく小さな番号になるように，主鎖に番号をつける。 → ❸ 側鎖に名前をつける。

$CH_3-CH(CH_3)-CH_2-CH_3$ 　[ブタン]

$\overset{1}{C}H_3-\overset{2}{C}H(CH_3)-\overset{3}{C}H_2-\overset{4}{C}H_3$ （CH_3 ← 側鎖）

$\overset{1}{C}H_3-\overset{2}{C}H(CH_3)-\overset{3}{C}H_2-\overset{4}{C}H_3$ （CH_3：メチル基なので「メチル」）

❶～❸をまとめて，化合物名は，[2-メチルブタン] となる。（2：側鎖の位置番号，-：ハイフン）

4 次のアルカンの化合物名を答えよ。

(1) $CH_3-CH(CH_3)-CH_2-CH_2-CH_3$ [ ]

(2) $CH_3-CH(CH_3)-CH_3$ [ ]

5 分子式 C_4H_{10} のアルカンには，2 種類の構造異性体が存在する。これらを簡略化した構造式で表し，それぞれの化合物名を答えよ。

C 骨格のパターン　C-C-C-C，C-C(C)-C

簡略化した構造式		
化合物名		

6 分子式 C_5H_{12} のアルカンには，3 種類の構造異性体が存在する。これらを簡略化した構造式で表し，それぞれの化合物名を答えよ。

C 骨格のパターン　C-C-C-C-C，C-C-C(C)-C，C-C(C)(C)-C

簡略化した構造式			
化合物名			

41 アルカンの製法や反応，シクロアルカン

別冊解答 ▶ p. 29

学習日　月／日

アルカンの製法と反応

【1】最も簡単なアルカンは［　　］であり，［　］色・［　］臭の［　　］（固体，液体 or 気体）である。
実験室では，酢酸ナトリウム CH_3COONa と水酸化ナトリウム NaOH を加熱して発生させる。このときの化学反応式を書け。

CH_3COONa ＋ NaOH ⟶ 　　　＋［　　　　］

「中間」をとると考える

メタン CH_4 は水に溶け［　　］（やすい or にくい）ので，［　　］置換で捕集する。また，メタンは［　　］（天然 or 合成）ガスに多く含まれ，［都市］ガスに利用されている。

【2】アルカンは空気中で燃え，多量の［熱］を発生するので［燃料］として用いられる。メタンの燃焼エンタルピーは −891 kJ/mol である。ΔH を用いた反応式で表せ。ただし，生成する水は液体とする。

［　　　　　　　　　　　　　　　　］

☑ **1**　右の図は，直鎖のアルカン C_nH_{2n+2} の融点と沸点を表している。(1)，(2)について答えよ。

(1) 炭素原子の数が増加すると，分子量が［　　］（小さく or 大きく）なり，ファンデルワールス力が［　　］（強く or 弱く）なるため融点や沸点が［　］くなることがわかる。

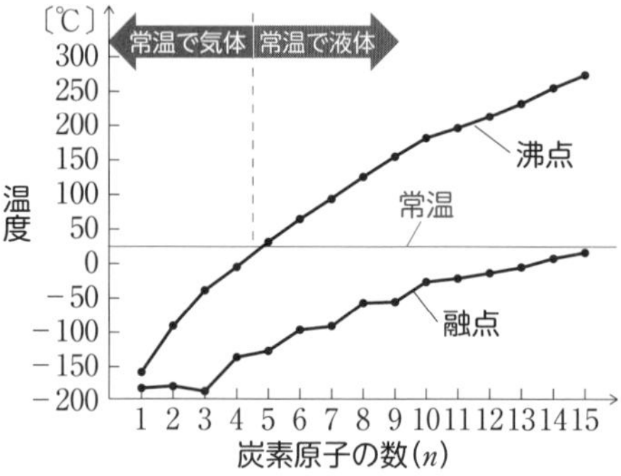

(2) n が 4 以下の CH_4（メタン），C_2H_6（エタン），C_3H_8（プロパン），C_4H_{10}（ブタン）は，常温では［　　］（固体，液体 or 気体）である。

☑ **2**　メタンは［　　］（天然 or 合成）ガスの主成分で，これを冷却し圧縮して液体にしたものは［　　　　］(LNG)とよばれ，［　　］ガスに利用されている。

☑ **3**　水分子がつくるかご状構造の中にメタンが取り込まれた固体物質を［　　　　　］といい，将来のエネルギー資源として注目されている。

☑ **4**　実験室では，メタンは酢酸ナトリウムを水酸化ナトリウムとともに加熱して得る。このときの化学反応式を書け。

☑ **5**　プロパンの燃焼エンタルピーは −2220 kJ/mol である。これを化学反応式に反応エンタルピーを書き加えた式で表せ。ただし，生成する水は液体とする。

置換反応

アルカンは安定で他の物質とは反応し［　　］。しかし，［光(紫外線)］の存在下では［塩素 Cl_2］や臭素 Br_2 などのハロゲン単体と反応する。
（→ やすい or にくい）

メタンと塩素 Cl_2 の混合気体に［　］を当てると，Cl−Cl 結合が切れて塩素原子 Cl が生じる。

$$\text{Cl–Cl} \xrightarrow{\text{光(紫外線)}} \text{Cl} + \text{Cl}$$

次に，この Cl とメタンの H が置き換わった［クロロメタン］が生じる。

$$\text{CH}_4 \text{ (H を Cl と交換)} \longrightarrow \text{CH}_3\text{Cl}$$

このように，分子中の原子が他の原子や原子団と置き換わる反応を［　　］という。

メタンと塩素の混合気体に光(紫外線)を照射すると，クロロメタンと塩化水素を生じる。このときの反応を化学反応式で書け。

［　　　　　　　　］

6 メタンと塩素の混合気体に光を当てると，置換反応が起こり，クロロメタンを生じる。クロロメタンは，さらに塩素と置換反応をするとジクロロメタン，トリクロロメタン，テトラクロロメタンを生じていく。空欄に構造式を書け。

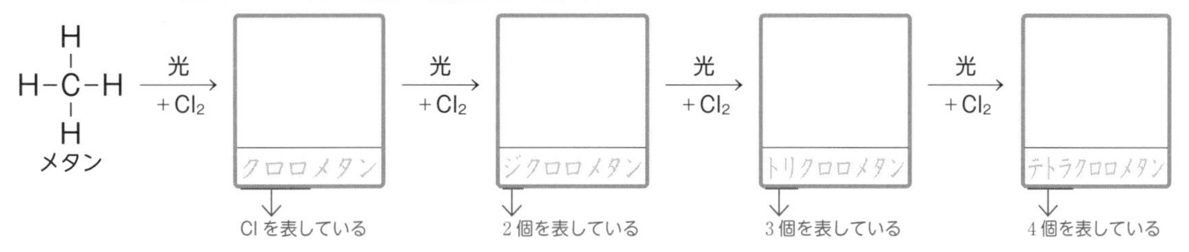

7 クロロメタンは［塩化メチル］，ジクロロメタンは［塩化メチレン］，トリクロロメタンは［クロロホルム］，テトラクロロメタンは［四塩化炭素］ともいう。
また，塩素化合物ができる反応は［　　］，臭素化合物ができる反応は［　　］，ハロゲン化合物ができる反応は［　　］という。
（→ 塩素化 or 臭素化）（→ 塩素化 or 臭素化）

シクロアルカン

環状構造を含む飽和炭化水素を［　　　］という。シクロは「環」を意味する。次の化合物名を答えよ。

［　　　］　［　　　］

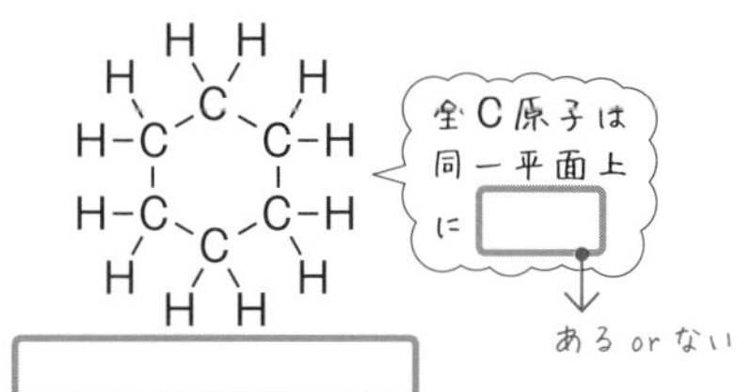

［　　　］

42 アルケン

別冊解答 ▶ p. 30

学習日　月／日

アルケンの構造と名称

$H_2C=CH_2$ [エテン(エチレン)] のように，C=C結合を1個もつ鎖式の不飽和炭化水素を [　　　] といい，その一般式は [　　　] で表される。

次の表を完成させよ。アルケンの名称は，アルカンの語尾を「ene(エン)」に変え，C=Cの位置を番号で示す。また，位置番号は最小になるようにつける。

アルケンの構造式・簡略構造式	$H_2C=CH_2$	$CH_3-CH=CH_2$	$CH_2=CH-CH_2-CH_3$	$CH_3-CH=CH-CH_3$（CH_3 と CH_3 が同じ側）	$CH_3-CH=CH-CH_3$（CH_3 と CH_3 が反対側）
名称	[　　　]	[　　　]	[　　　]	[　　　]	[　　　]
慣用名 →	[　　　]	[　　　]	――	――	――

☑ **1**

エチレン C_2H_4　　プロペン C_3H_6

回転自由

C＝C 結合は回転 [　　　]（できる or できない）

図を見ると，エチレンは [すべての原子(C, H)] が，プロペンではすべての [C原子] が常に [同一平面上] にあることがわかる。このように，C=C結合をつくっているC原子とこれに直接結合している4個の原子は常に [　　　] にある。

☑ **2**　エチレンは [　] 色の [　] 体で，実験室では，エタノール C_2H_5OH と濃硫酸の混合物を160～170℃に加熱して発生させる。

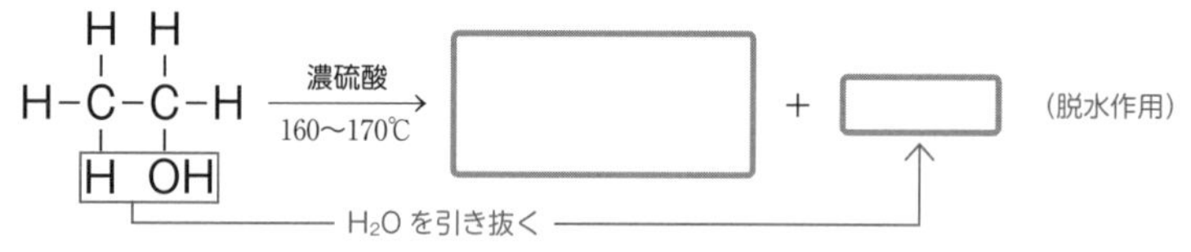

☑ **3**　アルケンのもつC=C結合は，2種類の共有結合からなる。1つはアルカンのもつC−Cと同じような結合，もう1つは [弱い] 結合であり，この [弱い] 結合は切れやすく，ハロゲン(Br_2 など)を [　　　]（脱離 or 付加）する。このような反応を [　　　] という。

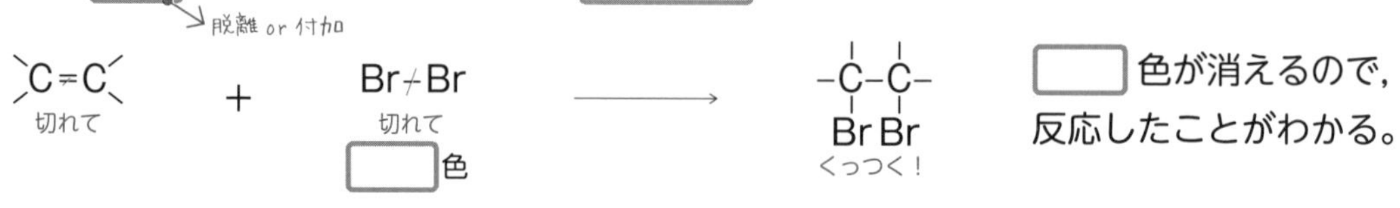

[　　　] 色が消えるので，反応したことがわかる。

付加反応

エチレンは C=C 結合をもち，H_2 や Br_2 などと［　　］反応を起こす。空欄に構造式や語句を書け。

エチレン（H₂C=CH₂ の構造式）＋ H−H —Pt または Ni 触媒→［　　］（［　　］反応）

［　　］（エチレン）＋ Br−Br →［　　］（［　　］反応）

Br_2 の［　　］色が消えるので，この反応は C=C 結合や C≡C 結合の検出に用いられる。

☑ **4**　空欄に簡略化した構造式・名称を書け。

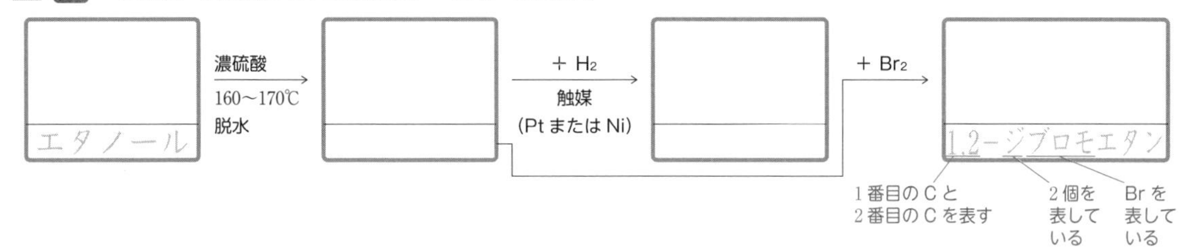

☑ **5**　プロペンに HCl が付加すると，2 種類の生成物が生じる。この生成物の簡略化した構造式を書け。

$CH_2=CH-CH_3$ —HCl→［　　］と［　　］

☑ **6**　アルケンに H_2 を付加させるときには，［　　］や［　　］などを触媒として用いる。（元素記号）

付加重合

エチレンやプロペンは，同じ分子どうしの間で，次々と［　　］反応を起こし，［　　］やポリプロピレンという分子量の大きな高分子化合物になる。このような反応を［　　］重合という。次の空欄に簡略化した構造式・名称を書け。

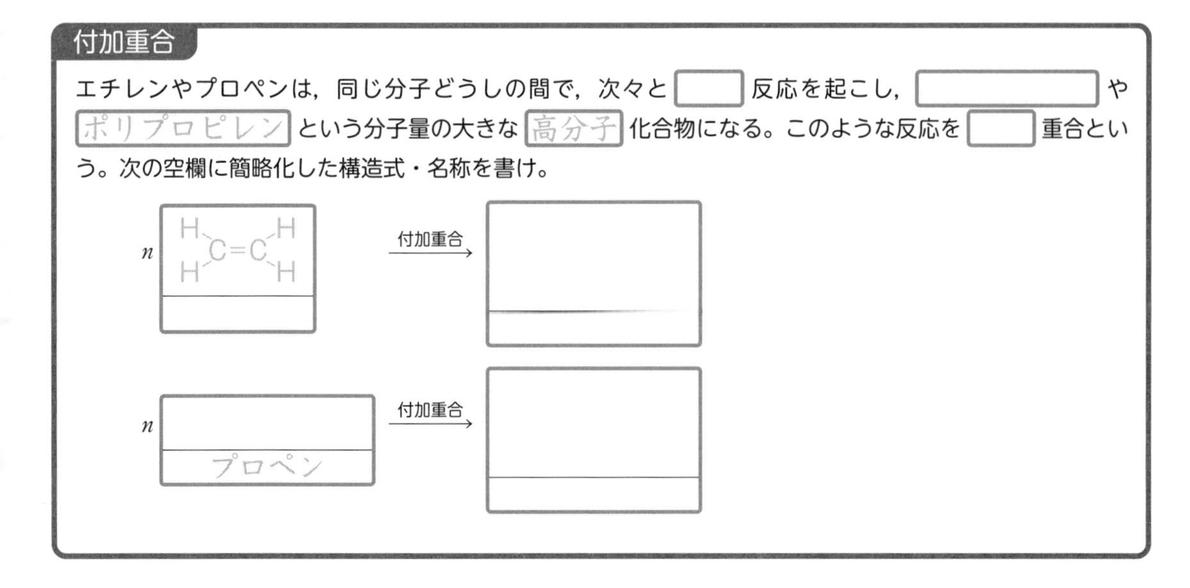

第12章　炭化水素

43 アルキン

別冊解答 ▶ p. 31

学習日　月／日

アルキンの分類と製法

【1】H−C≡C−H［エチン(アセチレン)］のように，C≡C 結合を1個もつ鎖式の不飽和炭化水素を［　　］といい，その一般式は［　　］で表される。

直線状の分子

［エチン(アセチレン)］　［プロピン］

（補足　炭素原子間の距離を不等号で表すと，次のようになる。
C−C［　］C=C［　］C≡C）

【2】アセチレンは［　］色の［　］体で，実験室では $^-C≡C^-$ を含む炭化カルシウム(カーバイド)に水を加えて発生させる。

$$^-C≡C^- + \begin{matrix} H^+OH^- \\ H^+OH^- \end{matrix} \longrightarrow H-C≡C-H + \begin{matrix} OH^- \\ OH^- \end{matrix}$$

上のイオン反応式の両辺に Ca^{2+} を加え，炭化カルシウムと水との化学反応式を書け。

［　　　　　　　　　　］

☑ **1**　アセチレンは，空気中では［すす］を発生して燃焼する。酸素 O_2 を十分に供給して完全燃焼させると，約3000℃の高温の炎(［　　　　］)を生じ，金属の［切断］や［溶接］などに用いられる。アセチレン C_2H_2 の燃焼エンタルピーは −1300 kJ/mol である。これを化学反応式に反応エンタルピーを書き加えた式で表せ。ただし，生成する水は液体とする。

［　　　　　　　　　　］

☑ **2**　アセチレンは C≡C 結合をもち，C≡C 結合は C=C 結合をもつアルケンと同じように［　　］反応を起こしやすい。例えば，［Pt］や［Ni］を触媒としてアセチレンに H_2 を付加させると，エチレンを経て，エタンを生じる。次の空欄に簡略化した構造式・名称を書け。

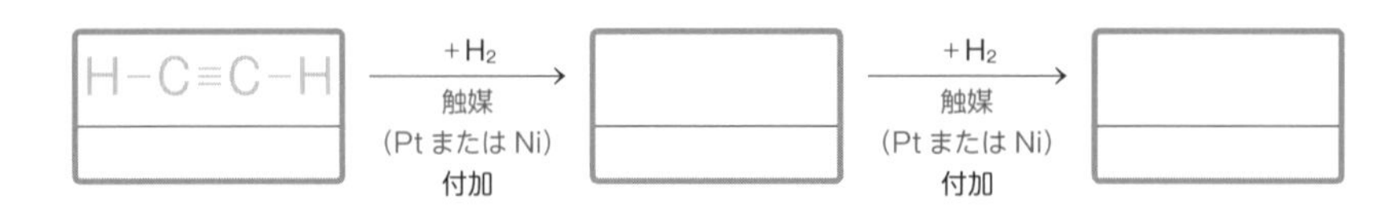

付加反応

アセチレンは，付加反応しやすい。

アセチレンに硫酸水銀(Ⅱ) [$HgSO_4$] を [触媒] として，水を付加させると [ビニルアルコール] を生じる。

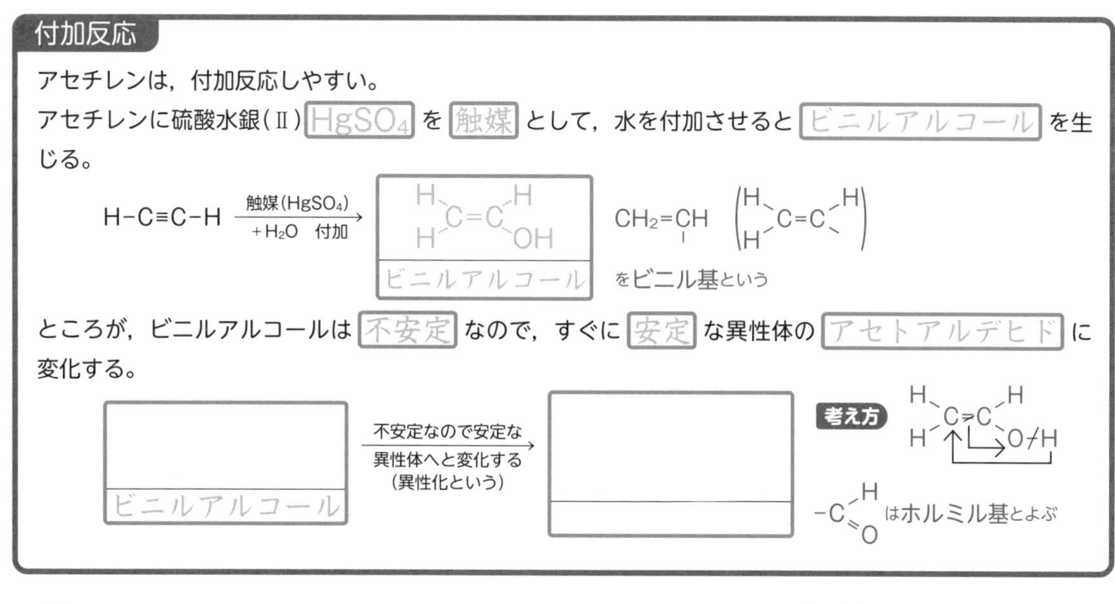

ところが，ビニルアルコールは [不安定] なので，すぐに [安定] な異性体の [アセトアルデヒド] に変化する。

☑ **3** アセチレンはC≡C結合をもち，ハロゲン単体 Br_2 などと [　　] 反応を起こす。次の空欄に簡略化した構造式や色を書け。

H−C≡C−H $\xrightarrow[\text{付加}]{+Br_2}$ [　　] $\xrightarrow[\text{付加}]{+Br_2}$ [　　]

この反応は，Br_2 の [　　] 色が消えるので，[C=C] 結合や [C≡C] 結合の検出に用いられる。

☑ **4** アセチレンに触媒を用いることで，さまざまな酸を付加することができる。次の空欄に簡略化した構造式と名称を書け。

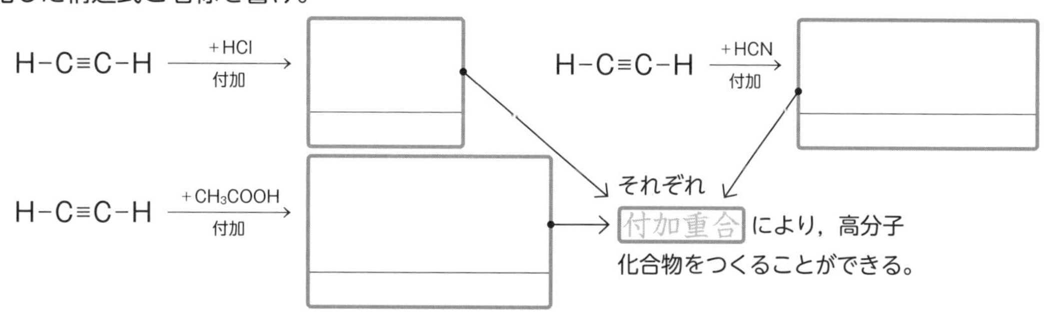

☑ **5** 空欄に簡略化した構造式と名称を書け。

☑ **6** アセチレンが [付加重合] すると [ポリアセチレン] が得られる。

nCH≡CH $\xrightarrow{[\quad]\text{重合}}$ [　　]

ポリアセチレンからは電気を通す高分子([導電性高分子])がつくられ，コンデンサーなどに用いられる。

44 炭化水素のまとめ

別冊解答 ▶p. 32

重合

アセチレンを赤熱した［鉄］に接触させると，アセチレン［　］分子が［重合］し，ベンゼンが生じる。

アセチレン →(Fe, 3分子重合)→ ベンゼン

☑ **1** (1) 次の表を完成させよ。

種類	アルカン	アルケン	アルキン
一般式	［　］	［　］	［　］
化合物の例	CH_4 ［　］ 名称 CH_3-CH_3 ［　］ 名称	$CH_2=CH_2$ ［　］ 名称	$CH\equiv CH$ ［　］ 名称

(2) 炭素原子間の距離を不等号で示すと次のようになる。

単結合［　］二重結合［　］三重結合

☑ **2** 下図の空欄に簡略化した構造式・名称を書け。

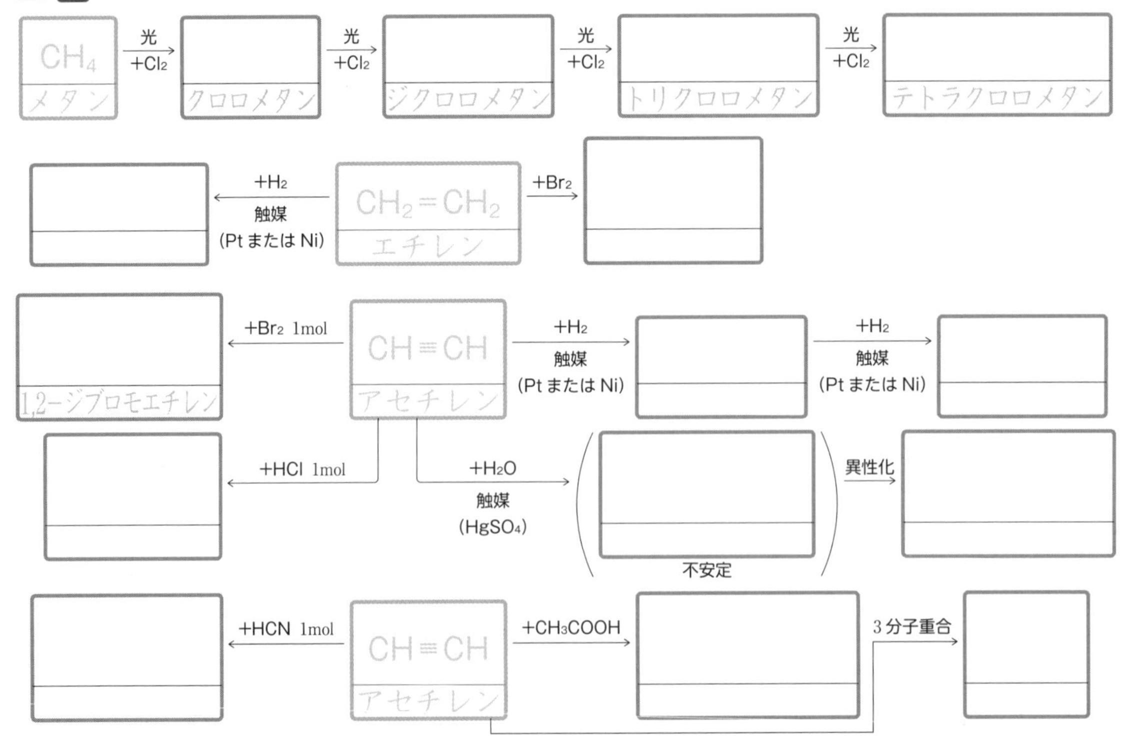

45 アルコールの構造と分類

別冊解答 ▶ p. 32

学習日　月／日

アルコール

```
    H                                  H
    |   この-Hを                        |
H - C - H  -OHで置換する →  H - C - OH
    |                                  |
    H                                  H
 [メタン]                      [メタノール]

    H  H                                H  H
    |  |   この-Hを                     |  |
H - C - C - H  -OHで置換する →  H - C - C - OH
    |  |                                |  |
    H  H                                H  H
 [　　　]                           [　　　]
```

炭化水素の -H を -OH [　　　] 基で置き換えた化合物を [　　　] という。メタノールやエタノールのように -OH 1 個のものを [　] 価アルコール，-OH n 個のものを [n] 価アルコールという。

1 次のアルコールの名称と価数を答えよ。

名前をつけるには，-OH の位置番号が小さくなるように C 骨格に番号をつける

簡略化した構造式	$CH_3-CH_2(OH)$	$\overset{3}{C}H_3-\overset{2}{C}H_2-\overset{1}{C}H_2(OH)$	$\overset{1}{C}H_3-\overset{2}{C}H(OH)-\overset{3}{C}H_3$	$\overset{1}{C}H_2(OH)-\overset{2}{C}H_2(OH)$	$\overset{1}{C}H_2(OH)-\overset{2}{C}H(OH)-\overset{3}{C}H_2(OH)$
名称	[エタノール]	[　　　]	[　　　]	[　　　]	[　　　]
価数	[1価アルコール]	[　　　]	[　　　]	[　　　]	[　　　]

1,2-エタンジオールも OK（1,2：-OH の位置番号，ジ：-OH 2 個を表している）

1,2,3-プロパントリオールも OK（1,2,3：-OH の位置番号，トリ：-OH 3 個を表している）

2 1 価アルコールでは，炭素原子の数が [　] 個までは水によく溶ける。次の 1 価アルコールの名称と水への溶けやすさについて答えよ。

簡略化した構造式	CH_3-OH	CH_3-CH_2-OH	$CH_3-CH_2-CH_2(OH)$	$CH_3-CH_2-CH_2-CH_2(OH)$
名称	メタノール	エタノール	[　　　]	[　　　]
水への溶解度	∞	[　]	[　]	水に溶けにくい

アルコールの分類

-OH の結合している C に，他の C が何個結合しているかで分類できる。

```
    -C-              -C-
     |                |  |
 H - C - H       H - C - C -
     |                |  |
     OH               OH
```

第 [　] 級アルコール（漢数字）　第 [　] 級アルコール

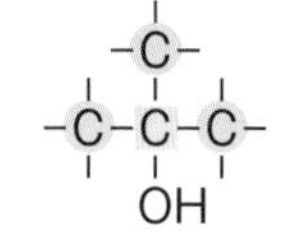

第 [　] 級アルコール

```
     H
     |
 H - C - H
     |
     OH
```

メタノールは，第 [一] 級アルコール に分類する

3 $CH_3-CH(OH)-CH_3$ は [　　　]（名称）といい，第 [　] 級アルコールに分類される。

第13章 酸素を含む有機化合物

46 アルコールの級数と性質

学習日　月／日

別冊解答 ▶ p. 33

アルコールの級数

アルコールの級数は，形でとらえると判定しやすい。

$CH_3-CH_2-CH_2-CH_2$（$-OH$）→C骨格

C骨格 のはしに－OHがついていると，第□級アルコール（→漢数字）

$CH_3-CH_2-CH-CH_3$（$-OH$）→C骨格

C骨格 の途中に－OHがついていると，第□級アルコール

$CH_3-C(CH_3)-CH_3$（$-OH$）→C骨格

C骨格 の枝分かれ部分に－OHがついていると，第□級アルコール

1 次のアルコールの級数と名称を答えよ。

簡略化した構造式	$CH_3-CH_2-CH(OH)-CH_3$	$CH_3-CH_2-CH_2-CH_2(OH)$	$CH_3-C(CH_3)(OH)-CH_3$
分類	第□級アルコール	第□級アルコール	第□級アルコール
名称	□	□	□

アルコールの性質

アルコール R－OH のもつ－OH は，水溶液中で電離□（→する or しない）ため，アルコールの水溶液は□性になる。

沸点　$CH_3-CH_2-CH_2-OH$（1－プロパノール）＞ $CH_3-CH_2-O-CH_3$（エチルメチルエーテル）

分子式は同じ C_3H_8O だが沸点は異なる。

－OH の部分で，分子間の□結合を形成するので，沸点が□い。

－O－□結合をもつ エーテル である。分子間で水素結合は形成□（→する or しない）。

2 アルコール R－OH は Na と反応し，H_2 を発生する。この反応を化学反応式で書くと，

$2R-OH + 2Na \longrightarrow 2R-ONa + H_2$

となる。この反応で生じる R－ONa を ナトリウムアルコキシド といい，この反応は□基の検出に利用される。

(1) エタノールとナトリウムとの反応の化学反応式を書け。

□

(2) (1)の反応で生じる C_2H_5ONa は□という。

（**補足** エタノールと構造異性体の関係にあるジ（↓2個）メチル（↓CH_3-）エーテル（↓－O－） CH_3-O-CH_3 は Na とは反応□（→する or しない）。）

47 アルコールの酸化と脱水

別冊解答 ▶ p. 33

学習日 月／日

アルコールの酸化

【1】第一級アルコールをニクロム酸カリウム $K_2Cr_2O_7$ などの □ 剤で □ すると アルデヒド になり，さらに □ すると カルボン酸 になる。

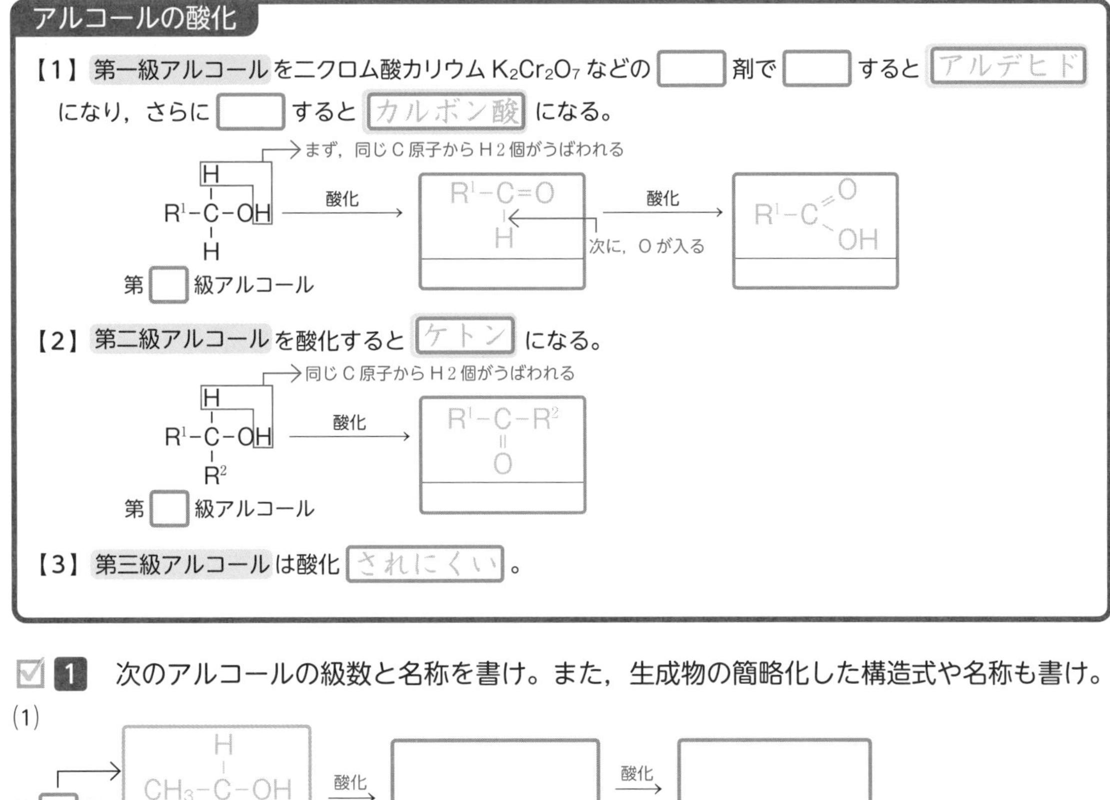

【2】第二級アルコールを酸化すると ケトン になる。

【3】第三級アルコールは酸化 されにくい 。

1 次のアルコールの級数と名称を書け。また，生成物の簡略化した構造式や名称も書け。

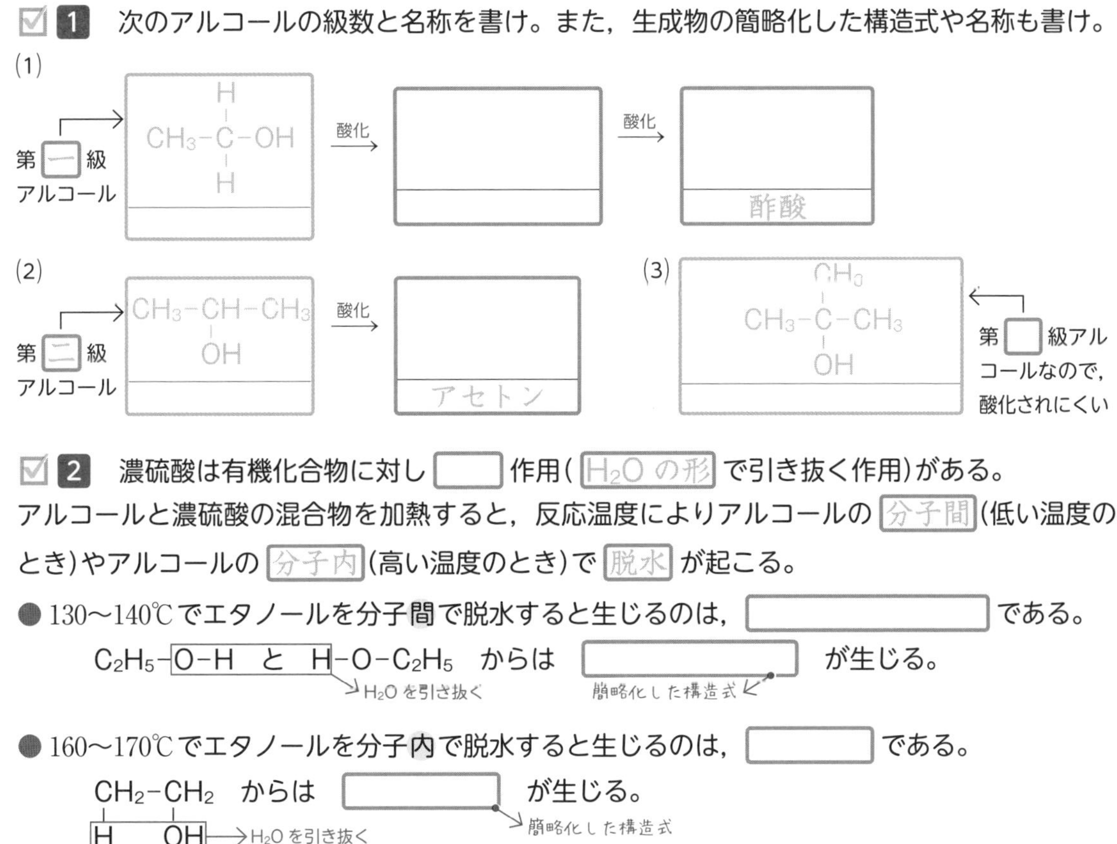

2 濃硫酸は有機化合物に対し □ 作用(H_2O の形 で引き抜く作用)がある。アルコールと濃硫酸の混合物を加熱すると，反応温度によりアルコールの 分子間 (低い温度のとき)やアルコールの 分子内 (高い温度のとき)で 脱水 が起こる。

● 130〜140℃でエタノールを分子間で脱水すると生じるのは， □ である。

C_2H_5−O−H と H−O−C_2H_5 からは □ が生じる。

H_2O を引き抜く　簡略化した構造式

● 160〜170℃でエタノールを分子内で脱水すると生じるのは， □ である。

CH_2−CH_2 からは □ が生じる。
H　OH

H_2O を引き抜く　簡略化した構造式

アルコールの脱水

【1】エタノールと濃硫酸の混合物を 130〜140℃ に加熱する。

分子［　］からの脱［　］反応（［　　　］）が起こる。
→内 or 間　　→分子内脱水 or 分子間脱水

C_2H_5-OH ＋ $HO-C_2H_5$ —濃 H_2SO_4 / 130〜140℃→ ［　　　］ ＋ H_2O

この反応で生じるエーテルの名称は［　　　］といい，2つの分子から簡単な分子（今回は H_2O）が取れる反応を［縮合反応］という。

【2】エタノールと濃硫酸の混合物を 160〜170℃ に加熱する。

分子［　］からの脱［　］反応（［　　　］）が起こる。
→分子内脱水 or 分子間脱水

CH_2-CH_2（H，OH）—濃 H_2SO_4 / 160〜170℃→ ［　　　］ ＋ H_2O

この反応で生じるアルケンの名称は［　　　］といい，1つの分子から簡単な分子（今回は H_2O）が取れる反応を［脱離反応］という。

☑ **3**　鎖状構造（環をもたない構造）のC骨格のパターンは，炭素原子が3個の場合，C−C−Cだけである。次の条件にあてはまる C_3H_8O の構造異性体の簡略化した構造式と名称を書け。

① 第一級アルコール　［　　　］
② 第二級アルコール　［　　　］
③ エーテル　［　　　］［エチル メチル エーテル］
ethyl C_2H_5-　methyl CH_3-　アルファベット順に名前をつける

☑ **4**　次の(1)〜(3)について答えよ。

(1) メタノールがナトリウムと反応するときの化学反応式を書け。

［　　　　　　］

(2) 空欄に簡略化した構造式を書け。

［　　　］ —酸化→ ［　　　］ —酸化→ $CH_3-CH(CH_3)-C(=O)-OH$
第一級アルコール　　アルデヒド　　カルボン酸

(3) エタノールと濃硫酸の混合物を①130〜140℃，②160〜170℃に加熱した。このとき生じるおもな有機化合物の簡略化した構造式を書け。

①［　　　］　②［　　　］

48 アルコールとエーテルのまとめ

別冊解答 ▶ p. 34

学習日 月 / 日

【1】CH_3OH は［　　　］といい，無色の［　］毒な［　］体である。工業的には，触媒を用いて一酸化炭素 CO と水素 H_2 の混合気体(［　　］ガスまたは［　　］ガスという)から高温・高圧で合成する。このときの化学反応式を完成させよ。

［　　＋　　 $\xrightarrow[\text{高温・高圧}]{\text{ZnO 触媒}}$ 　　］

【2】C_2H_5OH は［　　　］といい，無色の［　］体であり，アルコール飲料(酒)の成分である。アルコール飲料(エタノール)は，酵母によるグルコース $C_6H_{12}O_6$ などの［　　　］発酵によりつくられる。このときの化学反応式を書け。

［　　　　　　　　　　］（係数がつけにくいので，$C_6H_{12}O_6$ の係数を1と覚えておくとよい）

また，工業的には，リン酸 H_3PO_4 を触媒として，エチレンに H_2O を［　　］させてつくる。

$CH_2=CH_2 \xrightarrow[\text{触媒(リン酸)}]{H-O-H}$ ［　　　］

【3】$-\overset{|}{\underset{|}{C}}-O-\overset{|}{\underset{|}{C}}-$ を［　　　］結合といい，この結合をもつ化合物 R^1-O-R^2 は［　　　］という。

$C_2H_5-O-C_2H_5$ を［　　　　］といい，次の①～④の性質をもつ。

① ［　］色の［　　］性の［　］体で，極めて［引火性］が強い。（不燃 or 揮発）
② 構造異性体の関係にある［アルコール］に比べると沸点は［　　］。（高い or 低い）
③ 水より［　　］，水に溶け［　　］。（重く or 軽く）（やすい or にくい）
④ 多くの有機化合物をよく溶かし，有機溶媒として用いられ，［麻酔］作用がある。

☑ **1** $\rangle C=O$ を［　　　］基といい，$H-C=O$ を［　　　］基という。

また，$\rangle C=O$ をもつ化合物を［　　　］化合物，$H-C=O$ をもつ化合物を［　　　］，

$-C-$ ＞ $C=O$ （炭素2つに結合した C=O）をもつ化合物を［　　］という。

☑ **2** 次の空欄にアルコールの簡略化した構造式と名称を入れよ。

構造式		構造式
$CH_3-C(=O)-H$	還元 +2H →	［　　　］
アセトアルデヒド		［　　　］

構造式		構造式
$CH_3-C(=O)-CH_3$	還元 +2H →	［　　　］
アセトン		［　　　］

49 アルデヒドとケトン

別冊解答 ▶p. 35

学習日　月／日

アルデヒド

$-C{\lt}^{O}_{H}$ を［　　　］基といい，$H-C{\lt}^{O}_{H}$ は［　　　］，$CH_3-C{\lt}^{O}_{H}$ は［　　　］とよぶ。

【1】ホルムアルデヒド HCHO は，［　］色の刺激臭のある［　］体で，水に溶け［　　］（やすい or にくい）。水溶液は［　　　］とよばれ，［防腐剤］や［消毒薬］に用いられる。

［　］（赤 or 黒）色の銅線を空気中で加熱し，生じた［　］（赤 or 黒）色の酸化銅(Ⅱ)CuO をメタノールの蒸気に触れさせると，メタノールが［酸化］されホルムアルデヒドが発生する。

銅線Cu(赤)を空気中で酸化する。
→ 黒色のCuOが生成
→ 銅線が熱いうちにメタノールの液面に近づけ，その蒸気を酸化する
Cuの赤色に戻る
ホルムアルデヒドHCHOの気体
メタノール CH_3OH

H 2個をうばう

$H-\overset{H}{\underset{H}{C}}-O-H$ ──酸化→ ［　　　］

メタノール　　　　ホルムアルデヒド

【2】アセトアルデヒド CH_3CHO は，［　］色の刺激臭のある［　］体で，水に［よく溶ける］。アセトアルデヒドは，第［　］級アルコールであるエタノールを，二クロム酸カリウム $K_2Cr_2O_7$ の硫酸酸性溶液で［　　］して得られる。次の空欄に簡略化した構造式を書け。

［　　　］エタノール ──酸化→ ［　　　］アセトアルデヒド

工業的には，塩化パラジウム(Ⅱ)$PdCl_2$ と塩化銅(Ⅱ)$CuCl_2$ を［触媒］に用いて，［エチレン］を酸素で酸化してつくられる。

［　　　］エチレン ──酸化→ ［　　　］アセトアルデヒド

考え方　$\begin{matrix}H\\H\end{matrix}{>}C=C{<}\begin{matrix}H\\H\end{matrix}$（O を入れて）⟶ ビニルアルコール $\left(\begin{matrix}H\\H\end{matrix}{>}C=C{<}\begin{matrix}H\\OH\end{matrix}\right)$（不安定）が生じて

⟹その後，アセトアルデヒドに異性化すると覚えるとよい（➡ p. 65）

☑ **1**　空欄に構造式または簡略化した構造式と名称を入れよ。

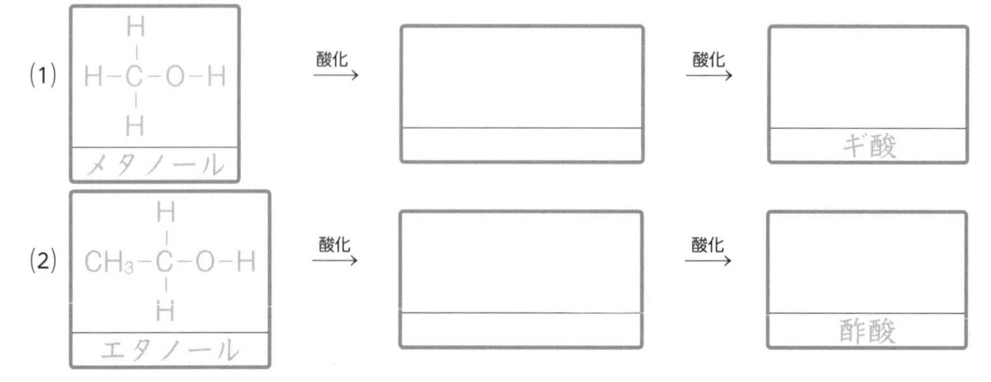

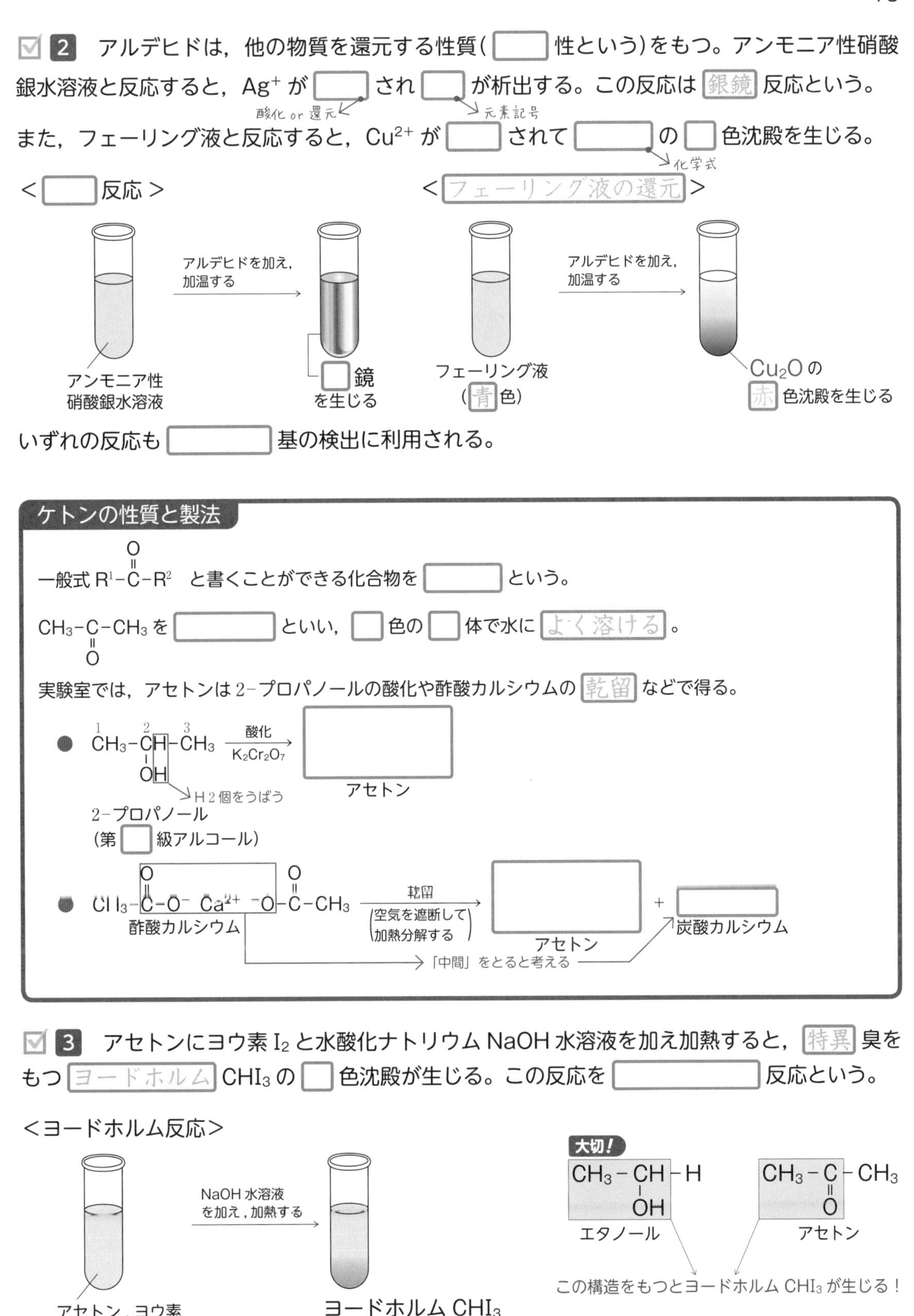

☑ **2** アルデヒドは，他の物質を還元する性質（[　　]性という）をもつ。アンモニア性硝酸銀水溶液と反応すると，Ag^{+} が[　　]され[　　]が析出する。この反応は[銀鏡]反応という。

（酸化 or 還元）（元素記号）

また，フェーリング液と反応すると，Cu^{2+} が[　　]されて[　　]の[　]色沈殿を生じる。

（化学式）

<[　　]反応>　　　<[フェーリング液の還元]>

いずれの反応も[　　　]基の検出に利用される。

ケトンの性質と製法

一般式 $R^1-\overset{\overset{O}{\|}}{C}-R^2$ と書くことができる化合物を[　　　]という。

$CH_3-\underset{\underset{O}{\|}}{C}-CH_3$ を[　　　]といい，[　]色の[　]体で水に[よく溶ける]。

実験室では，アセトンは2-プロパノールの酸化や酢酸カルシウムの[乾留]などで得る。

● $\overset{1}{C}H_3-\overset{2}{C}H(OH)-\overset{3}{C}H_3$ —酸化 $K_2Cr_2O_7$→ [　　　　]

H 2個をうばう

アセトン

2-プロパノール
（第[　]級アルコール）

● $CH_3-\overset{\overset{O}{\|}}{C}-O^-\ Ca^{2+}\ {}^-O-\overset{\overset{O}{\|}}{C}-CH_3$ —乾留（空気を遮断して加熱分解する）→ [　　　　] ＋ [　　　　]

酢酸カルシウム　　アセトン　　炭酸カルシウム

「中間」をとると考える

☑ **3** アセトンにヨウ素 I_2 と水酸化ナトリウム NaOH 水溶液を加え加熱すると，[特異]臭をもつ[ヨードホルム] CHI_3 の[　]色沈殿が生じる。この反応を[　　　　]反応という。

<ヨードホルム反応>

大切！

$CH_3-\underset{\underset{OH}{|}}{CH}-H$　エタノール

$CH_3-\underset{\underset{O}{\|}}{C}-CH_3$　アセトン

この構造をもつとヨードホルム CHI_3 が生じる！

50 カルボン酸

別冊解答 ▶ p. 36

学習日　月／日

カルボン酸の分類と名称

$-C(=O)-OH$ を［　　］基といい，$-C(=O)-OH$ をもつ化合物を［　　］という。

HCOOH を［　］，CH_3COOH を［　］といい，これらのように －COOH 1 個をもつカルボン酸を［　］価カルボン酸（［　　］）と分類する。

つまり，－COOH を n 個もつカルボン酸は［　］価カルボン酸になる。

次の表を完成させよ。

簡略化した構造式	H－C(=O)－OH（ホルミル基）	$CH_3-C(=O)-OH$	COOH－COOH	HOOC(H)C=C(H)COOH トランス形	HOOC(H)C=C(H)COOH シス形
名称	［　］	［　］	［　］	［　］	［　］
分類	1価カルボン酸 モノカルボン酸	［　］ ［　］	［　］ ［　］	［　］ ［　］	［　］ ［　］
特徴	ホルミル基をもつため，［　］性を示す	純粋なものは冬季に凝固するので［　］ともよぶ	二水和物は中和滴定に用いる	トラにフマれてマレにシスと覚える トラ→トランス形　フマ→フマル酸　マレ→マレイン酸　シス→シス形	

☑ **1** ギ酸 HCOOH や酢酸 CH_3COOH のように，水素原子や鎖状の炭化水素のはしに －COOH が［1］個結合したカルボン酸を，特に［　　］という。（鎖状→「環」をもたない）

また，乳酸 $CH_3-CH(OH)-COOH$ のように，－COOH と －OH をもつカルボン酸は［　　］という。

脂肪酸のうち，

H－C(=O)－O－H（ギ酸）や $CH_3-C(=O)-OH$（酢酸）は，［飽和脂肪酸］や［飽和モノカルボン酸］と分類される。（単結合のみ）

$CH_2=C(CH_3)-COOH$［メタクリル酸］は，［不飽和脂肪酸］や［不飽和モノカルボン酸］と分類される。（二重結合（不飽和結合）をもつ）

☑ **2** 炭素原子の数が少ない脂肪酸を［　　］，炭素原子の数が多い脂肪酸を［　　］という。

☑ **3** 脂肪酸の中で最も強い酸性を示すものは，［　　］（名称）である。

カルボン酸の性質

【1】カルボン酸は，同程度の分子量をもつアルコールよりも沸点・融点が□い。
次のアルコールやカルボン酸の水素結合を「…」で示せ。

〈アルコール〉 R-O-H　H-O-R

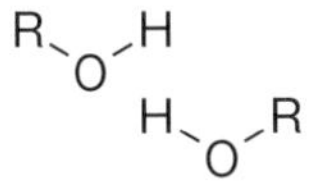

〈カルボン酸〉 R-C(=O)-O-H　H-O-C(=O)-R

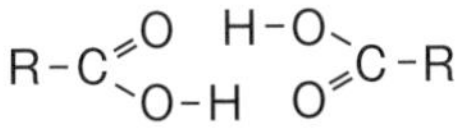

二量体 をつくり，
分子量が 2 倍の物質のようになるために，
沸点・融点が高い。

【2】カルボン酸 R-COOH は，水溶液中でわずかに□し，弱い□性を示す。このようすをイオン反応式で書け。

□

【3】カルボン酸は，塩基の水溶液と中和する。カルボン酸 R-COOH と水酸化ナトリウム NaOH との中和反応を化学反応式で書け。

□

【4】酸の強さは，希硫酸，塩酸＞カルボン酸＞炭酸 の順になる。
H_2SO_4　HCl　R-COOH　$H_2CO_3(CO_2+H_2O)$

4 次の(1)，(2)の化学反応式を書け。

(1) カルボン酸のナトリウム塩 R-COONa に希塩酸 HCl を加えると，酸の強さの順は HCl＞R-COOH　なので，R-COOH が遊離する。

R-COONa（弱い酸の塩） + HCl（強い酸） ⟶ R-COOH（弱い酸） + NaCl（強い酸の塩）　（弱酸の遊離）

この反応を参考に，酢酸ナトリウム CH_3COONa に希塩酸 HCl を加えたときの化学反応式を書け。

□　（弱酸の遊離）

(2) カルボン酸の酸性は，二酸化炭素 CO_2 の水溶液（炭酸）より□（弱い or 強い）ので，カルボン酸 R-COOH は炭酸水素ナトリウム $NaHCO_3$ と反応し，CO_2 が発生する。

R-COOH（強い酸） + $NaHCO_3$（弱い酸の塩） ⟶ R-COONa（強い酸の塩） + CO_2 + H_2O（弱い酸）　（弱酸の遊離）

この反応を参考に，酢酸 CH_3COOH と炭酸水素ナトリウム $NaHCO_3$ の化学反応式を書け。

□　（弱酸の遊離）

補足 この反応は -COOH □基の検出に用いられる。

51 酸無水物の生成

別冊解答 ▶ p. 37

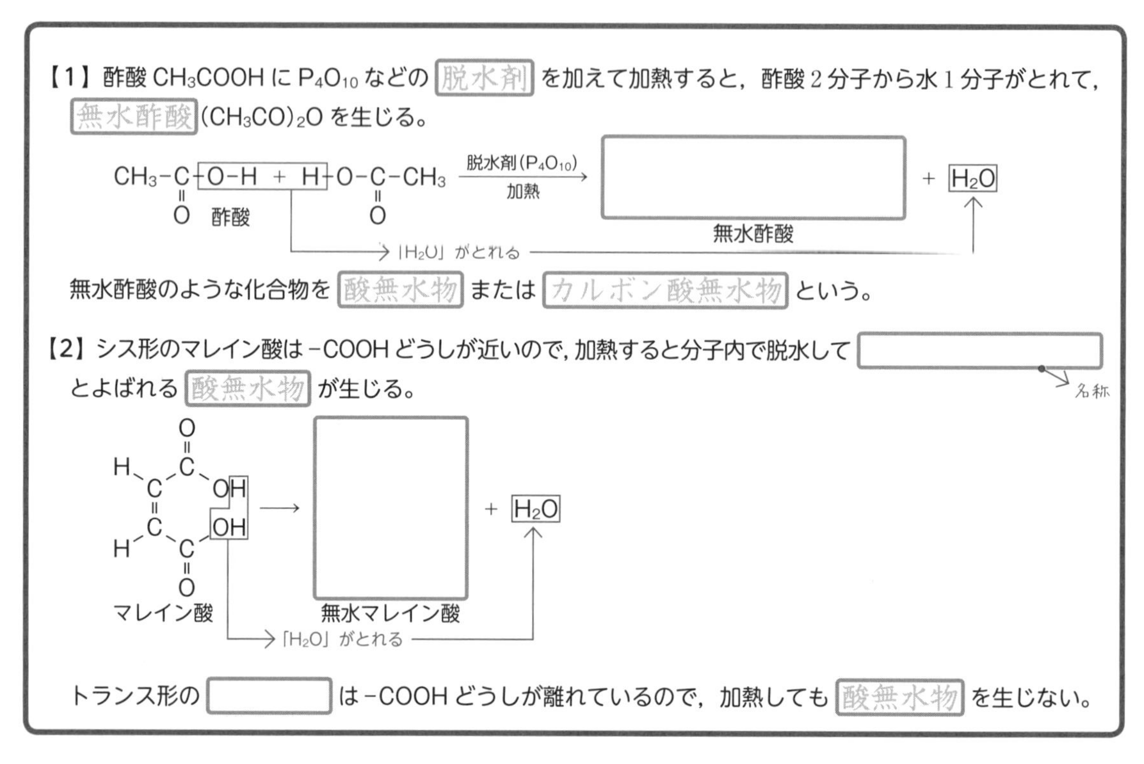

1　次の表を完成させよ。

分類	名称	示性式・簡略化した構造式	分類	名称	簡略化した構造式
飽和モノカルボン酸(飽和脂肪酸)	ギ酸		不飽和ジカルボン酸	マレイン酸	
	酢酸				
不飽和モノカルボン酸(不飽和脂肪酸)		$CH_2=C(CH_3)-COOH$		フマル酸	
飽和ジカルボン酸		COOH │ COOH	ヒドロキシ酸	乳酸	

2　空欄に簡略化した構造式や名称を書け。

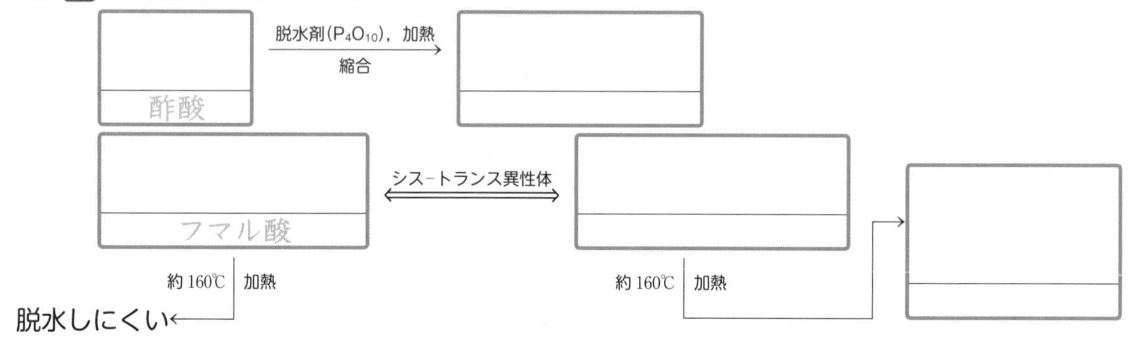

☑ **3** 鎖状構造(環をもたない構造)のC骨格のパターンは，炭素原子が4個の場合

C−C−C−C と C−C(−C)−C の2種類が考えられる。

(1) 次の条件にあてはまる $C_4H_{10}O$ の構造異性体の簡略化した構造式を書け。

① おだやかに酸化すると銀鏡反応を示す化合物になるアルコール(2個)

② ヨードホルム反応を示すアルコール(1個)

③ 酸化剤により酸化されにくいアルコール(1個)

④ エーテル(3個)

(2) $C_4H_{10}O$ の構造異性体は何種類になるか。 □種類

☑ **4** $C_4H_{10}O$ のアルコールで不斉炭素原子をもつものの簡略化した構造式を書け。また，不斉炭素原子に＊をつけよ。

☑ **5** 次の表を完成させよ。

名称	エタノール	アセトアルデヒド	アセトン	□	□
簡略化した構造式	□	□	□	H−C(=O)−OH	CH_3−C(=O)−OH
銀鏡反応	示さない	□	□	□	□
フェーリング液を還元する反応	□ 示す or 示さない	□	□	—	□
ヨードホルム反応	□ 示す or 示さない	□	□	□	□

52 エステル

別冊解答 ▶ p. 38

学習日　月／日

エステルの名称と製法

【1】 $-\overset{O}{\overset{\|}{C}}-O-$ を ［　　］ 結合といい， $R^1-\overset{O}{\overset{\|}{C}}-O-R^2$ を ［　　］ という。

【2】 $R^1-\overset{O}{\overset{\|}{C}}-O-R^2$ の名称は，構成するカルボン酸 R^1COOH の名称に続けて，R^2 の部分の名称を加える。

HCOOH は ［　］，CH_3COOH は ［　］，CH_3- は ［　　］ 基，C_2H_5- は ［　　］ 基であることを参考にして，次のエステルに名前をつけよう！

簡略化した構造式	$H-\overset{O}{\overset{\|}{C}}-O-CH_3$	$H-\overset{O}{\overset{\|}{C}}-O-C_2H_5$	$CH_3-\overset{O}{\overset{\|}{C}}-O-CH_3$	$CH_3-\overset{O}{\overset{\|}{C}}-O-C_2H_5$
名称	［　　］	［　　］	［　　］	［　　］

【3】カルボン酸 R^1-COOH とアルコール R^2-OH の混合物に， 触媒 として濃硫酸 H_2SO_4 を加えて加熱すると水分子がとれ， エステル が生じる。エステルの生成反応は ［　　］ という。次の反応式を完成させよ。

$$R^1-\overset{O}{\overset{\|}{C}}-\boxed{O-H \;+\; H}-O-R^2 \;\underset{}{\overset{濃硫酸}{\rightleftarrows}}\; \boxed{\qquad\qquad} \;+\; \boxed{H_2O} \quad (エステル化)$$

「H_2O」がとれる

カルボキシ基から OH ，ヒドロキシ基から H がとれて H_2O が生じる。

☑ **1**　次の化学反応式を書け。

(1) ギ酸 HCOOH とエタノールのエステル化

(2) 酢酸 CH_3COOH とメタノールのエステル化

☑ **2**　(1) 酢酸とエタノールの混合物に，触媒として濃硫酸を加えて加熱すると起こるエステル化の化学反応式を書け。

(2) (1)の反応で生じるエステルの名称は ［　　］ であり，このエステルは，水に溶け ［　　］（やすい or にくい）が有機溶媒には溶け ［　　］（やすい or にくい）。酢酸エチルは，果実のような 芳香 をもつ液体で， 香料 や 接着剤 などに用いられる。

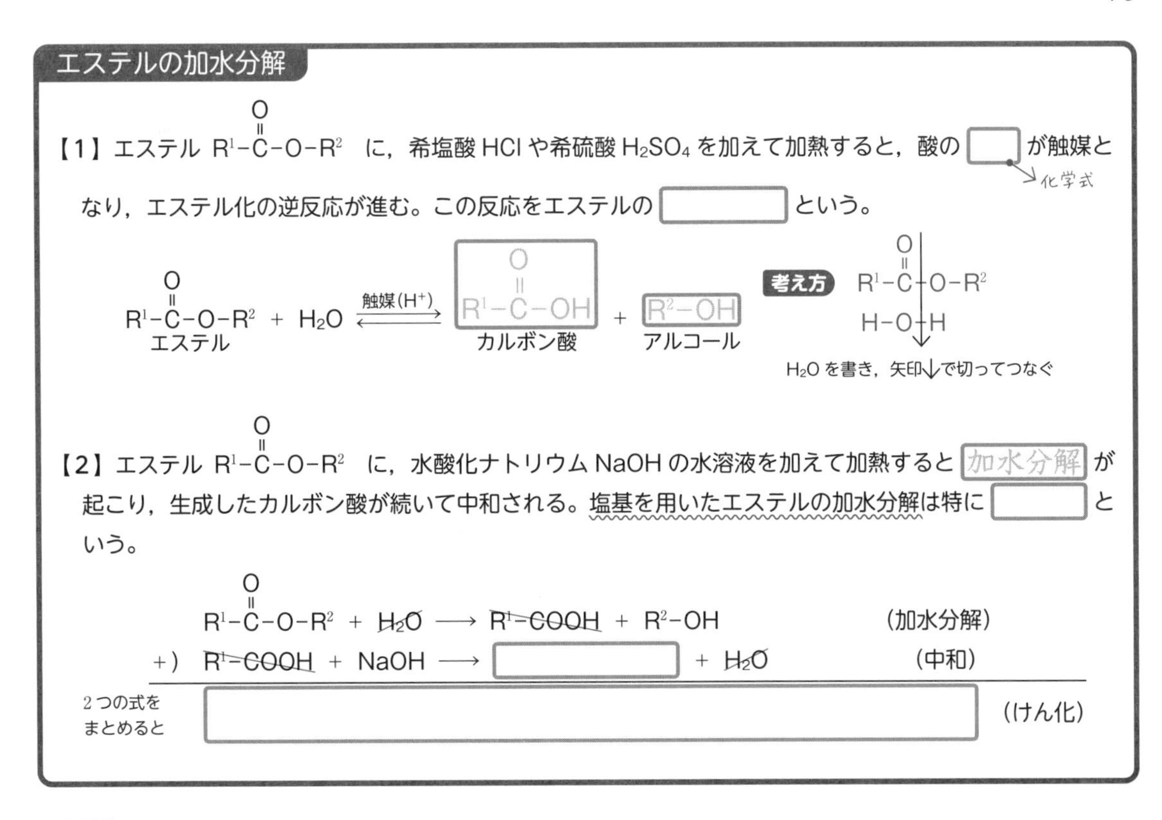

☑ **3** 酢酸エチルを加水分解したときの化学反応式を書け。

(1) 希硫酸を用いたとき

(2) 水酸化ナトリウム水溶液を用いたとき

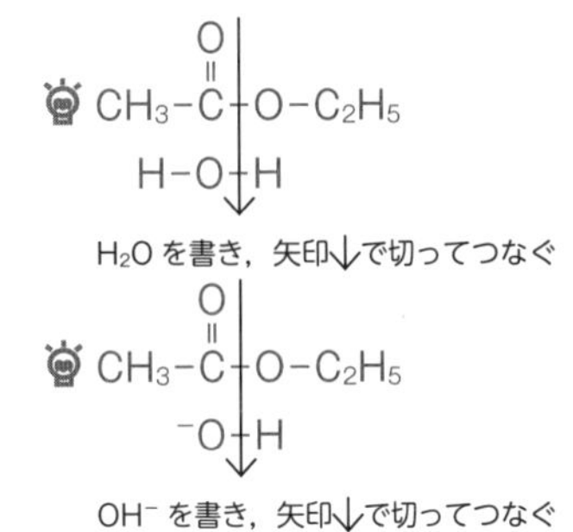

☑ **4** カルボン酸だけでなく，硝酸 HNO_3 や硫酸 H_2SO_4 などのオキソ酸も，アルコールと硝酸エステルや硫酸エステルを生じる。次の空欄に簡略化した構造式を書け。

(1) グリセリンに濃硫酸を触媒とし濃硝酸を反応させると，心臓病の薬や爆薬として用いられるニトログリセリンを生じる。

CH_2-OH　$HO-NO_2$
$CH-OH$ + $HO-NO_2$ $\xrightarrow[\text{エステル化}]{\text{濃硫酸}}$ □ + $3H_2O$
CH_2-OH　$HO-NO_2$

ニトログリセリン

(2) 1−ドデカノール $CH_3(CH_2)_{11}OH$ と濃硫酸 H_2SO_4 を反応させると，硫酸エステルを生じる。

$CH_3(CH_2)_{11}OH + H-O-SO_3H$ $\xrightarrow{\text{エステル化}}$ □ + H_2O

(1)，(2)とも，オキソ酸の OH とアルコールの H から H_2O が生じる。

53 芳香族炭化水素

別冊解答 ▶ p. 39

学習日　月／日

ベンゼンの性質や特徴

① 分子式は［　　］で，［　］色で特有のにおいをもつ［　］体。
② 水に溶け［　　］く，［　］毒。 やす or にく
③ 引火し［　　］く，空気中では多量の［　　］を出して燃焼する。
④ 炭素原子間の結合の長さは，［C−C 結合と C=C 結合の中間］の状態であり，いずれも等しく，6 個の炭素原子は［　　］形をつくっている。
⑤ すべての原子(C，H)は，［同一平面上］にある。

〈ベンゼンの構造〉

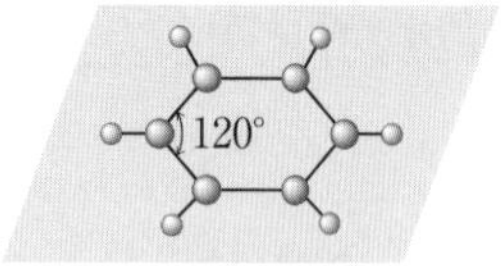

120°

●は C，•は H を表す。
すべての C，H は［　　　］にあり，
6 個の C は［　　］形をつくる。

〈ベンゼンの構造式〉

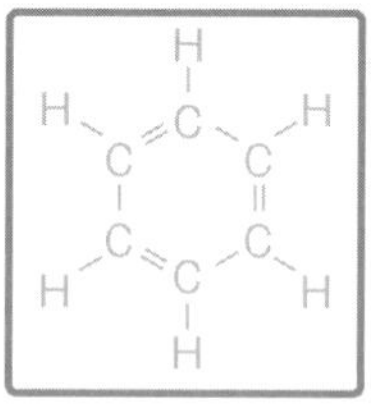

〈ベンゼンの構造式(略記したもの)〉

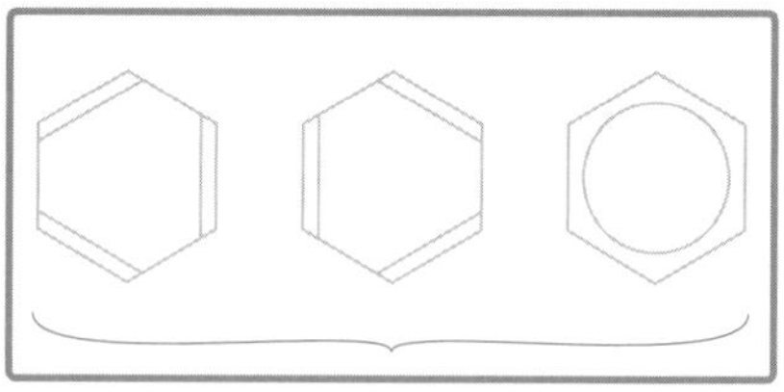

どれを使用してもよい

☑ **1** 炭素原子間の距離を不等号で表せ。

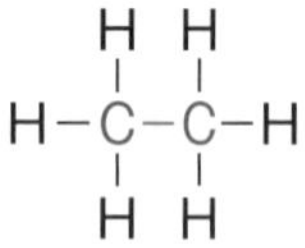

エタン 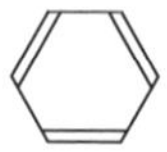 ［>］ ベンゼン 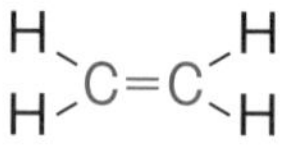 ［　］ エチレン ［>］ アセチレン

$H-C\equiv C-H$

☑ **2** ベンゼンのもつ H−2 個をそれぞれメチル基 CH_3- に置き換えたものには，3 種類の構造異性体がある。その構造式と名称を答えよ。

o−　　*m*−　　*p*−

o−はオルト
m−はメタ
p−はパラ
とよむ

☑ **3** ベンゼン環をもつ炭化水素を［　　　　］という。次の(1)〜(5)の構造式を書け。

(1) トルエン　(2) エチルベンゼン　(3) スチレン　(4) *m*−キシレン　(5) ナフタレン

(メチルベンゼンともよぶ)

54 ベンゼンの置換反応

別冊解答 ▶ p. 39

学習日 月 / 日

ベンゼンは，ベンゼン環に結合しているH原子（⌬-H ↑コレ）が他の原子や原子団と置き換わる［　　反応］を起こしやすい。

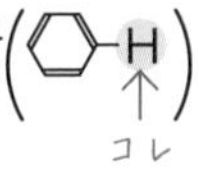

【1】ハロゲン化

鉄粉 Fe または塩化鉄（Ⅲ）$FeCl_3$ を［　　］として，ベンゼンに塩素 Cl_2 を反応させると，

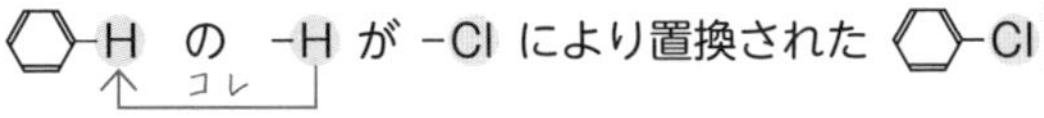

⌬-H の -H が -Cl により置換された ⌬-Cl［クロロベンゼン］

が生じる。-H 原子がハロゲン原子（Cl，Br，…）で置換される反応は［　　］といい，Cl 原子の場合は［塩素化］という。このときの化学反応式を完成させよ。

⌬-H ＋ Cl-Cl $\xrightarrow{触媒(Fe,\ FeCl_3)}$ ［　　］ ＋ ［　　］

「HCl」をとると考える

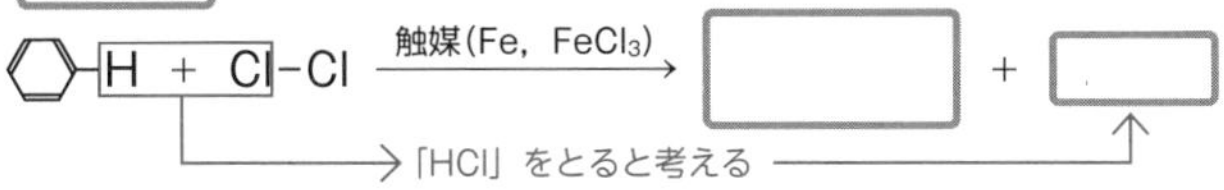

【2】スルホン化

ベンゼンに濃硫酸 H_2SO_4 を加えて加熱すると，

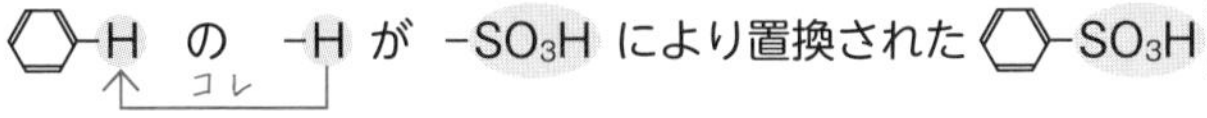

⌬-H の -H が $-SO_3H$ により置換された ⌬-SO_3H［ベンゼンスルホン酸］

が生じる。-H 原子が［　　］基 $-SO_3H$ で置換される反応を［　　］という。このときの化学反応式を完成させよ。

⌬-H ＋ H-O-SO_3H $\xrightarrow{加熱}$ ［　　］ ＋ ［　　］

「H_2O」をとると考える

☑ **1** 鉄粉を用いて，ベンゼンに塩素や臭素を作用させると，置換反応が起こる。

(1) 鉄粉の役割を漢字2文字で答えよ。［　　］

(2) 塩素を作用させてクロロベンゼンが生じたときの化学反応式を書け。

(3) 臭素を作用させてブロモベンゼンが生じたときの化学反応式を書け。

☑ **2** ベンゼンを濃硫酸とともに加熱すると，ベンゼンスルホン酸の固体を生じる。このときの化学反応式を書け。

【3】ニトロ化

ベンゼンに濃硝酸 HNO_3 と濃硫酸 H_2SO_4 の混合物(　　)を加えて約60℃にすると，

⌬-H の -H が $-NO_2$ により置換された ⌬-NO_2 ニトロベンゼン

(↑ コレ)

が生じる。-H 原子が　　　基 $-NO_2$ で置換される反応を　　　という。このときの化学反応式を完成させよ。

⌬-H ＋ H-O-NO_2 →（濃硫酸，約60℃）　　　＋　　　

「H_2O」をとると考える

ニトロベンゼンは，特有のにおいをもつ淡　色の　体(純粋なものは無色)で，水に溶け　　　（やすく or にくく），水よりも　　　（軽い or 重い）ので水に　　　（浮く or 沈む）。

☑ **3** (1) ベンゼンに　　　と　　　の混合物(混酸)を加え，約60℃で反応させると，ニトロベンゼンが生じる。

(2) (1)の化学反応式を書け。

☑ **4** トルエンのもつベンゼン環のH原子1個をニトロ基で置換したすべての異性体を構造式で書け。

CH_3

トルエン

☑ **5** トルエンを 常温 で混酸を用いてニトロ化すると，主に *o*-ニトロトルエンと *p*-ニトロトルエンが生じる。トルエンを 高温 で混酸を用いてニトロ化すると，*o*-位と *p*-位のHがすべてニトロ基で置換された 2,4,6-トリニトロトルエン が生じる。空欄に構造式を書け。

CH_3 →（濃 HNO_3，濃 H_2SO_4，ニトロ化，常温）　　　と　　　 →（濃 HNO_3，濃 H_2SO_4，ニトロ化，高温）　　　

が主に生じる

☑ **6** （CH_3，O_2N，NO_2，NO_2 の構造）は（CH_3 トルエン ①〜⑥）　-CH_3 が結合した炭素原子を①にして番号をつける　の②，④，⑥のHがニトロ基で置換されていることから　　　　　　(略称 TNT)という。　色の結晶で 火薬 の原料になる。

trinitrotoluene

55 ベンゼンの付加反応・まとめ

別冊解答 ▶ p. 40

学習日 月 / 日

ベンゼン環の不飽和結合は 安定 で，アルケンなどの C=C 結合に比べて付加反応を起こし [　　]。（やすい or にくい）
しかし，特別な条件（「触媒を用いて高温・高圧下で反応させる」，「光（紫外線）を当てる」など）のもとでは [　　] 反応を起こす。

覚え方

切る / ーで切る / ーをつなぐ / つなぐ / X_2の付加後

(1) ベンゼンに，白金 Pt や ニッケル Ni を触媒として，[　]温・[　]圧のもとで水素 H_2 を反応させると [　　] 反応が起こり，シクロヘキサン が生じる。

「環」を意味する

$$\text{C}_6\text{H}_6 + 3H_2 \xrightarrow[\text{高温・高圧}]{\text{触媒(Pt または Ni)}} [\quad]$$

(2) ベンゼンに，光（紫外線）を当てながら塩素 Cl_2 を反応させると [　　] 反応が起こり，1,2,3,4,5,6－ヘキサクロロシクロヘキサン（ベンゼンヘキサクロリド(BHC)）が生じる。

C 骨格の番号を表す / 6 個を表す / Cl を表す

$$\text{C}_6\text{H}_6 + 3Cl_2 \xrightarrow{\text{光}} [\quad]$$

☑ **1** 空欄に該当する化合物の構造式や名称を記せ。

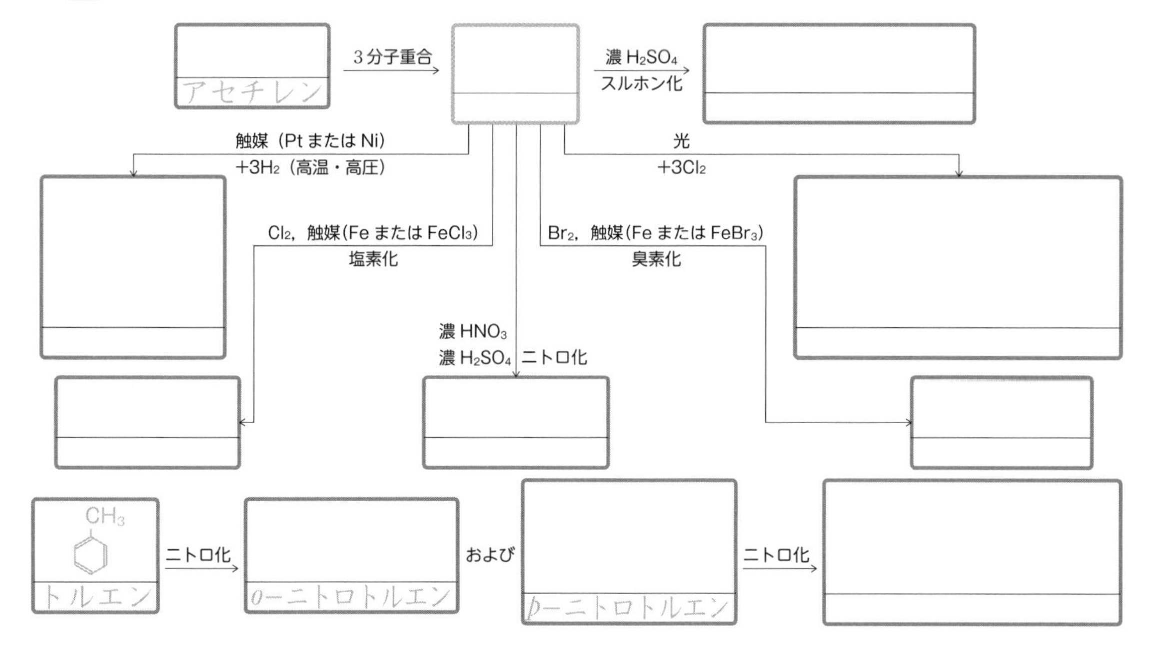

56 フェノール類の名称と性質

学習日 月 / 日

別冊解答 ▶p. 41

ベンゼン環のC原子に-OHが直接結合した化合物を フェノール類 という。次の名称を答えよ。

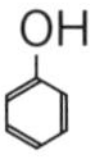

OH（ベンゼン環）	CH_3, OH（オルト位）	CH_3, OH（メタ位）	CH_3, OH（パラ位）	OH, COOH（オルト位）
[ ]	o-クレゾール	[ ]	[ ]	サリチル酸

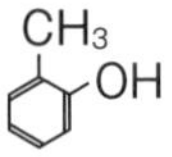

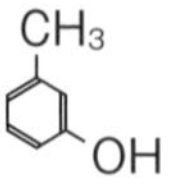

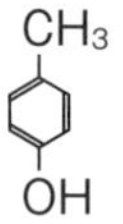

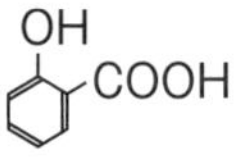

●フェノールの性質

① フェノールは，水に少し溶け，その水溶液は弱い[ ]性を示す。
フェノールが水溶液中で電離するようすをイオン反応式で表せ。

[ ]

注意 同じ-OH[ ]基をもっていても，アルコールR-OHの水溶液は[ ]性になる。
また，酸の強さは，

H_2SO_4, HCl > R-COOH > CO_2 + H_2O > ⬡-OH
希硫酸 塩酸 カルボン酸 (H_2CO_3)炭酸 フェノール

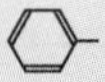

の順になるので，ナトリウムフェノキシド ⬡-ONaの水溶液に，フェノールより[ ]酸であるCO_2を通じると，フェノールが遊離する。このときの化学反応式を書け。

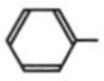

→強い or 弱い

[ ] + CO_2 + H_2O ⟶ [ ] + [ ] （弱酸の遊離）
弱い酸の塩 強い酸 弱い酸 強い酸の塩

② 塩化鉄(Ⅲ)$FeCl_3$水溶液を加えると フェノール類 は[ ]系の色になる。

☑ **1** 次の(1)，(2)の化学反応式を書け。

(1) フェノールは弱酸で，水酸化ナトリウムと中和する。 中和

(2) ナトリウムフェノキシドの水溶液に，フェノールよりも強い酸である塩酸を加えた。
弱酸の遊離

☑ **2** 構造式を書き，塩化鉄(Ⅲ)$FeCl_3$で呈色するものに○，呈色しないものに×をつけよ。

名称	フェノール	*o*-クレゾール	サリチル酸	ベンジルアルコール	アセチルサリチル酸
構造式	[ ]	[ ]	[ ]	 ⬡-CH_2-OH	 ⬡(-$OCOCH_3$)(-COOH)
$FeCl_3$	[ ] → ○ or ×	[ ]	[ ]	[ ]	[ ]

57 フェノールの反応

別冊解答 ▶ p. 41

学習日 月／日

【1】フェノールは，アルコール R−OH と同じようにナトリウム Na と反応し，水素を発生する。
次の化学反応式を完成させよ。

2R−OH ＋ 2Na ⟶ [　　　　＋　　　]
ナトリウムアルコキシド

2⬡−OH ＋ 2Na ⟶ [　　　　＋　　　]
ナトリウムフェノキシド

【2】フェノールやアルコール R−OH は，無水酢酸 $(CH_3CO)_2O$ と反応してエステルを生じる。

この反応を参考に，フェノールと無水酢酸との反応の化学反応式を書け。

[　　　　　　　　　　　　]

アルコールの −R を⬡−に変えることで完成する

この反応は [エステル化] だが，−OH の H− が $CH_3-\overset{O}{\overset{\|}{C}}-$ [アセチル] 基に置き換わった化合物を生じるので [　　　] 化ともいう。

☑ **1** フェノールは，ベンゼンよりも置換反応が起こり [やすく]，特にベンゼン環の *o*−，*p*−の位置で置換反応が起こりやすい。

(1) フェノールに臭素水を十分加えると，*o*−位と *p*−位の −H がすべて −Br で置換された [2,4,6−トリブロモフェノール] の [　] 色沈殿が生じる。

この反応は，[　　　　] の検出に利用される。

(2) フェノールに濃硝酸と濃硫酸の混合物（混酸）を加えて加熱すると，最終的に *o*−位と *p*−位の −H がすべて $-NO_2$ で置換された [2,4,6−トリニトロフェノール]（[ピクリン酸]）が生じる。

2,4,6−トリニトロフェノールは，[　] 色の結晶で，[爆薬] の原料になる。その水溶液は強 [　] 性を示す。

第14章 芳香族化合物

58 フェノールの合成

別冊解答 ▶ p. 42

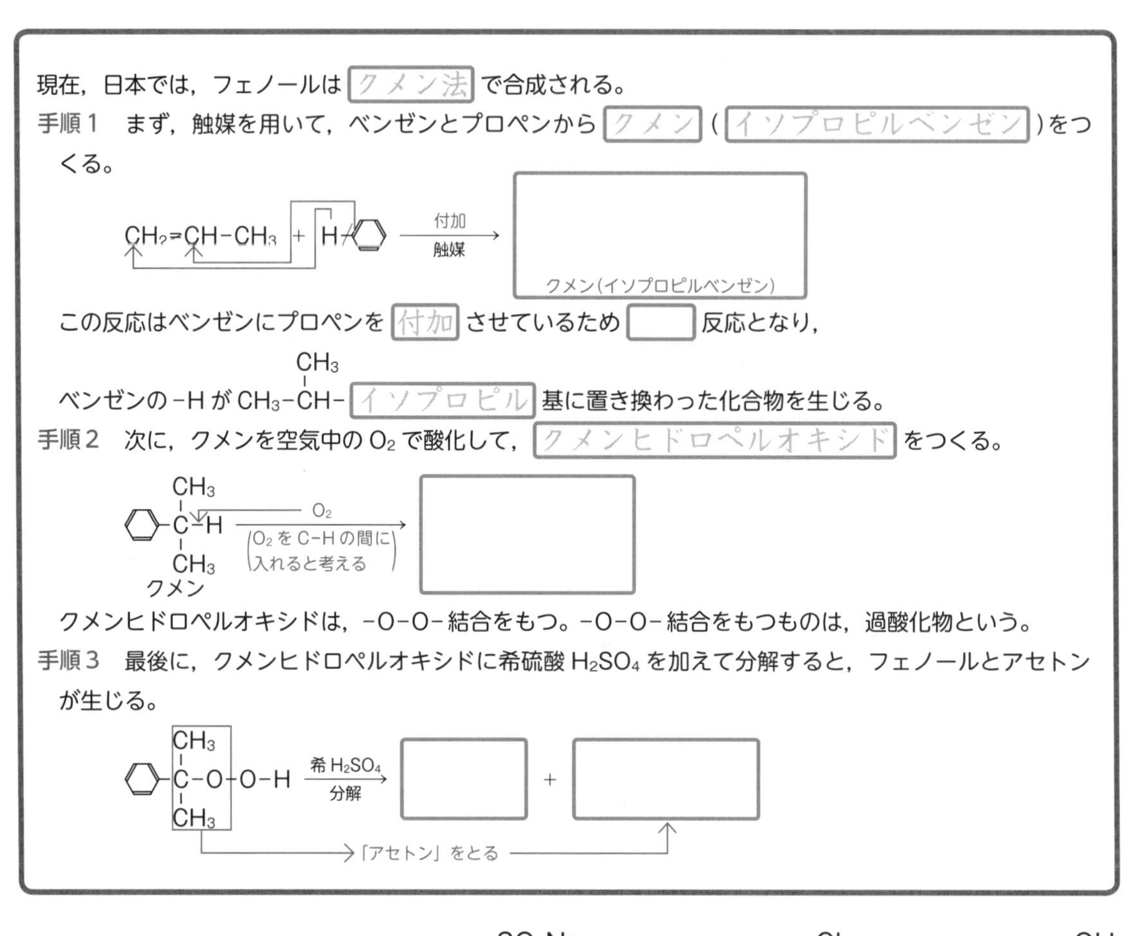

現在，日本では，フェノールは［クメン法］で合成される。

手順1　まず，触媒を用いて，ベンゼンとプロペンから［クメン］（［イソプロピルベンゼン］）をつくる。

この反応はベンゼンにプロペンを［付加］させているため［　　］反応となり，

ベンゼンの –H が $CH_3-CH(CH_3)-$［イソプロピル］基に置き換わった化合物を生じる。

手順2　次に，クメンを空気中の O_2 で酸化して，［クメンヒドロペルオキシド］をつくる。

クメンヒドロペルオキシドは，–O–O– 結合をもつ。–O–O– 結合をもつものは，過酸化物という。

手順3　最後に，クメンヒドロペルオキシドに希硫酸 H_2SO_4 を加えて分解すると，フェノールとアセトンが生じる。

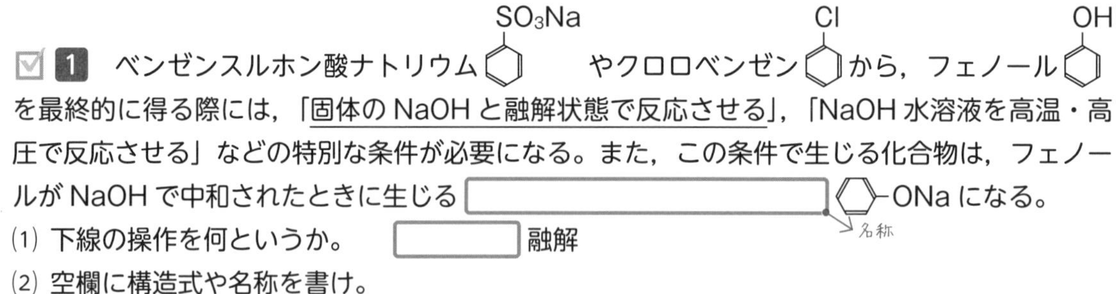

☑ **1**　ベンゼンスルホン酸ナトリウム（SO_3Na）やクロロベンゼン（Cl）から，フェノール（OH）を最終的に得る際には，「<u>固体の NaOH と融解状態で反応させる</u>」，「NaOH 水溶液を高温・高圧で反応させる」などの特別な条件が必要になる。また，この条件で生じる化合物は，フェノールが NaOH で中和されたときに生じる［　　　　　］-ONa になる。

(1) 下線の操作を何というか。［　　　］融解

(2) 空欄に構造式や名称を書け。

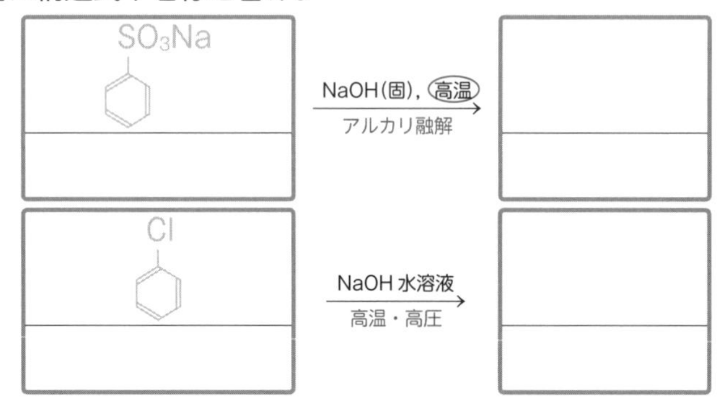

2 酸の強さは，H_2SO_4，HCl ＞ R−COOH ＞ CO_2 ＋ H_2O (H_2CO_3) ＞ ⌬−OH の順になる。次の(1)と(2)の化学反応式を書け。

(1) ナトリウムフェノキシドの水溶液に，二酸化炭素を通じた。 弱酸の遊離

(2) ナトリウムフェノキシドの水溶液に塩酸を加えた。 弱酸の遊離

3 空欄に該当する化合物の構造式や名称を記せ。

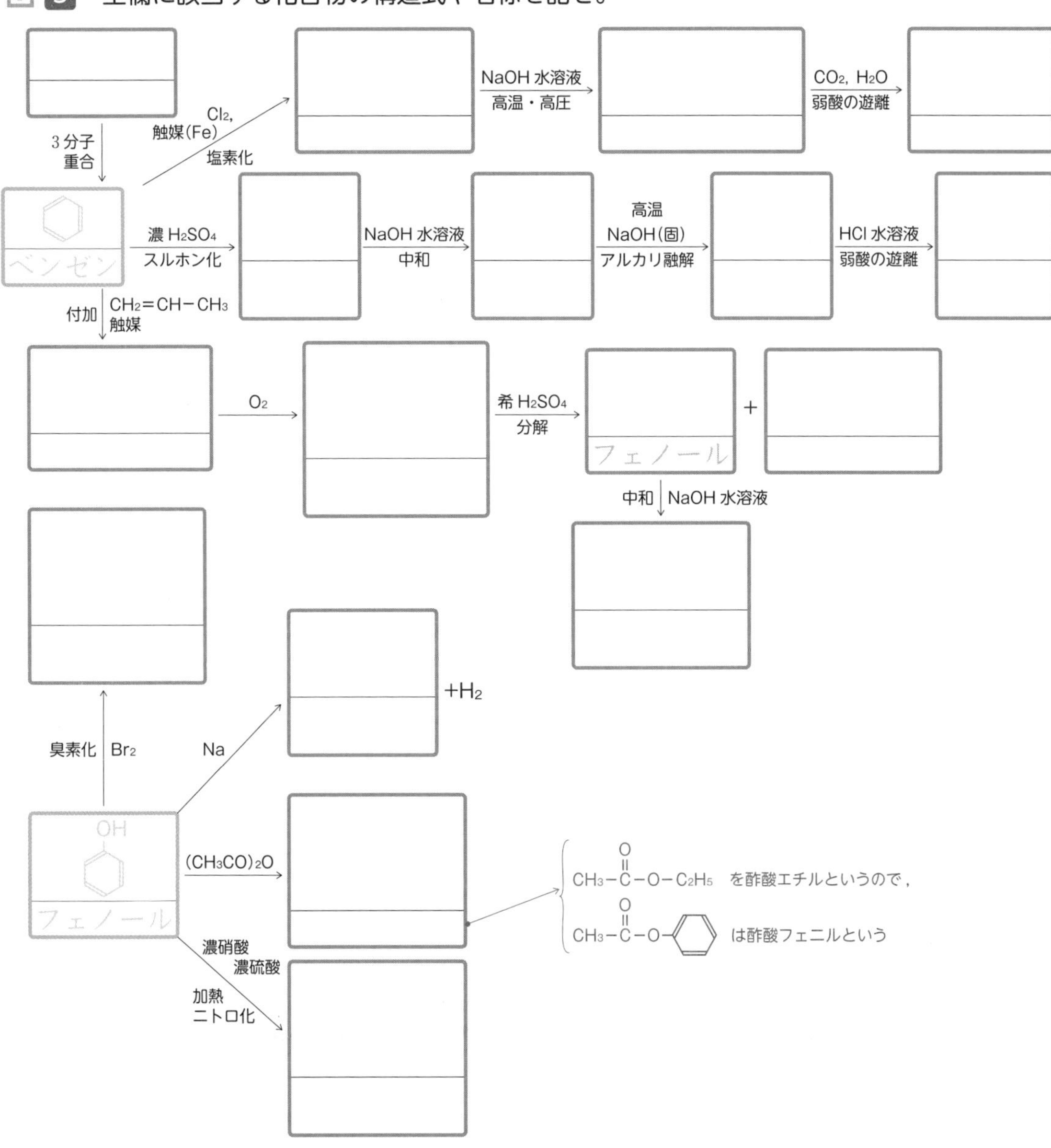

59 芳香族カルボン酸

別冊解答 ▶ p. 43

学習日　月／日

芳香族カルボン酸の名称と反応

【1】ベンゼン環のC原子に直接−COOH［　　　］基が結合した化合物を［芳香族カルボン酸］という。次の芳香族カルボン酸の名称を答えよ。

COOH（ベンゼン環）	COOH, COOH（オルト位）	HOOC−（ベンゼン環）−COOH	OH, COOH（オルト位）
安息香酸	［　　　］	［　　　］	［　　　］

【2】トルエンを中性～塩基性の $KMnO_4$ 水溶液と反応させると，ベンゼン環に結合した炭化水素基（$-CH_3$, $-CH_2-CH_3$ など）（側鎖）が酸化され，最終的にカルボキシ基−COOHとなる。

CH_3（トルエン） $\xrightarrow[\text{酸化}]{KMnO_4}$ COOK（安息香酸カリウム） $\xrightarrow[\text{弱酸の遊離}]{\text{希}H_2SO_4}$ ［　　　］

☑ **1** ベンゼン環の側鎖の炭化水素基は酸化されると，炭素の数に関係なく−COOHに変化する。次の空欄に構造式や名称を入れよ。

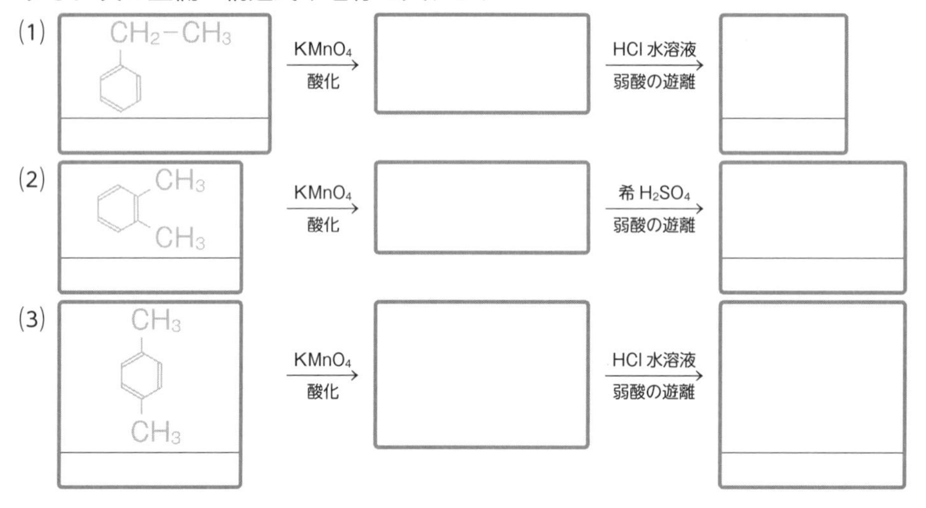

☑ **2** シス形のマレイン酸は−COOHどうしが近いので，加熱すると分子内で脱水して，酸無水物を生じる。同様に，フタル酸も−COOHどうしが近く，加熱すると分子内で脱水して，酸無水物を生じる。空欄に構造式を入れよ。

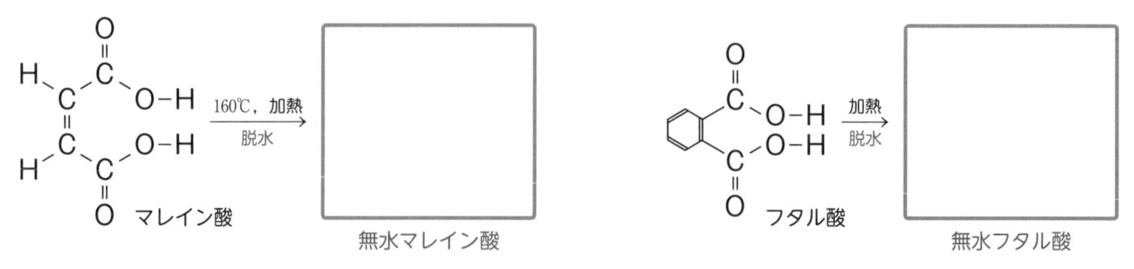

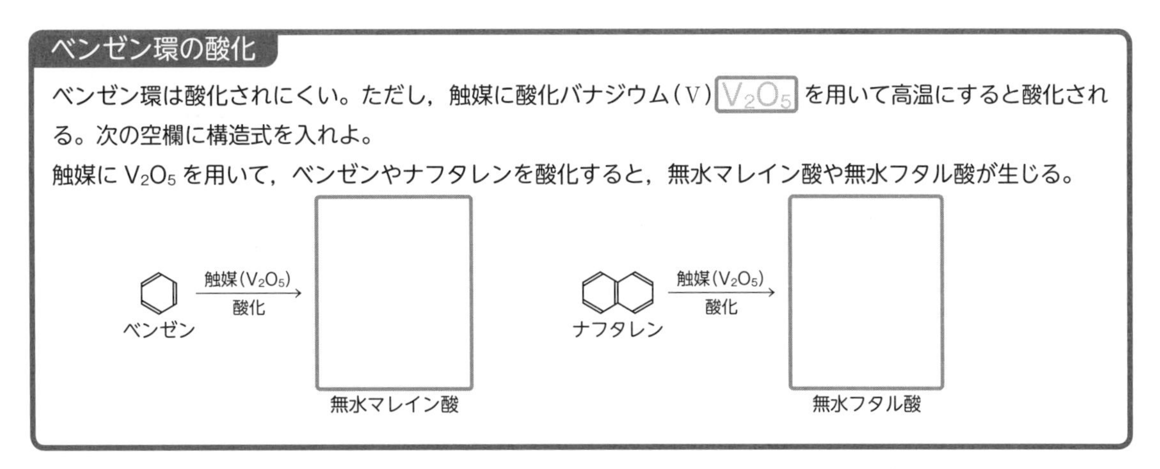

3 ナトリウムフェノキシドに 高温・高圧 のもとで CO_2 を反応させると サリチル酸ナトリウム が生じる。

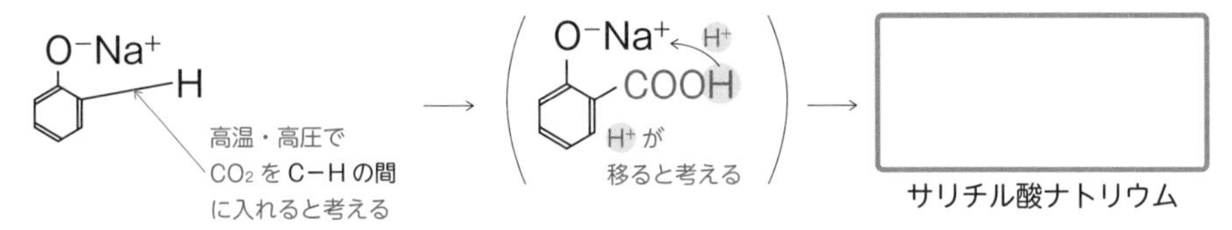

サリチル酸ナトリウムに，サリチル酸のもつ $-COOH$ [ ] 基よりも強い酸性を示す希 H_2SO_4 を加えると サリチル酸 が遊離する。

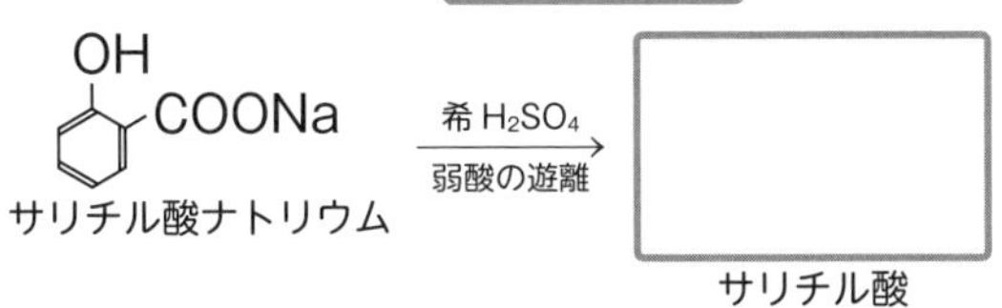

4 サリチル酸は $-COOH$ と $-OH$ をもつので，カルボン酸とフェノール類の性質を示す。

(1) **カルボン酸としての反応**

サリチル酸にメタノール CH_3OH と濃 H_2SO_4(触媒)を作用させると，[ ] 化により サリチル酸メチル を生じる。

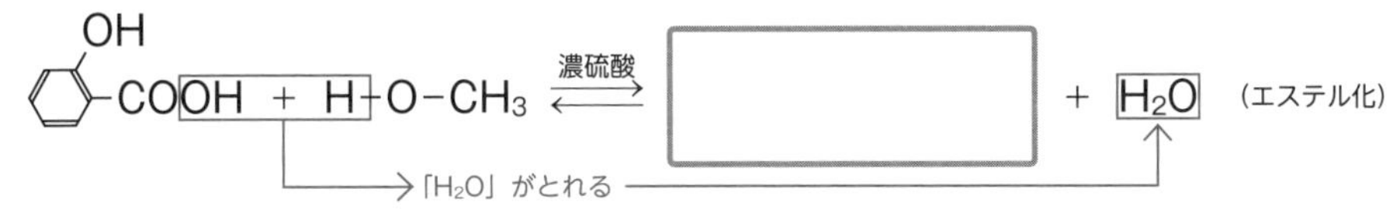

(2) **フェノール類としての反応**

サリチル酸に無水酢酸 $(CH_3CO)_2O$ を作用させると， アセチル 化により アセチルサリチル酸 を生じる。

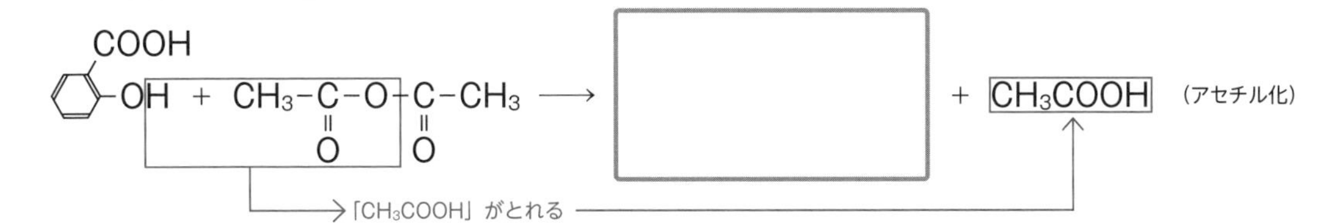

60 サリチル酸とその誘導体

別冊解答 ▶p. 44

学習日 月／日

次の表を完成させよ。また，塩化鉄(Ⅲ)$FeCl_3$ で呈色するものには○，呈色しないものには×をつけよ。

名称	サリチル酸	サリチル酸メチル	アセチルサリチル酸
構造式			
特徴・用途など	無色の結晶で，水に少し溶ける	無色の液体 消炎鎮痛用塗布薬（湿布薬）	無色の結晶 解熱鎮痛剤（飲み薬） アスピリンともいう
$FeCl_3$ による呈色	□ → ○ or ×	□	□

☑ **1** カルボン酸 R^1-COOH とアルコール R^2-OH の混合物に，濃 H_2SO_4（触媒）を加えて加熱すると水分子がとれ，エステルが生じる。このエステルの生成反応を ＿＿＿＿ 化という。次の反応式を完成させよ。

$$R^1-\overset{\overset{\displaystyle O}{\|}}{C}-O-H + H-O-R^2 \underset{}{\overset{濃硫酸}{\rightleftarrows}} \square + H_2O$$

「H_2O」がとれる

この反応を参考にして，サリチル酸とメタノールの混合物に濃 H_2SO_4（触媒）を加えて加熱したときの化学反応式を書け。

□

この反応で生じる芳香族化合物を ＿＿＿＿ といい，＿＿ 鎮痛用塗布薬（湿布 薬）として用いられる。

☑ **2** フェノールと無水酢酸を反応させると，酢酸フェニル が生じる。この反応は エステル化 であるが，特に ＿＿＿＿ 化という。次の反応式を完成させよ。

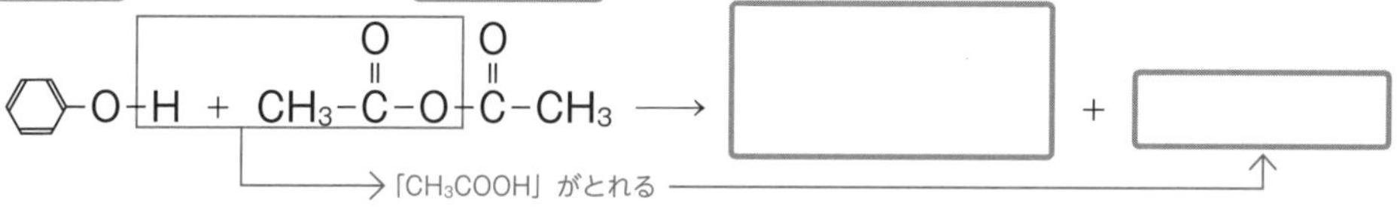

$$C_6H_5-O-H + CH_3-\overset{\overset{\displaystyle O}{\|}}{C}-O-\overset{\overset{\displaystyle O}{\|}}{C}-CH_3 \longrightarrow \square + \square$$

「CH_3COOH」がとれる

この反応を参考にして，サリチル酸に無水酢酸を反応させたときの化学反応式を書け。

□

☑ **3** 空欄に構造式や名称を記せ。

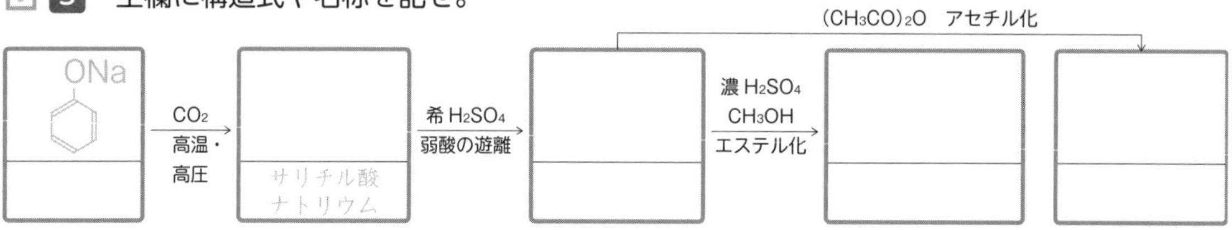

ONa（ナトリウムフェノキシド構造） $\xrightarrow{CO_2\ 高温・高圧}$ □（サリチル酸ナトリウム） $\xrightarrow{希 H_2SO_4\ 弱酸の遊離}$ □ $\xrightarrow{濃 H_2SO_4\ CH_3OH\ エステル化}$ □

□ $\xrightarrow{(CH_3CO)_2O\ アセチル化}$ □

61 アニリンの性質と製法

別冊解答 ▶ p. 44

学習日 月／日

アニリンの性質

アンモニア H−N(−H)−H の H− を炭化水素基 R− で置き換えた R−N(−H)−H のような化合物を［　　］という。

ベンゼン環の C 原子に $-NH_2$ が直接結合した化合物は［芳香族アミン］といい，代表的なものには ⬡$-NH_2$［　　］がある。

●アニリンの性質

① 特有のにおいをもつ［　］色の［　］体で，［　］毒。

② ジエチルエーテルなどの有機溶媒によく溶ける。水にわずかに溶けて弱［　　］性を示す。

③ 酸化され［　　］。→やすい or にくい

例1 空気中に放置すると，徐々に［　　］されて［赤褐］色になる。

例2 さらし粉（［　　］剤）の水溶液を加えると［　　］され，［　　］色を呈する。

例3 二クロム酸カリウム $K_2Cr_2O_7$（［　　］剤）の硫酸酸性水溶液を加えると［　　］され，水に溶けにくい［　］色物質を生じる。この物質は，［　　　　］とよばれ，染料として用いられる。

④ 無水酢酸で［　　］化することができ，［アセトアニリド］を生じる。

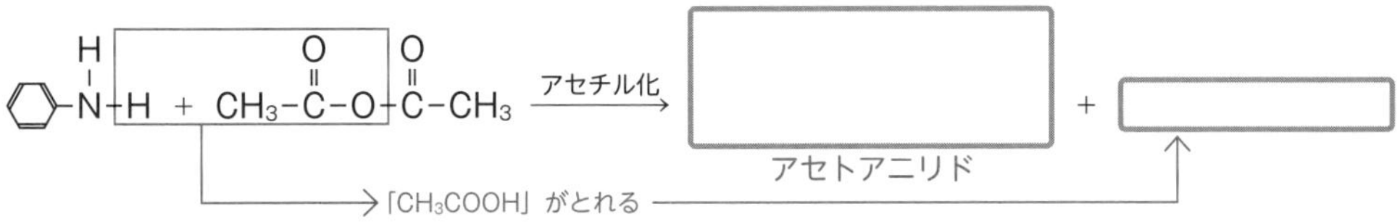

$$C_6H_5-N(H)-H + CH_3-C(=O)-O-C(=O)-CH_3 \xrightarrow{アセチル化} [\quad\quad] + [\quad\quad]$$

アセトアニリド

→「CH_3COOH」がとれる

☑ **1** アンモニアは，水によく溶けて電離し弱［　　］性を示す。アンモニア水の電離するようすをイオン反応式で書け。

［　　　　　　　　　　］

アニリンは水にわずかに溶けて電離し弱［　　］性を示す。アンモニア水の電離のイオン反応式を参考に，アニリンの電離するようすをイオン反応式で書け。

［　　　　　　　　　　］

☑ **2** アンモニアと塩酸の中和反応の化学反応式を書け。

［　　　　　　　　　　］

上の反応を参考にして，アニリンと塩酸の中和反応の化学反応式を書け。

［　　　　　　　　　　］

アニリンの製法

弱塩基の塩に強塩基を加えると，弱塩基の遊離が起こる。

塩化アンモニウム NH_4Cl 水溶液に水酸化ナトリウム NaOH 水溶液を加えると起こる化学反応式を書け。

[　　　　　　　　　　] (弱塩基の遊離)

同様に，アニリン塩酸塩に水酸化ナトリウム水溶液を加えたときの，次の化学反応式を完成させよ。

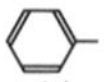

C_6H_5-NH_3Cl + NaOH ⟶ [　　　　　　] (弱塩基の遊離)

アニリン塩酸塩

実験室では，アニリンは次のようにつくる。

手順1　ニトロベンゼンを [Sn] (または [Fe]) と濃塩酸 HCl で [還元] し，[アニリン塩酸塩] とする。

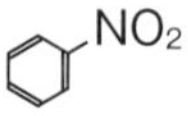

C_6H_5-NO_2 —(Sn，HCl／還元)→ [　　　　]

手順2　アニリン塩酸塩に水酸化ナトリウム水溶液を加える。このときの化学反応式を書け。

[　　　　　　　　　　] (弱塩基の遊離)

☑ **3**　アニリンを工業的につくるときには，[Ni] や [Pt] などを触媒として，ニトロベンゼンを H_2 で [　　] する。次の化学反応式を完成させよ。

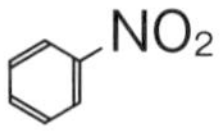

C_6H_5-NO_2 + $3H_2$ —(触媒(Ni または Pt)／還元)→ [　　　　] + $2H_2O$

☑ **4**　次の表を完成させよ。

名称	[アニリン]	[　　]	[　　]	[　　]
構造式	[　　]	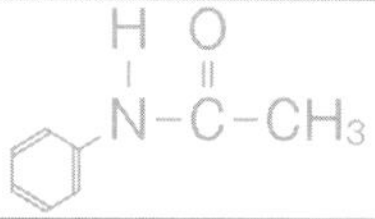 C_6H_5-N(H)-C(=O)-CH_3	 C_6H_5-N^+≡NCl^-	 C_6H_5-N=N-C_6H_4-OH

☑ **5**　アセトアニリドのもつ -N(H)-C(=O)- 結合を [　　] 結合といい，この結合をもつ化合物は [　　] という。アセトアニリドの構造式を書け。

☑ **6**　[橙赤] 色で [染料] や [色素] などとして用いられている *p*-ヒドロキシアゾベンゼン (*p*-フェニルアゾフェノール) のもつ -N=N- を [　　] 基という。*p*-ヒドロキシアゾベンゼンの構造式を書け。

62 ジアゾ化，ジアゾカップリング

別冊解答 ▶ p. 45

学習日 月／日

【1】アニリンを希塩酸 HCl に溶かし ☐ ℃以下に冷やしながら，亜硝酸ナトリウム $NaNO_2$ 水溶液を加えると 塩化ベンゼンジアゾニウム が生じる。この反応を ☐ という。次の化学反応式を完成させよ。

（アニリン）NH_2 ＋ $NaNO_2$（亜硝酸ナトリウム）＋ 2HCl（塩酸）$\xrightarrow[\text{ジアゾ化}]{0\sim5℃}$ ☐ ＋ NaCl ＋ $2H_2O$

【2】塩化ベンゼンジアゾニウムの水溶液にナトリウムフェノキシドの水溶液を加えると，橙赤 色の *p*-ヒドロキシアゾベンゼン（*p*-フェニルアゾフェノール）が生じる。-N=N- を ☐ 基といい，この反応を ジアゾカップリング または カップリング という。次の化学反応式を完成させよ。

（塩化ベンゼンジアゾニウム）$-N_2Cl$ ＋ $-ONa$（ナトリウムフェノキシド）$\xrightarrow{\text{ジアゾカップリング}}$ ☐ ＋ NaCl

☑ **1** 塩化ベンゼンジアゾニウムは5℃以下の低温では安定だが，その水溶液を温め5℃以上にすると，N_2 を発生し，フェノールを生じる。次の化学反応式を完成させよ。

☐（塩化ベンゼンジアゾニウム）＋ H_2O $\xrightarrow{5℃以上}$ ☐（フェノール）＋ N_2 ＋ HCl

☑ **2** 空欄に該当する芳香族化合物の構造式や名称を記せ。

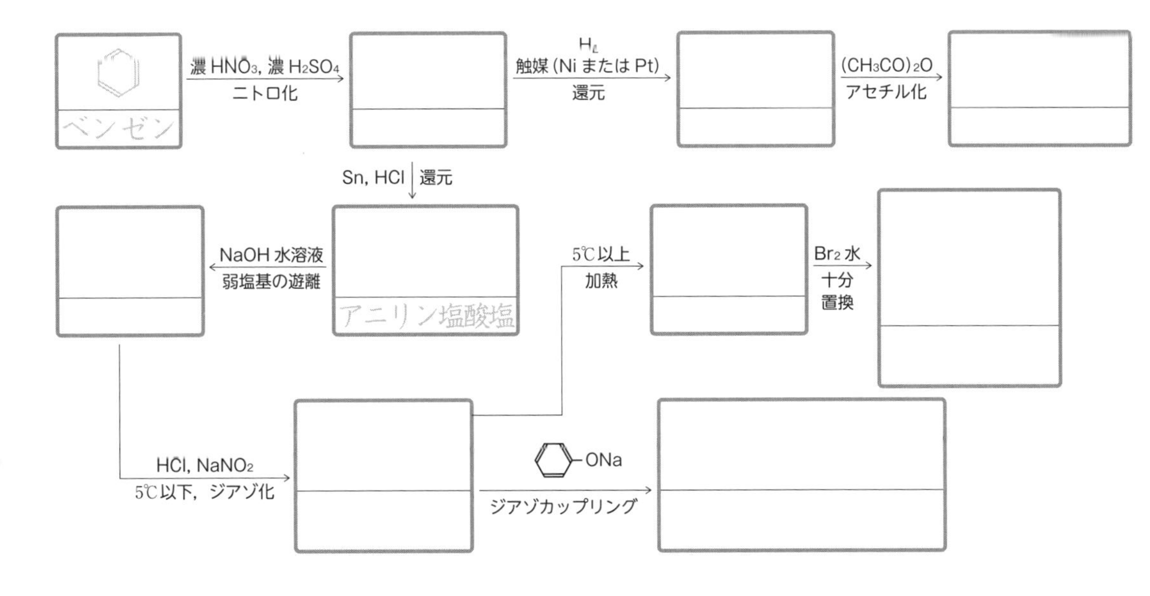

63 芳香族化合物の分離

別冊解答 ▶ p. 46

学習日　月／日

有機化合物の多くは，ジエチルエーテルなどの有機溶媒に溶け［　　　］（やすく or にくく），水に溶け［　　　］（やすい or にくい）。ただし，有機化合物も塩に変わると水に溶け［　　　］（やすく or にくく），有機溶媒に溶け［　　　］（やすく or にくく）なる。

次の表を完成させよ。また，溶媒についてはジエチルエーテル・水のどちらに溶けやすいか答えよ。

名称	アニリン	アニリン塩酸塩	フェノール	サリチル酸	［　　　］
構造式	［　　　］	［　　　］	［　　　］	［　　　］	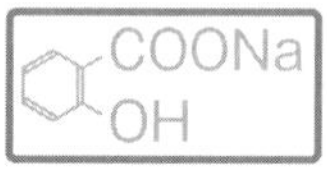 COONa, OH（ベンゼン環）
溶けやすい溶媒	［　　　］（ジエチルエーテル or 水）	［　　　］	［　　　］	［　　　］	［　　　］

芳香族化合物の分離に使われる右のガラス器具を［　　　　　］という。
活栓を閉じておき，上栓をとり，ジエチルエーテルと水を入れると，上層は［　　　　　　　］，下層は［　］となる。

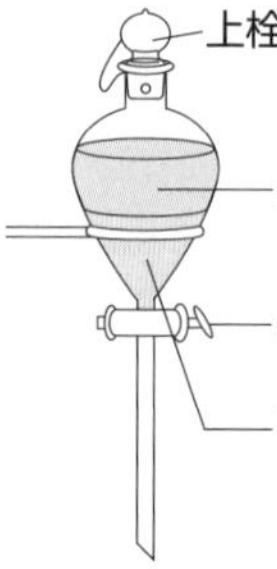

☑ **1**　次の中和反応の化学反応式を書け。

(1) 安息香酸と水酸化ナトリウムの中和反応

(2) フェノールと水酸化ナトリウムの中和反応

(3) アニリンと塩酸の中和反応

酸の強さと弱酸の遊離

酸の強さは，

H_2SO_4，HCl ＞ R-COOH ＞ CO_2 ＋ H_2O ＞ ⬡-OH
希硫酸　塩酸　カルボン酸　(H_2CO_3)炭酸　フェノール

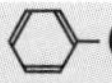

の順になり，弱い酸の塩に強い酸を加えると，次の反応が起こる。

(弱い酸の塩)＋(強い酸) ⟶ (弱い酸)＋(強い酸の塩)

この反応を参考に，次の(1)〜(3)の化学反応式を書け。

(1) 安息香酸ナトリウムと塩酸　弱酸の遊離

(2) 安息香酸と炭酸水素ナトリウム　弱酸の遊離

(3) ナトリウムフェノキシドと二酸化炭素　弱酸の遊離

2　塩基の強さは，NaOH（水酸化ナトリウム）＞ ⬡-NH_2（アニリン）の順になり，弱い塩基の塩に強い塩基を加えると，次の反応が起こる。

(弱い塩基の塩)＋(強い塩基) ⟶ (弱い塩基)＋(強い塩基の塩)

この反応を参考に，アニリン塩酸塩と水酸化ナトリウムとの反応の化学反応式を書け。　弱塩基の遊離

3　酸の強さの順を利用し，次の反応の化学反応式を書け。ただし，反応が起こらないときは「反応しない」と書け。

(1) ナトリウムフェノキシドと塩酸　弱酸の遊離

(2) フェノールと炭酸水素ナトリウム　酸の強さが，CO_2 ＋ H_2O ＞ ⬡-OH の順なので，反応しない

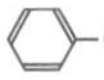

(3) 安息香酸ナトリウムと塩酸　弱酸の遊離

分液ろうとの使い方

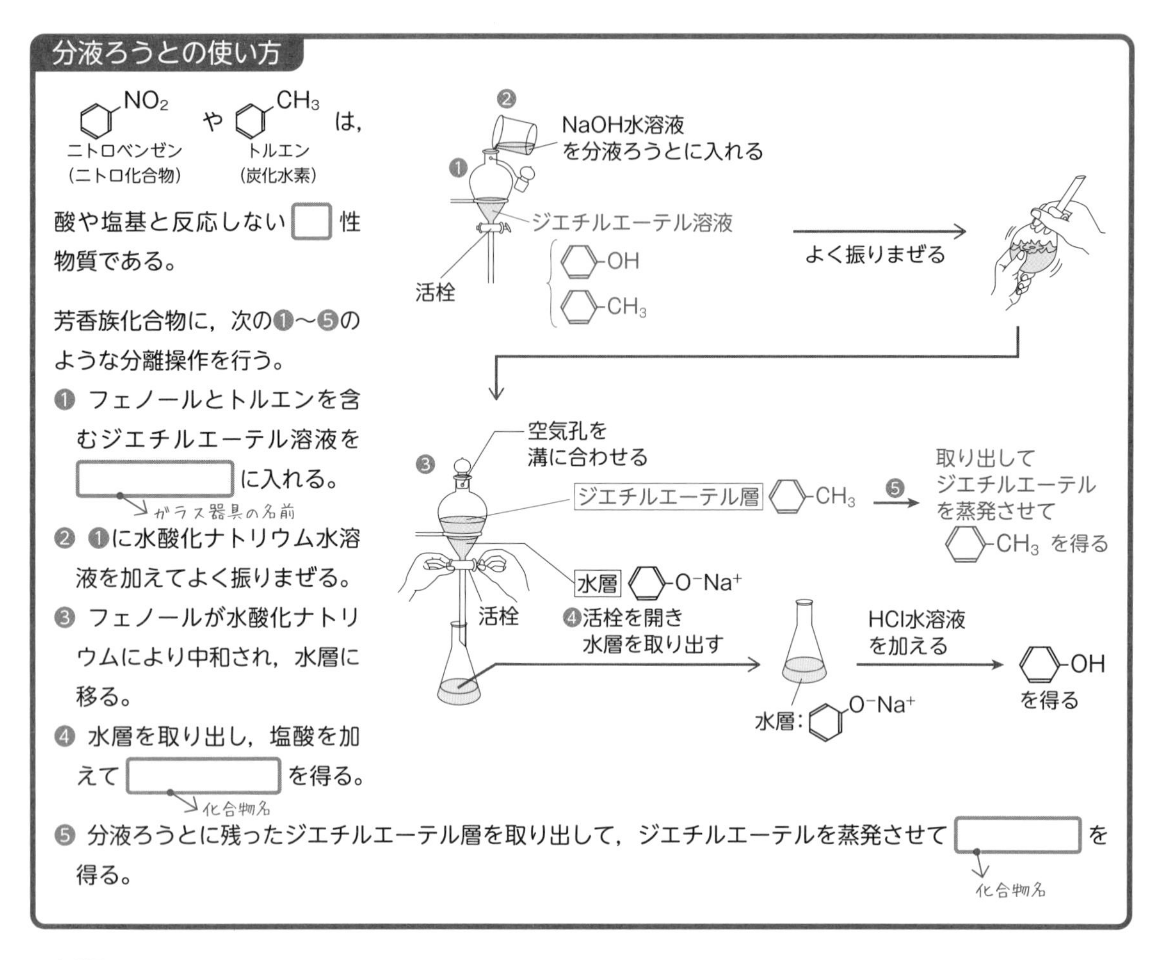

4　上記の分離操作❶～❺は，次の図のように示すことができる。空欄に適切な構造式を書け。

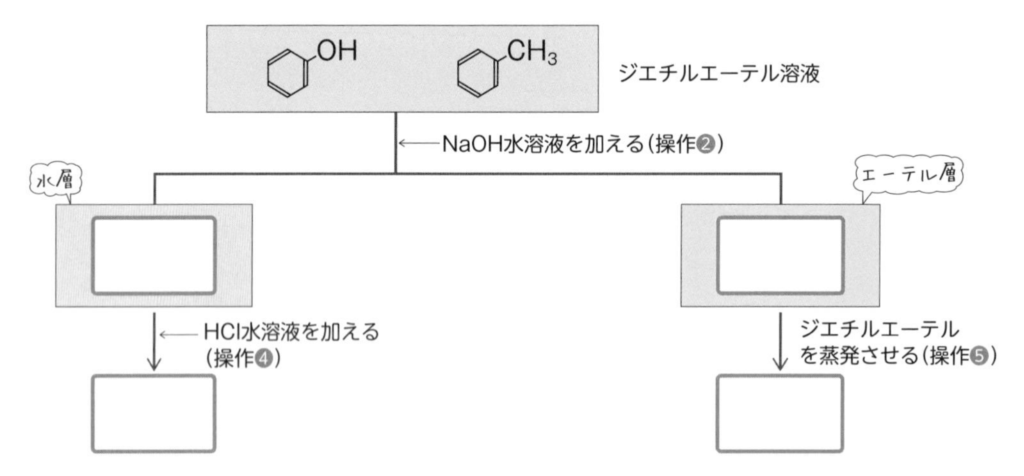

☑ **5** ニトロベンゼン，フェノール，安息香酸，アニリンを溶かしたエーテル溶液を，下図のように分離した。

(1) 空欄に適切な構造式を書け。

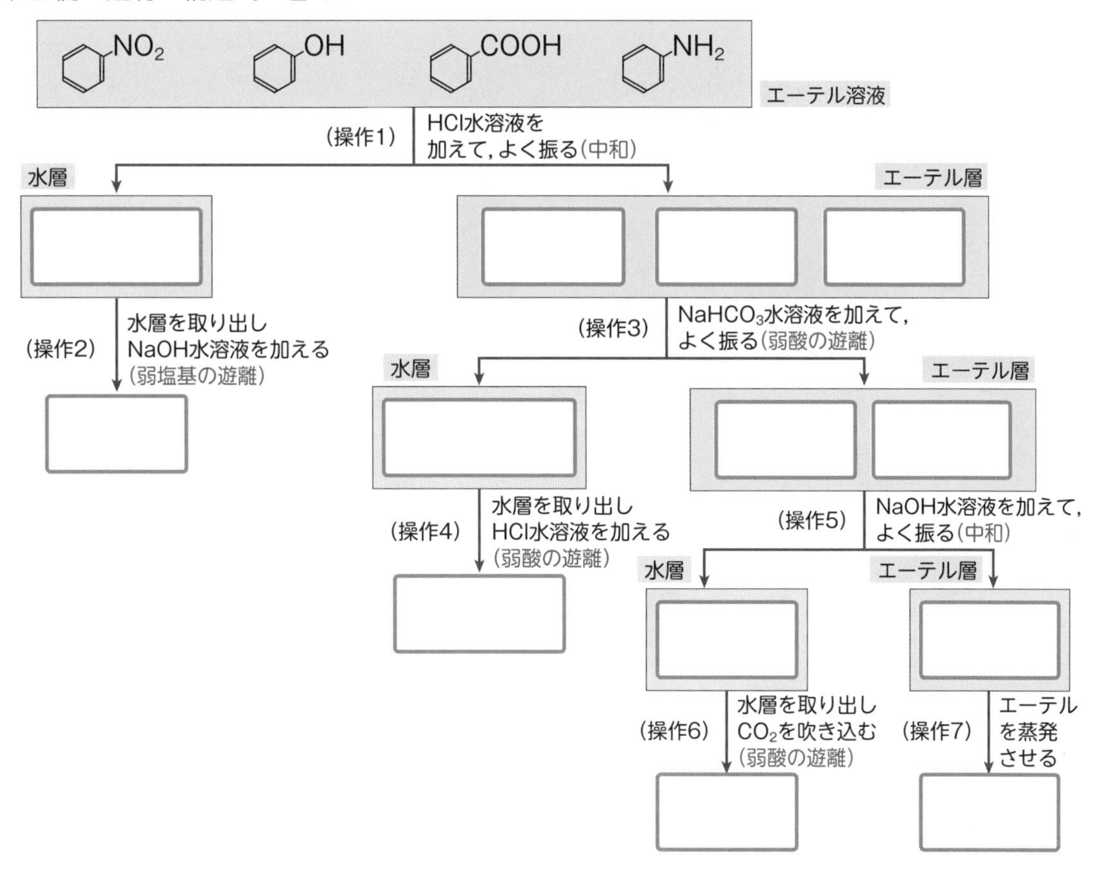

(2) (操作 1)～(操作 6)の化学反応式を書け。

(操作 1)
中和

(操作 2)
弱塩基の遊離

(操作 3)
弱酸の遊離

(操作 4)
弱酸の遊離

(操作 5)
中和

(操作 6)
弱酸の遊離

64 油脂

別冊解答 ▶ p. 48

学習日　月／日

油脂の分類と構造

【1】牛脂やゴマ油のような脂肪や油をまとめて □ という。特に，牛脂や豚脂(ラード)のように常温で □ 体の油脂を □ ，ゴマ油やオリーブ油のように常温で □ 体の油脂を □ という。

【2】C=C 結合を多く含んでいる油脂は，融点が □ く常温で □ 体となり，C=C 結合が少ない油脂は融点が □ く常温で □ 体となる。

【3】CH_2-OH / $CH-OH$ / CH_2-OH を □（名称）といい，R−COOH を 脂肪酸 という。

（R：H か炭化水素基　−COOH は 1 個！）

油脂は，グリセリンと炭素数の多い脂肪酸(高級脂肪酸)との エステル である。
次の反応式を完成させよ。

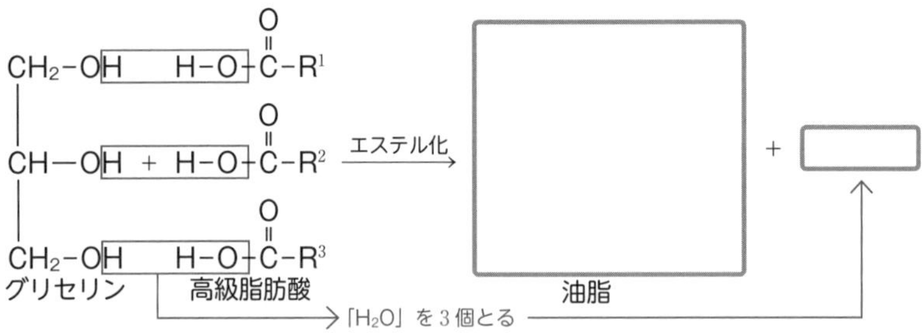

$$\begin{array}{l} CH_2-OH \quad H-O-\overset{O}{\overset{\|}{C}}-R^1 \\ CH-OH \; + \; H-O-\overset{O}{\overset{\|}{C}}-R^2 \\ CH_2-OH \quad H-O-\overset{O}{\overset{\|}{C}}-R^3 \end{array} \xrightarrow{\text{エステル化}} \boxed{\quad} + \boxed{\quad}$$

グリセリン　高級脂肪酸　→　油脂

「H_2O」を 3 個とる

☑ 1　天然の油脂を構成する脂肪酸 R−COOH の例には，次のようなものがある。R− に C=C 結合をもたないものを 飽和脂肪酸 ，C=C 結合をもつものを 不飽和脂肪酸 という。次の表を完成させよ。

	示性式	名称	常温での状態	炭素数	C=C 結合の数
飽和脂肪酸	$C_{15}H_{31}COOH$	パルミチン酸	固体	16	□（数字）
飽和脂肪酸	$C_{17}H_{35}COOH$	ステアリン酸	固体	□	□
不飽和脂肪酸	$C_{17}H_{33}COOH$	オレイン酸	液体	□	□
不飽和脂肪酸	$C_{17}H_{31}COOH$	リノール酸	液体	□	□
不飽和脂肪酸	$C_{17}H_{29}COOH$	リノレン酸	液体	□	□

$C_nH_{2n+1}-$ の型は，C−C 結合と C−H 結合だけからなり，C=C 結合をもたない

H が 2 個減ると，その都度 C=C 結合が 1 個増える

「パル・ステ・オ・リ・レン」と覚える

油脂を構成する脂肪酸

ステアリン酸は，次のような構造をもつ。

$CH_3-CH_2-CH_2-CH_2-CH_2-CH_2-CH_2-CH_2-CH_2-CH_2-CH_2-CH_2-CH_2-CH_2-CH_2-CH_2-CH_2-COOH$

-COOH以外は，C-C結合とC-H結合だけでできている

よって，ステアリン酸の示性式は［　　　　］となる。

オレイン酸は，次のような構造をもつ。

$CH_3-CH_2-CH_2-CH_2-CH_2-CH_2-CH_2-CH_2-CH=CH-CH_2-CH_2-CH_2-CH_2-CH_2-CH_2-CH_2-COOH$

天然の高級不飽和脂肪酸は，いずれもこのような［　　］形になる

シスorトランス

-COOH以外は，C-C結合やC-H結合だけでなく，C＝C結合ももつ

よって，オレイン酸の示性式は［　　　　］となる。

ステアリン酸		オレイン酸		リノール酸		リノレン酸
$C_{17}H_{35}COOH$	H2個が減少する → C=C 結合が1個㊫える	［　　　］	H2個が減少する → C=C 結合が1個㊫える	［　　　］	H2個が減少する → C=C 結合が1個㊫える	［　　　］
C=C 結合0個		C=C 結合［　］個		C=C 結合［2］個		C=C 結合［3］個

☑ **2** 油脂はグリセリンと高級脂肪酸とのエステルである。次の反応式を完成させよ。

$$\begin{matrix} R^1-COOH \\ R^2-COOH \\ R^3-COOH \end{matrix} + \begin{matrix} HO-CH_2 \\ HO-CH \\ HO-CH_2 \end{matrix} \xrightarrow{\text{エステル化}} \boxed{\quad\quad} + 3H_2O$$

まとめて，

$$3R-COOH + C_3H_5(OH)_3 \longrightarrow (R-COO)_3C_3H_5 + 3H_2O$$

と書くこともある。

☑ **3** (1) 空欄に脂肪・脂肪油・多・少な　のいずれかを入れよ。

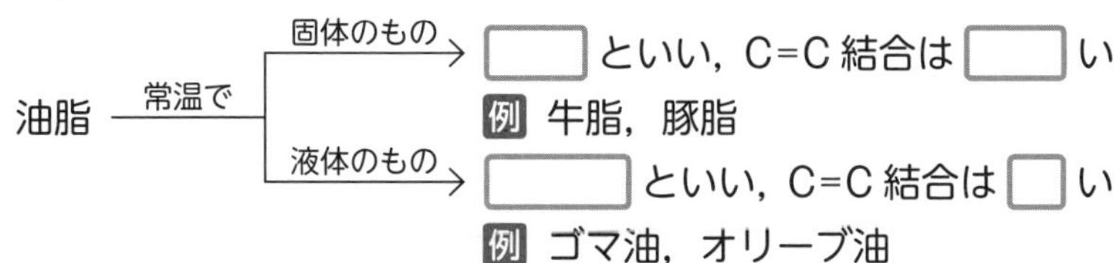

(2) 油脂を構成する脂肪酸の示性式を書け。

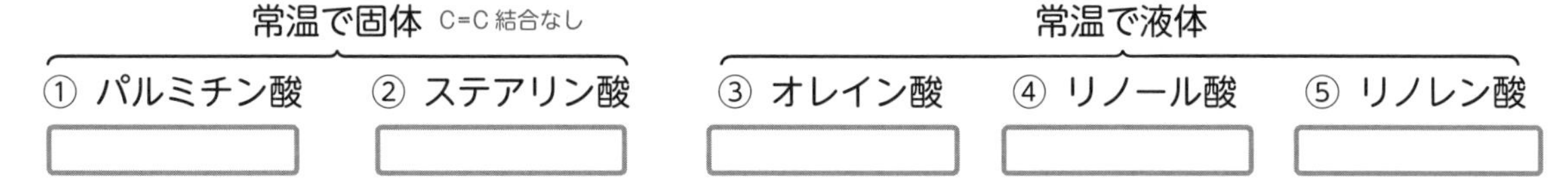

65 脂肪油の分類とけん化

別冊解答 ▶p. 49

学習日 月／日

【1】C=C結合を多く含む油脂は，空気中で［　　］（→酸化 or 還元）され固化しやすい。このような脂肪油は，特に［　　］とよばれ，アマニ油，大豆油などがあり，［塗料］などに用いられる。

【2】脂肪油に，［ニッケル Ni］を触媒として水素 H_2 を付加すると，C=C結合が［　　］（→増え or 減り），C−C結合が［　　］（→増える or 減る）ことで，常温で［　］体の脂肪に変化する。こうしてできた油脂を［　　］といい，［マーガリン］の原料に用いられる。

脂肪油 $\xrightarrow[\text{付加}]{H_2,\ \text{触媒(Ni)}}$ 固体 ⇒ ［　　］という

☑ **1** エステル $R^1-\overset{\overset{\displaystyle O}{\|}}{C}-O-R^2$ にNaOH水溶液を加えて加熱すると，けん化が起こる。次の反応式を完成させよ。

$$\underset{\text{エステル}}{R^1-\overset{\overset{\displaystyle O}{\|}}{C}-O-R^2} + NaOH \longrightarrow \underset{\text{カルボン酸の塩}}{\boxed{}} + \underset{\text{アルコール}}{\boxed{}}$$

☑ **2** **1**の反応は，油脂にNaOH水溶液を加えて加熱しても起こる。次の反応式を完成させよ。

$$\underset{\text{油脂}}{\begin{matrix} R^1-\overset{\overset{\displaystyle O}{\|}}{C}-O-CH_2 \\ | \\ R^2-\overset{\overset{\displaystyle O}{\|}}{C}-O-CH \\ | \\ R^3-\overset{\overset{\displaystyle O}{\|}}{C}-O-CH_2 \end{matrix}} + 3NaOH \longrightarrow \underset{\text{脂肪酸ナトリウム}}{\begin{matrix} \boxed{R^1-COONa} \\ \boxed{} \\ \boxed{} \end{matrix}} + \underset{\text{グリセリン}}{\boxed{}}$$

このけん化で生じる脂肪酸のナトリウム塩R−COONaを［　　］という。この反応式から，油脂1 molを完全に［けん化］するには，NaOH［　］molが必要とわかる。

☑ **3** **2**の反応式は，

$$(RCOO)_3C_3H_5 + 3NaOH \longrightarrow 3R-COONa + C_3H_5(OH)_3$$

のように書くこともある。NaOH水溶液ではなくKOH水溶液を使ってけん化したときの反応式を完成させよ。

$$(RCOO)_3C_3H_5 + 3KOH \longrightarrow \boxed{}$$

この反応式から，油脂 $(RCOO)_3C_3H_5$ 1 molをけん化するには，KOH［　］molが必要とわかる。
R−COONaやR−COOKを［　　］という。

66 セッケンの性質と洗浄のようす

別冊解答 ▶ p. 49

学習日 月 / 日

セッケンの構造と性質

【1】セッケンは，水になじみにくい［　　］基（［親油］基ともいう）と，水になじみやすい［　　］基からなる。

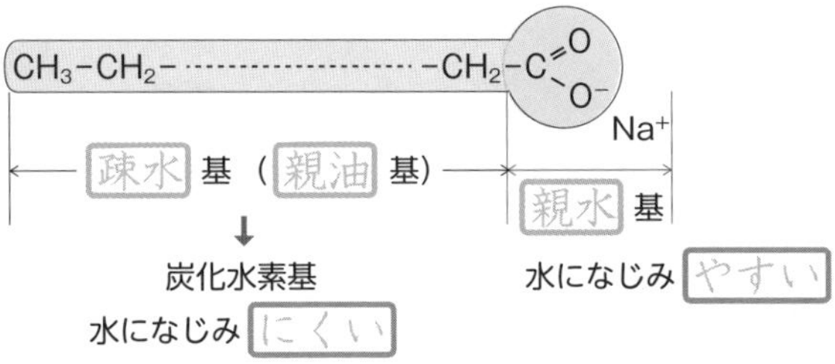

CH_3-CH_2- ・・・・・・・・・ $-CH_2-C(=O)-O^-$ Na^+

［疎水］基（［親油］基）　［親水］基

↓

炭化水素基

水になじみ［にくい］　水になじみ［やすい］

〈セッケンの構造〉

【2】セッケンを水に溶かして，一定濃度以上のセッケン水をつくると，セッケンは疎水基の部分を［　］（内 or 外）側に向け，親水基の部分を［　］（内 or 外）側に向けて集まることで［　　　］粒子をつくる。これをセッケンの［ミセル］という。

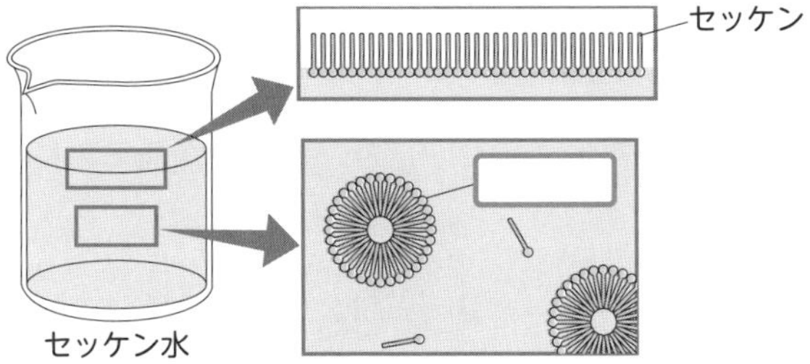

セッケン

セッケン水

1 酢酸ナトリウム CH_3COONa は，「弱酸と強塩基からなる正塩」で，その水溶液は次の反応を起こし［弱塩基性］を示す。このような現象を塩の［加水分解］という。

［$CH_3COO^- + H_2O \rightleftarrows CH_3COOH + OH^-$］

同様に，セッケン R−COONa の水溶液も加水分解により弱［　　］性を示す。このときのイオン反応式を上のイオン反応式を参考にして書け。

［　　　　　　　　　　　　　　　　］

2 セッケンは，［　］（硬 or 軟）水（Ca^{2+} や Mg^{2+} を多く含む水）の中では，水に溶けにくい塩である［$(RCOO)_2Ca$］や［$(RCOO)_2Mg$］をつくり，泡立ち［　　］（やす or にく）い。次の反応式を完成させよ。

$2R-COO^- + Ca^{2+} \longrightarrow$ ［　　　　　　］↓

$2R-COO^- + Mg^{2+} \longrightarrow$ ［　　　　　　］↓

第15章 油脂

洗浄のようす

セッケン水に油汚れのついた布を入れると，セッケンのもつ［　　］基の部分が油汚れと引き合うことで，油汚れは布の表面からはがされる。セッケンは油汚れのまわりをとり囲み，［　　］基の部分は外側を向き，微粒子となる。この微粒子は水中に［分散］する。セッケンのこのような作用を［　　］作用といい，得られる溶液を［　　］という。

油汚れ
セッケン
布
油汚れ
セッケン
油汚れ
油汚れ

<セッケンによる洗浄のようす>

☑ **3**　油脂$(RCOO)_3C_3H_5$にエタノールと水酸化ナトリウム水溶液を加え，湯浴中で加熱し，セッケン RCOONa をつくった。

(1) このとき起こった反応の化学反応式を書け。 ［　　　　　　　　　　］

(2) この反応を何というか。 ［　　　］

(3) セッケンの水溶液は何性を示すか。 ［　　　］性

(4) 水溶液中のセッケンは，コロイド粒子として存在する。この集団を特に何というか。 ［　　　］

(5) セッケン RCOONa はCa^{2+}やMg^{2+}を多く含む水溶液では泡立ちが悪くなる。
このCa^{2+}やMg^{2+}を多く含む水溶液を［　］水といい，生じる沈殿の化学式は［　　　　］や［　　　　］となる。

(6) 油汚れがセッケン RCOONa と出あうと，疎水基と油汚れが引き合い，油汚れがセッケンにとり囲まれ，水中に分散する。この現象を何作用というか。 ［　　　］

学習日 月 日

67 合成洗剤の性質

別冊解答 ▶ p. 50

石油を原料として合成される

$C_{12}H_{25}$−OSO_3Na　，　C_nH_{2n+1}−⬡−SO_3Na

などは，セッケンと似た作用をもち［　　　　］とよぶ。

［合成洗剤］は「強酸と強塩基からなる［正塩］」で，その水溶液は加水分解せずに［　］性になる。

また，合成洗剤は，硬水中でも水に溶け［やすい］塩をつくるので，洗浄力を保つ。

☑ **1** 次の表を完成させよ。

	水溶液の性質	Ca^{2+} 水溶液を加える	Mg^{2+} 水溶液を加える	油汚れを加える
セッケン RCOONa	［　　　　］性になる	$(RCOO)_2Ca$ の沈殿を生じる	［　　　　］	［　　　　］
合成洗剤	［　］性になる	変化しない	［　　　　］	［乳化作用を示す］

☑ **2** グリセリンに，濃硫酸と濃硝酸の混合物（混酸）を作用させると，硝酸エステルである［ニトログリセリン］が生じる。

$$C_3H_5(OH)_3 + 3H{-}O{-}NO_2 \longrightarrow C_3H_5(ONO_2)_3 + 3H_2O$$

「H_2O」がとれる　（HNO_3 から −OH　グリセリンから H　がとれる）

このように，硝酸 HNO_3 や硫酸 H_2SO_4 などのオキソ酸もエステルをつくる。例えば，1−ドデカノール $C_{12}H_{25}$−OH と濃硫酸を反応させると，硫酸エステルが生じる。この反応の化学反応式を上の反応を参考に完成させよ。

$C_{12}H_{25}$−OH ＋ H−O−SO_3H ⟶ ［　　　　　　］ ＋ ［H_2O］　（エステル化）

この反応で生じた硫酸エステルを NaOH 水溶液で中和すると，合成洗剤の主成分である硫酸ドデシルナトリウムが生じる。この反応の化学反応式を完成させよ。

$C_{12}H_{25}$−O−SO_3H ＋ NaOH ⟶ ［　　　　　　］ ＋ ［H_2O］　（中和）

☑ **3** 炭化水素基であるアルキル基 C_nH_{2n+1}− が結合したベンゼン（アルキルベンゼン）の *p*−位をスルホン化したものを，NaOH 水溶液で中和することで，合成洗剤の主成分であるアルキルベンゼンスルホン酸ナトリウムをつくることができる。空欄に構造式を書け。

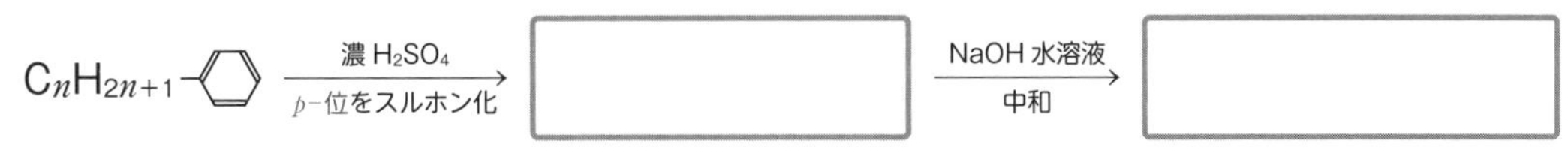

68 単糖

別冊解答 ▶p. 51

単糖

炭水化物は糖類(とうるい)ともよばれる。糖類は，単糖類(最小単位の糖)，二糖類(単糖2分子が結合した形をもつ糖)，多糖類(単糖が多数結合した形をもつ糖)に分類できる。

補足 加水分解により，それ以上簡単な糖を生じないものが［　］糖。

単糖(たんとう)
- → 炭素原子が6個の単糖を［　　　］という　「6」は「ヘキサ」
  - 例 グルコース，フルクトース，ガラクトース
- → 炭素原子が5個の単糖を［　　　］という　「5」は「ペンタ」
  - 例 リボース

☑ **1** グルコース $C_6H_{12}O_6$ はブドウ糖ともよばれ，果実などに含まれ，生物体のエネルギー源になる。

結晶は，C［　］個とO［　］個が環状につながった C<(C−O)(C−C)>C のような［　］(漢数字)員環構造をとる。

●グルコースの［　］(漢数字)員環構造

(① 環状構造：CH_2OH，O，H，HO，OH，H，OH；注目点：H（上），OH（下）)

(② 環状構造：CH_2OH，O，H，HO，OH，H，OH；注目点：OH（上），H（下）)

図の①の構造を［　］(α or β)-グルコース，②の構造を［　］(α or β)-グルコースといい，［　　］(構造 or 立体)異性体の関係にある。通常のグルコースの結晶は①の［　］(α or β)-グルコースになる。

α-グルコースの結晶を水に溶かし水溶液にすると，α-グルコースのもつ —O−C(H)(OH) の［　　　　］構造という部分で環が開き —OH, C(=O)H となり，［　　　］基を生じる。そのため，グルコースの水溶液には［　　］(酸化 or 還元)性があり，フェーリング液を［　　］(酸化 or 還元)し，銀鏡反応を［　　］(示す or 示さない)。

水溶液中でグルコースは，α-グルコース，鎖状構造，β-グルコースの3種の異性体が平衡状態になる。それぞれのグルコースの構造式を書け。

［　　　］	⇄	［　　　］	⇄	［　　　］
α-グルコース		グルコース(鎖状構造)		β-グルコース

フルクトース

フルクトース $C_6H_{12}O_6$ は果糖(かとう)ともよばれ，糖類の中で［最も］甘く，果実やはちみつなどに含まれている。

フルクトースの水溶液は［　　］性があり，フェーリング液を［　　］し，銀鏡反応を［　　］。

（酸化 or 還元）（酸化 or 還元）（示す or 示さない）

水溶液中でフルクトースは，次のような［平衡状態］になる。

β-フルクトース
（六員環構造）
⇄
フルクトース
（鎖状構造）
⇄
β-フルクトース
（五員環構造）

鎖状構造の中にある $-C(=O)-CH_2OH$ の部分が，ホルミル基と同じように酸化されやすく，フルクトースの水溶液は［　　］性を示す。

（酸化 or 還元）

☑ **2** グルコースやフルクトースのような単糖類は，酵母によるアルコール発酵でエタノールと二酸化炭素に分解される。

(1) グルコースとフルクトースの分子式を答えよ。

グルコース ⇒ ［　　　］　　フルクトース ⇒ ［　　　］

(2) 次のグルコース水溶液の平衡状態を構造式で書け。

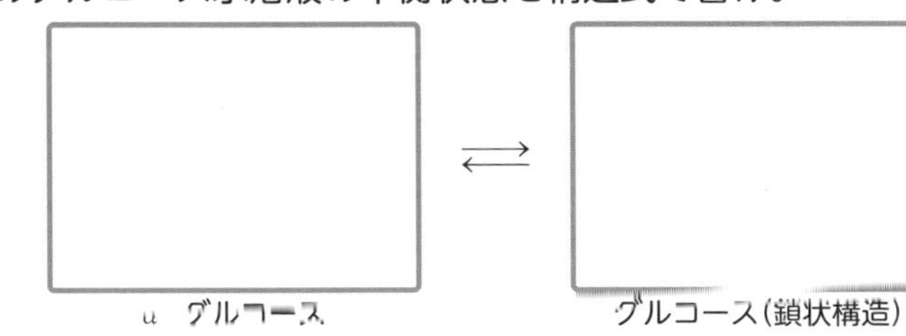

［　　　］ ⇄ ［　　　］ ⇄ ［　　　］

α-グルコース　　グルコース（鎖状構造）　　β-グルコース

(3) β-フルクトースの五員環構造の構造式を書け。

［　　　］

(4) アルコール発酵の化学反応式を完成させよ。

$C_6H_{12}O_6$ ⟶ ［　　　］
グルコースやフルクトース

☑ **3** 右の表で，還元性を示す場合は○，還元性を示さない場合は×をつけよ。

種類	名称	還元性（○ or ×）	所在
単糖類 $C_6H_{12}O_6$	グルコース	［　］	果実，はちみつ
	フルクトース	［　］	果実，はちみつ
	ガラクトース	［　］	寒天

69 二糖

別冊解答 ▶p. 52

学習日　月／日

マルトース

【1】二糖(にとう)には，マルトース，セロビオース，スクロースなどがある。
いずれも単糖 $C_6H_{12}O_6$ 2分子が脱水縮合した構造をもつ。よって，二糖の分子式は，

[　　　] + [　　　] − H_2O = [　　　]
単糖の分子式　単糖の分子式　脱水　二糖の分子式

となる。二糖の水溶液は，還元性をもつものと，もたないものがある。

【2】マルトース $C_{12}H_{22}O_{11}$ は麦芽糖(ばくがとう)ともよばれ，水あめの主成分である。(α−)マルトースは2分子の α−グルコース が1位の−OHと4位の−OHで 脱水縮合 した構造をもつ。

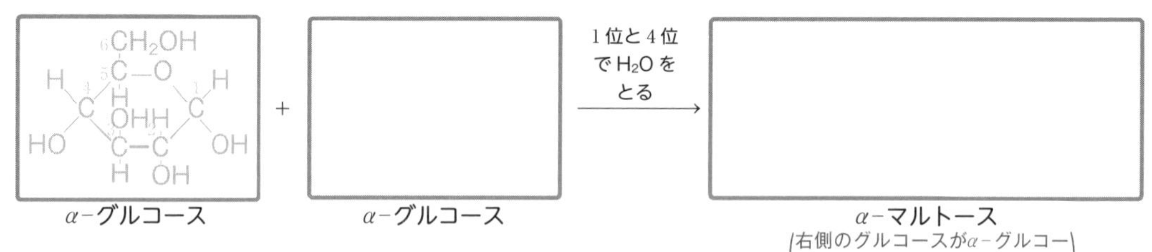

α−グルコース　α−グルコース　α−マルトース
(右側のグルコースがα−グルコースのものをα−マルトースという。)

(α−)マルトースは右側の環に −O, H, C, OH [　　　] 構造が残っており，その水溶液は [　　] 性を示す。
酸化 or 還元

☑ **1**　二糖である(β−)セロビオース $C_{12}H_{22}O_{11}$ は，2分子の β−グルコース が1位の−OHと4位の−OHで 脱水縮合 した構造をもつ。

β-グルコース

上下にうら返す

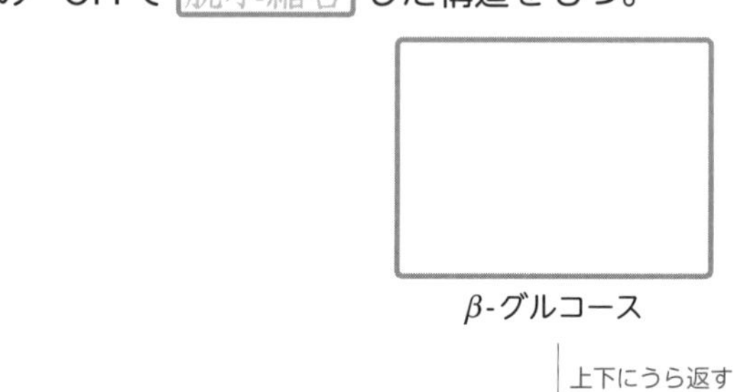

β-グルコース　β-セロビオース
(右側のグルコースがβ−グルコースのものをβ−セロビオースという。)

(β−)セロビオースは右側の環に −O, OH, C, H [　　　] 構造が残っており，その水溶液は [　　] 性を示す。
酸化 or 還元

スクロース

スクロース $C_{12}H_{22}O_{11}$ はショ糖(とう)ともよばれ，サトウキビやテンサイに多量に存在している。

スクロースは α-グルコースの 1 位の -OH と β-フルクトースの 2 位の -OH で脱水縮合した構造をもつ。

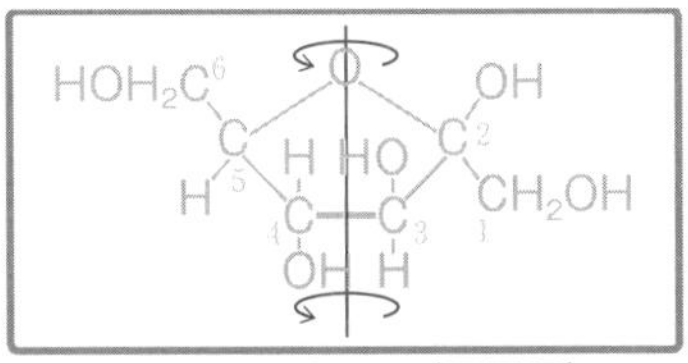

β-フルクトース(五員環)

左右にうら返す ↓

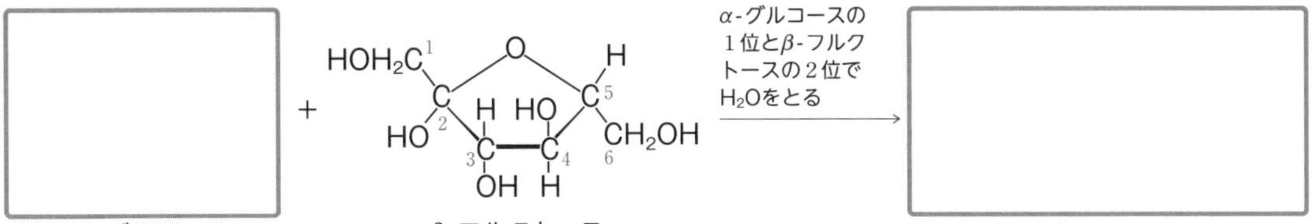

α-グルコース　　β-フルクトース

スクロースは，グルコースとフルクトースの還元性を示す部分どうしで縮合しているので，スクロースの水溶液は［　　］性を示さない。
↘酸化 or 還元

☑ **2** スクロースは，酵素［インベルターゼ］(または［スクラーゼ］)により加水分解されると，［　　　　］と［　　　　］の等量混合物(［　　　］)になる。次の反応式を完成させよ。

$$C_{12}H_{22}O_{11} + H_2O \xrightarrow{\text{インベルターゼ}} [C_6H_{12}O_6] + [\quad]$$

スクロース　　　グルコース　フルクトース

転化糖 → ［　　］性を示すようになる
↘酸化 or 還元

☑ **3** 次の表を完成させよ。また，還元性を示す場合は○，還元性を示さない場合は×をつけよ。

名称	構成単糖	加水分解する酵素	水溶液の還元性
［スクロース(ショ糖)］	α-グルコース(1 位の OH) +β-フルクトース(2 位の OH)	［　　　　］ (［　　　　］)	□
［　　　］	α-グルコース(1 位の OH) +グルコース(4 位の OH)	［マルターゼ］	□
［　　　］	β-グルコース(1 位の OH) +グルコース(4 位の OH)	［セロビアーゼ］	□
［ラクトース(乳糖)］	β-ガラクトース(1 位の OH) +グルコース(4 位の OH)	［ラクターゼ］	［○］

第16章 糖類

70 多糖

別冊解答 ▶ p. 53

学習日　月／日

デンプン

加水分解により多数の単糖が生じる糖を［　　　］といい，分子式は［$(C_6H_{10}O_5)_n$］になる。

多糖には，米やイモの主成分である［　　　］，植物の細胞壁の主成分である［　　　］，動物デンプンともよばれる［　　　］がある。

デンプンは80℃くらいの温水に溶ける成分［　　　］と，溶けにくい成分［　　　］とからできている。

☑ **1**　デンプンは，その分子式が［　　　］であり，植物の［　　　］（光合成 or 分解）により作られる。デンプンは［　　　］（α-グルコース or β-グルコース）が［縮合重合］したもので，約80℃の温水に溶けやすい［　　　］と，温水に溶けにくい［　　　］に分けることができる。

●アミロース

α-マルトース構造
1,4結合
α-グルコース構造
アミロース
拡大

アミロースは，多くのα-グルコースが［1］位と［　］位の-OH間で［鎖状］に結合した構造をとる。α-グルコース6個で1回転するような［らせん構造］をとり，分子内に［　　］結合がはたらいている。ヨウ素デンプン反応は［　　］色を示す。

●アミロペクチン

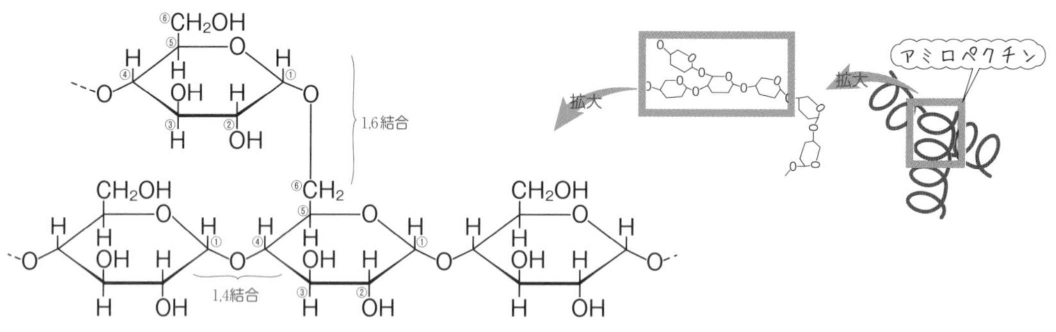

アミロペクチンは，α-グルコースの［1］位と［　］位の-OH間で［鎖状］に結合した構造に加え，α-グルコースの［1］位と［　］位の-OH間で［枝分かれ］に結合した構造を含む。ヨウ素デンプン反応は［　　］色を示し，［もち米］にはほぼ100%で含まれている。

☑ **2**　グリコーゲン$(C_6H_{10}O_5)_n$は，動物の肝臓や筋肉に多く含まれ，動物体内でグルコースから合成される。［　　　］ともよばれ，アミロペクチンに似た構造をもち，枝分かれがさらに多く，ヨウ素デンプン反応は［　　］色になる。

セルロース

セルロース$(C_6H_{10}O_5)_n$ は，植物の［　　　］（根 or 細胞壁）の主成分で，熱水や有機溶媒にも溶け［にくい］。

セルロースは，多数の［　　　　　］（α-グルコース or β-グルコース）が縮合重合してできた天然高分子化合物で，［直鎖］状であり，分子間の［　　］結合によって平行に並び，繊維をつくっている。

β-グルコース構造　β-セロビオース構造　拡大　拡大　分子間水素結合

セルロースは，多くの β-グルコースが［1］位と［　］位の −OH 間で［直鎖］状に結合した構造をとる。

セルロース$(C_6H_{10}O_5)_n$ を構成するグルコース単位には −OH が［　］個あるので，セルロースは$[C_6H_7O_2(OH)_3]_n$ と表すこともある。ヨウ素デンプン反応は示［　　　］（す or さない）。

セルロース$(C_6H_{10}O_5)_n$

3 次の表を完成させよ。

		名称	分子式	構成単糖類	温水・熱水への溶解	I_2 との反応
多糖類	デンプン	アミロース	［　　　］	［　］-グルコース 1,4結合のみ	温水に［　　　］	I_2 で［　　　］（色）に呈色する
		アミロペクチン	［　　　］	［　］-グルコース 1,4結合のほか 1,6結合もある	温水に［　　　］	I_2 で［　　　］に呈色する
	セルロース		［　　　］	［　］-グルコース 1,4結合のみ	熱水に［　　　］	I_2 で呈色しない
	グリコーゲン		$(C_6H_{10}O_5)_n$	α-グルコース	温水に［溶ける］	I_2 で［赤褐色］に呈色する

4

木材から得られるパルプの主成分は［セルロース］である。これをシュバイツァー試薬(シュワイツァー試薬)$(Cu(OH)_2$ ＋ 濃 NH_3 水)や NaOH 水溶液などの溶液に溶かし，繊維状に再生したものを［レーヨン］(再生繊維)という。試薬として，シュバイツァー試薬を利用したときには［　　　　　　　］，NaOH 水溶液を利用したときには［　　　　　　　］とよぶ。また，繊維状でなく薄膜状に再生することもあり，このときはビスコースレーヨンとはよばず［　　　］とよぶ。

71 アミノ酸（分類，名称，性質）

学習日　月／日

別冊解答 ▶ p. 54

α−アミノ酸の分類と名称

$-NH_2$ [　　] 基と $-COOH$ [　　] 基をもつ化合物を [　　] という。このうち，同じ炭素原子に $-NH_2$ と $-COOH$ が結合した $H_2N-C(R)(H)-COOH$ を [　] −アミノ酸という。タンパク質をつくっている α−アミノ酸は，約 [　] 種である。

- $R-CH(NH_2)-COOH$（R：−COOH や $-NH_2$ はない）→ [　] 性アミノ酸
- $R-CH(NH_2)-COOH$（R：−COOH をもつ）→ [　] 性アミノ酸
- $R-CH(NH_2)-COOH$（R：$-NH_2$ をもつ）→ [　] 性アミノ酸

α−アミノ酸は，側鎖（R−）の違いにより，それぞれ固有の名称でよぶ。

$H-CH(NH_2)-COOH$ [　　]（名称），$CH_3-CH(NH_2)-COOH$ [　　]（名称），$C_6H_5-CH_2-CH(NH_2)-COOH$ [　　]（名称）

（後の2つは）[　] 炭素原子をもつ

☑ **1**　タンパク質を構成する α−アミノ酸のうちで，動物が体内でつくることができず，食物から摂取する必要のある α−アミノ酸を何というか。 [　　　]

☑ **2**　グリシンとアラニンの構造式を書け。

グリシン ⇒ [　　　]　　アラニン ⇒ [　　　]

☑ **3**　$HOOC-CH_2-CH(NH_2)-COOH$（アスパラギン酸）や $HOOC-(CH_2)_2-CH(NH_2)-COOH$（グルタミン酸）のように，側鎖に −COOH をもつものを [　] 性アミノ酸，$H_2N-(CH_2)_4-CH(NH_2)-COOH$（リシン）のように，側鎖に $-NH_2$ をもつものを [　] 性アミノ酸という。

☑ **4**　側鎖 R− が H− の [　　]（名称）以外の α−アミノ酸は [　] 炭素原子をもつので，次のような [　　異性体] または [　　異性体] が存在する。

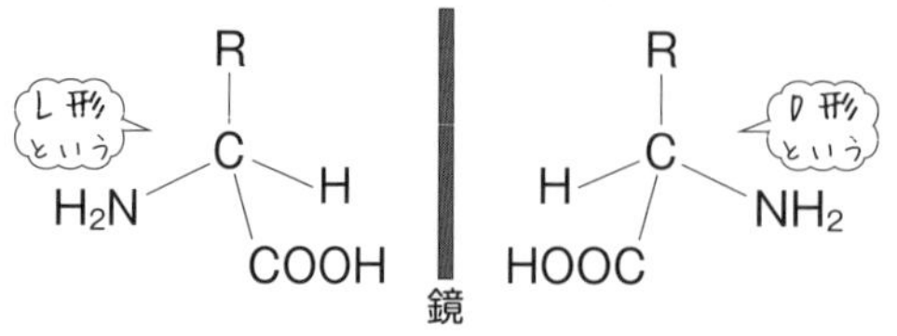

（図：鏡をはさんで L形（左）と D形（右）の α−アミノ酸の立体構造。L形：C に R，H_2N，H，COOH が結合　L形という／D形：C に R，H，NH_2，HOOC が結合　D形という／鏡）

天然に存在する α−アミノ酸は，ほとんどが [L] 形

α-アミノ酸の性質

【1】アミノ酸は □ 性の -COOH と □ 性の $-NH_2$ があり，酸とも塩基とも反応するので □ 性化合物とよばれる。

【2】アミノ酸の結晶は，次のような □ からできている。

陽イオン，陰イオン or 双性イオン

$$R-\underset{\underset{NH_3^+}{|}}{CH}-COO^-$$

イオン or 金属

アミノ酸は □ 結晶で，一般の有機化合物に比べ融点は □ く，水に溶け □ く，有機溶媒に溶け □ いものが多い。

やす or にく　　やす or にく

【3】α-アミノ酸の結晶を水に溶かすと，□ イオンとなって溶ける。この水溶液を酸性や塩基性にすると，それぞれ次の反応を起こす。次のイオン反応式を完成させよ。

（酸性にしたとき）

$$\underset{\text{双性イオン}}{R-\underset{\underset{NH_3^+}{|}}{CH}-COO^-} + H^+ \longrightarrow \underset{\text{陽イオン}}{\boxed{}}$$

（塩基性にしたとき）

$$\underset{\text{双性イオン}}{R-\underset{\underset{NH_3^+}{|}}{CH}-COO^-} + OH^- \longrightarrow \underset{\text{陰イオン}}{\boxed{}} + H_2O$$

☑ **5** α-アミノ酸には -COOH と $-NH_2$ が存在するので，アルコールと反応させるとエステルが生じ，無水酢酸と反応させるとアミドが生じる。次の反応式を完成させよ。

(1) α-アミノ酸とメタノールの反応

$$R-\underset{\underset{NH_2}{|}}{CH}-COOH + CH_3OH \xrightarrow{\text{濃 } H_2SO_4} \boxed{} + H_2O \quad \text{(エステル化)}$$

「H_2O」がとれる

(2) α-アミノ酸と無水酢酸の反応

$$R-\underset{\underset{NH_2}{|}}{CH}-COOH + (CH_3CO)_2O \longrightarrow \boxed{} + CH_3COOH \quad \text{(アセチル化)}$$

「CH_3COOH」がとれる

☑ **6** α-アミノ酸の水溶液では，次のような 電離平衡 が存在し，水溶液の pH を変化させると，各イオンの割合が変化する。空欄に構造式を入れよ。

$$\boxed{} \underset{H^+}{\overset{OH^-}{\rightleftarrows}} \boxed{} \underset{H^+}{\overset{OH^-}{\rightleftarrows}} \boxed{}$$

陽イオン（酸性水溶液中）　双性イオン　陰イオン（塩基性水溶液中）

小 ← pH → 大

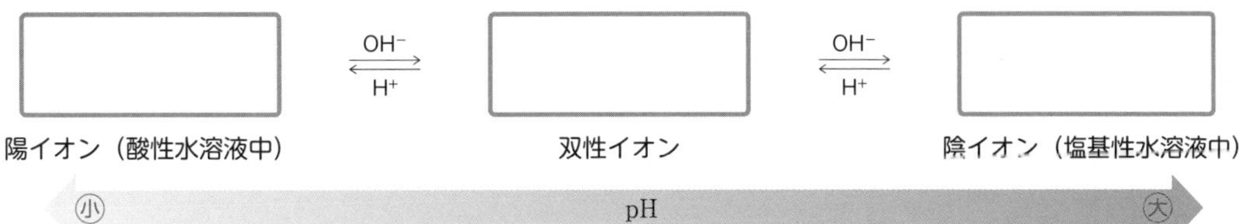

72 アミノ酸（等電点）

別冊解答 ▶ p. 55

学習日　月／日

アミノ酸の水溶液を電気泳動させると，pH により，陽極側や陰極側に移動する。

陽 or 陰　　　　　　　　　　　　陽 or 陰

{ pH が小さい（酸性）と ☐ イオンの割合が多い ⇒ ☐ 極側に移動する
{ pH が大きい（塩基性）と ☐ イオンの割合が多い ⇒ ☐ 極側に移動する

特定の pH になると，どちらの極にも移動しない。このときの pH を ☐ といい，このとき，アミノ酸の平衡混合物の電荷が全体として 0 となっている。

名称（略号）	簡略化した構造式（C*は不斉炭素原子）	等電点
グリシン（Gly）	H-CH(NH$_2$)-COOH	6.0（中性付近）
アラニン（Ala）	CH$_3$-C*H(NH$_2$)-COOH	6.0（中性付近）
グルタミン酸（Glu）	HOOC-(CH$_2$)$_2$-C*H(NH$_2$)-COOH	3.2（酸性）
リシン（Lys）	H$_2$N-(CH$_2$)$_4$-C*H(NH$_2$)-COOH	9.7（塩基性）

表のように，中性アミノ酸の等電点は中性付近，酸性アミノ酸の等電点は ☐ 性側，塩基性アミノ酸の等電点は ☐ 性側になる。

☑ **1** アミノ酸の水溶液では，等電点において，アミノ酸分子のほとんどが ☐ 性イオンになっている。また，このとき，陽イオンと陰イオンは少なく，その濃度は等しくなっている。

グリシンは水溶液中で 3 種類のイオン A^+，$B^{\pm}$，C^- として存在し，次のような平衡状態にある。

$$A^+ \rightleftarrows B^{\pm} + H^+ \qquad K_1 = \frac{[B^{\pm}][H^+]}{[A^+]}$$

$$B^{\pm} \rightleftarrows C^- + H^+ \qquad K_2 = \frac{[C^-][H^+]}{[B^{\pm}]}$$

(1) グリシンの陽イオン A^+，双性イオン $B^{\pm}$，陰イオン C^- の構造式を書け。

A^+ ⇒ ☐　　$B^{\pm}$ ⇒ ☐　　C^- ⇒ ☐

(2) 等電点では，$[A^+] = [C^-]$　となる。グリシンの等電点のときの$[H^+]$を，K_1 と K_2 を使って表せ。 考え方のコツ　$K_1 \times K_2$ を求めてみよう。

☐

学習日 月／日

73 ペプチド

別冊解答 ▶ p. 55

α−アミノ酸２分子が −COOH と −NH_2 の間で［脱水縮合］して生じる化合物を［ジペプチド］という。
次の反応式を完成させよ。

$$H_2N-CH(R^1)-C(=O)-O-H + H-N(H)-CH(R^2)-COOH \longrightarrow [\quad\quad] + H_2O$$

α−アミノ酸　「H_2O」をとる

この反応で生じる −C(=O)−N(H)− は［アミド］結合というが，アミノ酸どうしから生じる −C(=O)−N(H)− は特に［　　］結合という。

２分子の α−アミノ酸の縮合で生じたペプチドは［　　］
３分子の α−アミノ酸の縮合で生じたペプチドは［　　］
という。また，多数の α−アミノ酸の縮合で生じたペプチドは［　　］という。

☑ **1** 　グリシン１分子とアラニン１分子からできるジペプチドの構造式をすべて書き，すべての不斉炭素原子に○をつけよ。

☑ **2** 　タンパク質は，多数の α−アミノ酸が −C(=O)−N(H)− の［　　］結合により結びついたものである。タンパク質は，離れたペプチド結合の間で ＞C=O……H−N＜ のような［　］結合をつくり安定化している。タンパク質の基本構造には，次のようなものがある。

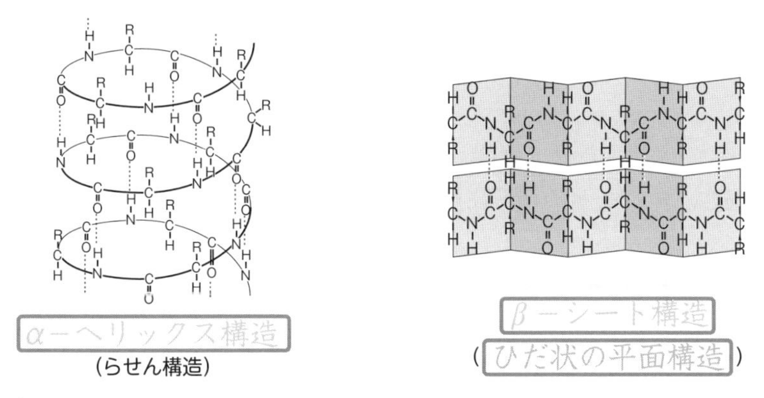

［α−ヘリックス構造］
(らせん構造)

［β−シート構造］
(［ひだ状の平面構造］)

多くのタンパク質は，α−ヘリックス構造や β−シート構造をあわせもったり，側鎖(R−)どうしの相互作用(［水素］結合，［ファンデルワールス力］，イオン結合)や［ジスルフィド］結合(−S−S−)などにより，折りたたまれ特有の構造をとっている。

第17章 アミノ酸，タンパク質

74 タンパク質

別冊解答 ▶ p. 56

学習日　月／日

タンパク質の分類

タンパク質は，その構成成分から分類することができる。加水分解したときに α−アミノ酸のみが生じるタンパク質を［　　　　］，α−アミノ酸以外の物質も同時に生じるタンパク質を［　　　　］という。

タンパク質はその形状から分類することもできる。ポリペプチド鎖が球状になったタンパク質を［　　　　］，複数のポリペプチド鎖が束(たば)状になったタンパク質を［　　　　］という。次の表を完成させよ。

分類・名称				所在
単純タンパク質	 (球状の図)	［　］状タンパク質	アルブミン	卵白
	 (繊維状の図)	［　］状タンパク質	ケラチン	羊毛や爪
			フィブロイン	絹糸
［　］タンパク質	リンタンパク質（リン酸が含まれているタンパク質）		カゼイン	牛乳
	色素タンパク質（色素が含まれているタンパク質）		ヘモグロビン	赤血球

☑ **1**　タンパク質のポリペプチド鎖は，［時計まわり］のらせん構造（［　　　　］構造）やひだ状の平面構造（［　　　　］構造）などをつくっている。

（書き込み：α−ヘリックス or β−シート）

また，側鎖（R−）どうしの相互作用などにより，特有の構造をとっていることが多い。側鎖どうしの相互作用には，

−S−S− ⇒ ［　　　　］結合

−O−H⋯O=C− （C に OH） ⇒ ［　　］結合

（ベンゼン環）⋯（ベンゼン環） ⇒ ［　　　　　　］

$-NH_3^+ \cdots {}^-O-C(=O)-$ ⇒ ［　　］結合

などがある。

☑ **2**　タンパク質を［加熱］したり，強酸，強塩基，アルコール，重金属イオン（Cu^{2+}，Pb^{2+} など）を加えると凝固し，再びもとの状態に戻らなくなることがある。この現象をタンパク質の［　　］という。

☑ **3**　アミノ酸に［ニンヒドリン］水溶液を加えて温めると［赤紫～青紫］色を呈する。この反応を［　　　　］反応といい，［アミノ］基をもつアミノ酸やタンパク質の検出に用いられる。

☑ **4**　生体内で触媒機能をもつタンパク質のことを何というか。　［　　］

タンパク質の検出反応

【1】α−アミノ酸やタンパク質に［ニンヒドリン］水溶液を加え，温めると［赤紫〜青紫］色を呈する。この反応を［　　　　］反応といい，アミノ酸やタンパク質のもつ［$-NH_2$］を検出する。

【2】タンパク質や［トリペプチド以上］のペプチドに［NaOH 水溶液］を加えて塩基性にした後，［$CuSO_4$］水溶液を加えると［赤紫］色になる。この反応を［　　　　］反応という。

$$H_2N-\overset{R^1}{\overset{|}{C}}H-\overset{O}{\overset{\|}{C}}-\overset{H}{\overset{|}{N}}-\overset{R^2}{\overset{|}{C}}H-\overset{O}{\overset{\|}{C}}-\overset{H}{\overset{|}{N}}-\overset{R^3}{\overset{|}{C}}H-COOH$$

を［　　　　］という。

［　　　　］結合

【3】［ベンゼン環］をもつ α−アミノ酸やタンパク質に，［濃硝酸］を加えて加熱すると，ベンゼン環が［　　　　］され［　］色になる。冷却後，［NH_3］水などを加えて［塩基］性にすると［橙黄］色になる。この反応を［　　　　］反応という。ベンゼン環をもつ α−アミノ酸には，次のフェニルアラニンやチロシンなどがある。

$$C_6H_5-CH_2-\underset{NH_2}{\underset{|}{C^*}}H-COOH \qquad HO-C_6H_4-CH_2-\underset{NH_2}{\underset{|}{C^*}}H-COOH$$

C*は不斉炭素原子

［　　　　］→フェニルアラニン or チロシン　　［　　　　］→フェニルアラニン or チロシン

【4】［硫黄 S］を含む α−アミノ酸やタンパク質に［NaOH］を加えて加熱し，酢酸鉛(Ⅱ)［$(CH_3COO)_2Pb$］水溶液を加えると［PbS］の［　］色沈殿を生じる。S を含むアミノ酸には，次のシステインやメチオニンがある。

$$HS-CH_2-\underset{NH_2}{\underset{|}{C^*}}H-COOH \qquad CH_3-S-(CH_2)_2-\underset{NH_2}{\underset{|}{C^*}}H-COOH$$

C*は不斉炭素原子

［　　　　］→システイン or メチオニン　　［　　　　］→システイン or メチオニン

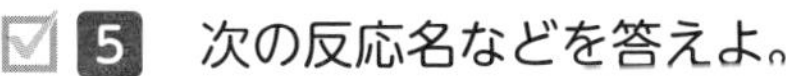

5 次の反応名などを答えよ。

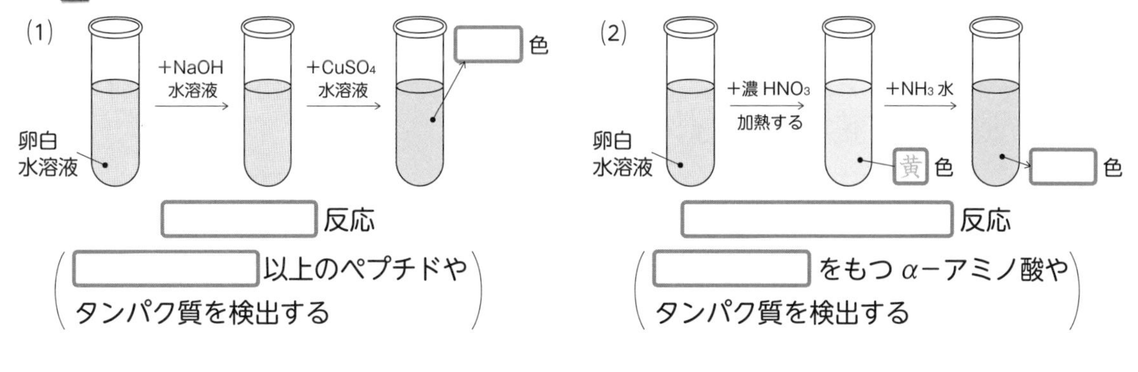

第17章 アミノ酸，タンパク質

75 酵素，繊維とタンパク質の検出反応のまとめ

別冊解答 ▶p. 57

学習日　月／日

生体内ではたらく［触媒］を［　　］といい，その主成分は［　　　　］である。

過酸化水素 H_2O_2 の分解反応

$$2H_2O_2 \longrightarrow 2H_2O + O_2$$

では，MnO_2 やカタラーゼなどが［　　］としてはたらく。MnO_2 は無機［　　］であり，カタラーゼは［　　］になる。

酵素が触媒として作用する物質を［基質］，基質と立体的に結合する部位を［活性部位］または［活性中心］という。

酵素　［　　］という　酵素　酵素　生成物

［　　　　］または［　　　　］という　［酵素－基質複合体］という

☑ **1** 酵素には，無機触媒にはない次の(1)〜(3)の特徴がある。

(1) 酵素は決まった基質にしか作用しない。このような酵素の性質を［　　　　］という。

例 肝臓片などに含まれている［　　　　］は，過酸化水素の分解反応には作用するが，他の物質には作用しない。

MnO_2 or カタラーゼ

(2) 酵素が最もよくはたらく温度を［　　　　］といい，ふつう 35〜40℃になる。酵素が作用する反応では，［最適温度］までは反応速度は大きくなるが，それ以上の温度になると酵素をつくるタンパク質が［変性］し，その活性を失う。これを［酵素の失活］という。

(3) 酵素が最もよくはたらく pH を［　　　　］といい，中性付近で最もよくはたらく酵素が多い。

☑ **2** デンプンは，アミラーゼやマルターゼなどの酵素により加水分解されて，最終的にグルコースになる。空欄に酵素名を入れよ。

［デンプン］→［デキストリン］→［マルトース］→［グルコース］

（各矢印の上に酵素名の空欄［　　　　］）

デンプンより分子量が小さい。デンプンが部分的に加水分解されたもの

☑ **3** セルロースは，セルラーゼやセロビアーゼなどの酵素により加水分解されて，最終的にグルコースになる。空欄に酵素名を入れよ。

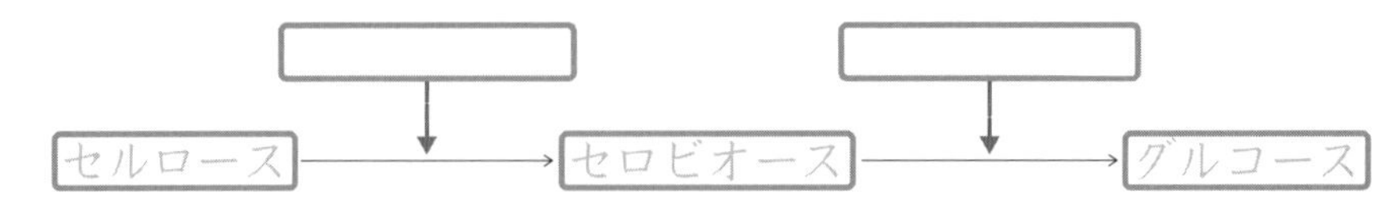

☑ **4** セルロース$(C_6H_{10}O_5)_n$の再生繊維は レーヨン とよばれ，木材パルプがおもな原料として用いられる。
$Cu(OH)_2$に濃NH_3水を加えると，$[Cu(NH_3)_4]^{2+}$ を含む 深青 色の溶液を得ることができる。この溶液を ＿＿＿＿ という。
次の図を完成させよ。

セルロース $[C_6H_7O_2(OH)_3]_n$ —シュバイツァー試薬に溶かす（$[Cu(NH_3)_4]^{2+}$を含む）→ 粘性の大きなコロイド溶液 —希H_2SO_4中でセルロースを再生する→ ＿＿＿＿（名称） $[C_6H_7O_2(OH)_3]_n$

セルロース $[C_6H_7O_2(OH)_3]_n$ —濃NaOH水溶液にひたす→ —CS_2にひたす→ —NaOH水溶液に溶かす→ —希H_2SO_4中でセルロースを再生する→
- 繊維状に再生する → ＿＿＿＿（名称） $[C_6H_7O_2(OH)_3]_n$
- 薄膜状に再生する → ＿＿＿＿（名称） $[C_6H_7O_2(OH)_3]_n$

☑ **5** セルロース$[C_6H_7O_2(OH)_3]_n$のもつ$-OH$の一部を変化させ，紡糸すると，長い繊維が得られる。これを ＿＿＿＿（合成繊維 or 半合成繊維） という。
$-OH$を無水酢酸$(CH_3CO)_2O$でアセチル化して得られるものには，次のようなものがある。

$$-OH + (CH_3CO)_2O \xrightarrow{\text{アセチル化}} -OCOCH_3 + CH_3COOH$$

$[C_6H_7O_2(OCOCH_3)_3]_n$　トリアセチルセルロース　⇒ 写真フィルムなど

$[C_6H_7O_2(OH)(OCOCH_3)_2]_n$　＿＿＿＿　⇒ アセテート 繊維

☑ **6** 次の表を完成させよ。

呈色反応名	操作	色	検出するもの
＿＿＿＿ 反応	NaOH水溶液を加えた後，＿＿＿＿（化学式） 水溶液を加える	＿＿ 色	＿＿＿＿ 以上のペプチドやタンパク質
＿＿＿＿ 反応	濃硝酸 を加えて加熱する	＿＿ 色	＿＿＿＿ をもつα-アミノ酸やタンパク質
	冷却後，＿＿（化学式） 水を加える	＿＿ 色	
＿＿＿＿ 反応	＿＿＿＿ 水溶液を加えて温める	赤紫～青紫 色	＿＿＿＿ をもつα-アミノ酸やタンパク質
硫黄Sの検出反応	NaOH水溶液を加えて加熱し，$(CH_3COO)_2Pb$ 水溶液を加える	$PbS\downarrow$ ＿＿ 色沈殿	＿＿ を含むα-アミノ酸やタンパク質

76 核酸

別冊解答 ▶ p. 58

学習日　月／日

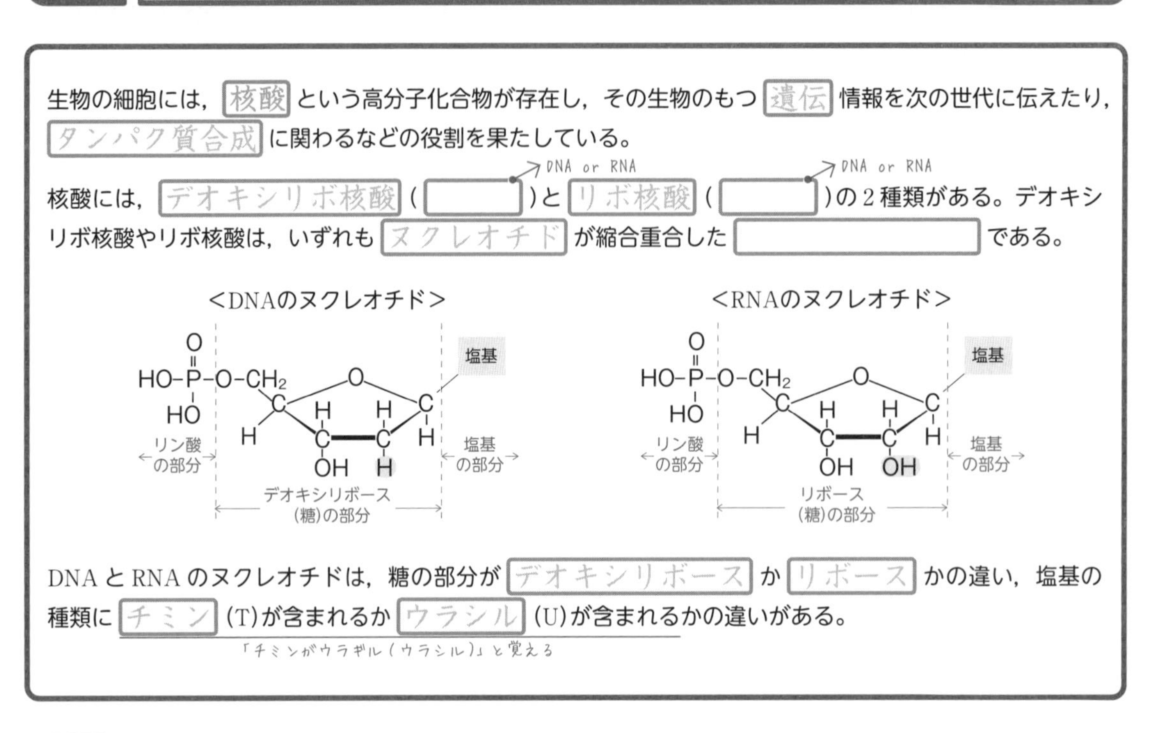

生物の細胞には，［核酸］という高分子化合物が存在し，その生物のもつ［遺伝］情報を次の世代に伝えたり，［タンパク質合成］に関わるなどの役割を果たしている。

核酸には，［デオキシリボ核酸］（［　　］→DNA or RNA）と［リボ核酸］（［　　］→DNA or RNA）の２種類がある。デオキシリボ核酸やリボ核酸は，いずれも［ヌクレオチド］が縮合重合した［　　　　］である。

DNAとRNAのヌクレオチドは，糖の部分が［デオキシリボース］か［リボース］かの違い，塩基の種類に［チミン］(T)が含まれるか［ウラシル］(U)が含まれるかの違いがある。

「チミンがウラギル（ウラシル）」と覚える

1 次の表を完成させよ。

核酸	所在	構造	役割
デオキシリボ核酸（［　　］→DNA or RNA）	細胞の［　］に存在	［　　　］構造	［遺伝情報］を保持し伝える
［　　　］（［　　］→DNA or RNA）	細胞の［核］と［　　］に存在	ふつう［1本鎖］構造	［タンパク質合成］に関わる

核酸	構成	糖の部分	塩基
［　　　］核酸(DNA)	ポリヌクレオチド	［　　］→名称	A・G・C・T アデニン　グアニン　シトシン　チミン
［　］核酸（［　　］）	［　　　］	［　　］	A・G・C・U アデニン　グアニン　シトシン　ウラシル

2 DNAやRNAをつくっている塩基の名称を書け。

DNA　⇒［　　］(A)，［　　］(G)，［　　］(C)，［　　］(T)

RNA　⇒［　　］(A)，［　　］(G)，［　　］(C)，［　　］(U)

DNAでは［　　］(T)であるところが，RNAでは［　　］(U)になる。

77 DNA(デオキシリボ核酸)

学習日 月 / 日

別冊解答 ▶ p. 58

DNA は下の図のような [　　] 構造を形成している。

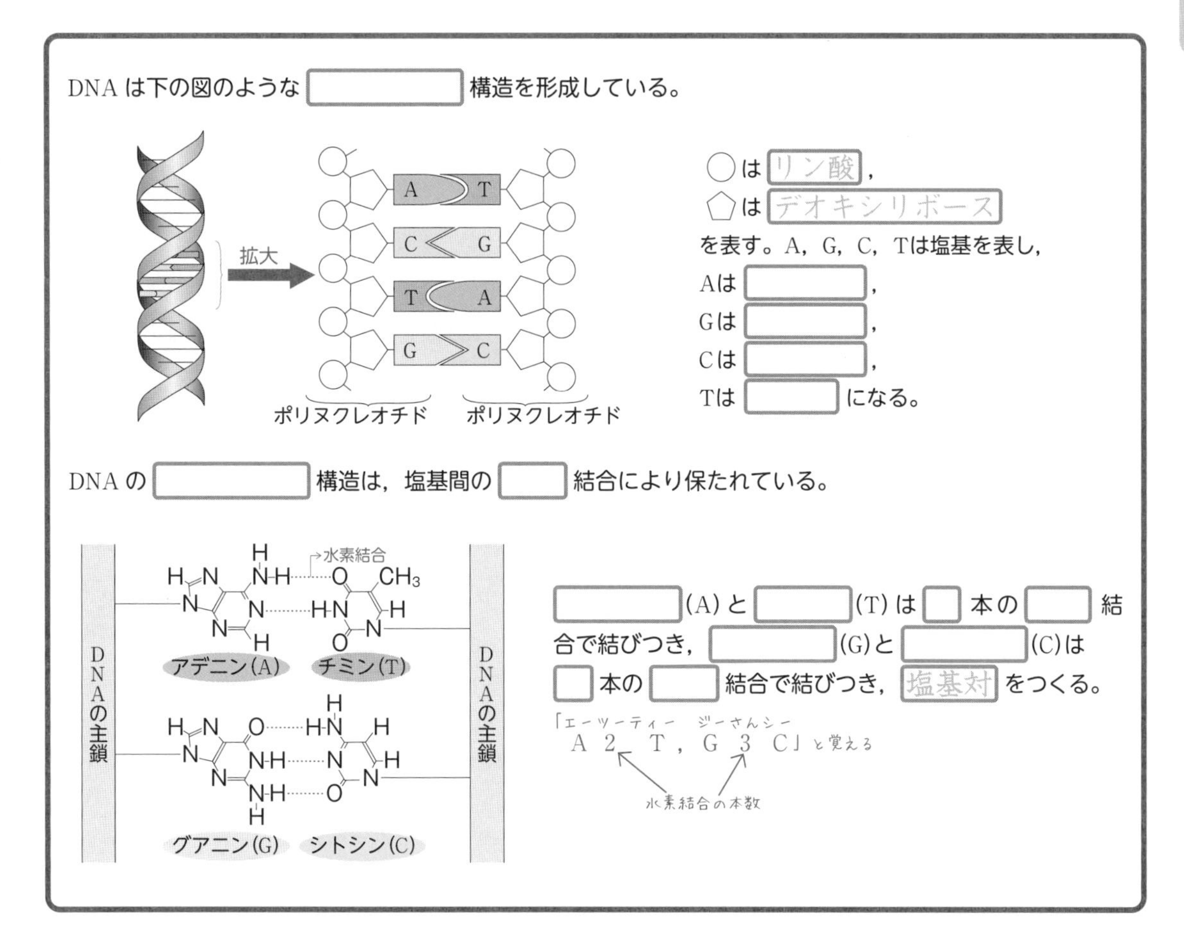

☑ **1** 「核酸」の構成単位は，「リン酸」と「糖」と「N を含む環状構造の塩基(核酸塩基)」が結合した [　　] とよばれる物質である。核酸は，この [　　] どうしが糖部分の −OH と，リン酸部分の −OH との間で [　　] した [　　] である。

→付加重合 or 縮合重合

☑ **2** 右図は，DNA を構成するデオキシリボースの構造式である。
この構造式の表し方にしたがって，RNA を構成するリボースの構造式を書け。

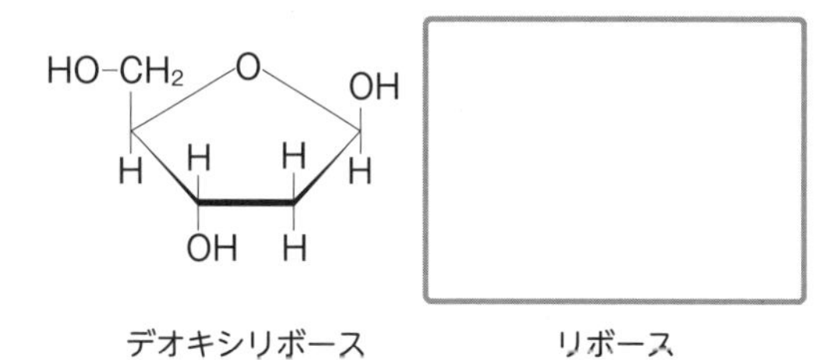

☑ **3** 2 本鎖 DNA の塩基組成を調べたところ，A の割合は 40% であった。この DNA の G，T，C の割合を整数で答えよ。

G：[　　] %　T：[　　] %　C：[　　] %

78 合成繊維

別冊解答 ▶p. 59

学習日　月／日

合成繊維

石油 などを原料とし，重合反応によってつくった繊維（せんい）を［　　　　］という。合成繊維には，

● $-\overset{\|}{\underset{}{C}}(=O)$–O–H（カルボキシ基）と H–N(H)–（アミノ基）から次々とH_2Oがとれてできた –C(=O)–N(H)– を多数もつ［　　　　］系のもの　［　　　　］結合

（次々とH_2Oをとる）

● –C(=O)–O–H（カルボキシ基）と H–O–（ヒドロキシ基）から次々とH_2Oがとれてできた –C(=O)–O– を多数もつ［　　　　］系のもの　［　　　　］結合

（次々とH_2Oをとる）

などがある。このように，H_2O のような簡単な分子がとれる 縮合 反応によって，次々と結びつく重合反応を［　　　　］という。

☑ **1**　縮合重合によりつくられる合成繊維には，ポリアミド系のナイロン66やポリエステル系のポリエチレンテレフタラートなどがある。次の(1)，(2)の反応式を完成させよ。

(1) ヘキサメチレンジアミンとアジピン酸の縮合重合により合成される合成繊維を ナイロン66 といい，くつ下などに用いられる。

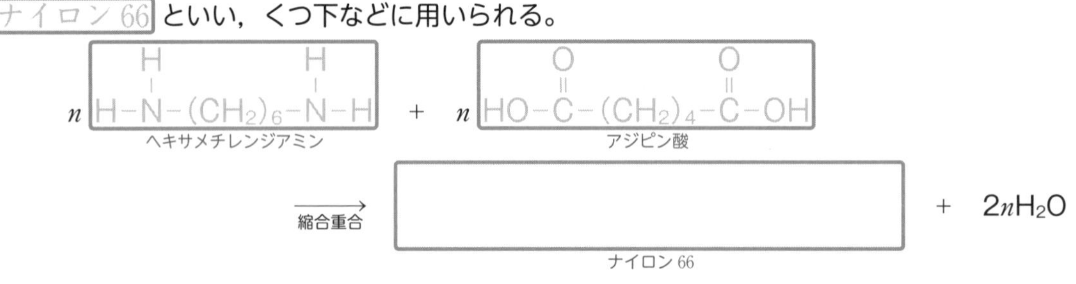

n H–N(H)–$(CH_2)_6$–N(H)–H（ヘキサメチレンジアミン） ＋ n HO–C(=O)–$(CH_2)_4$–C(=O)–OH（アジピン酸）

$\xrightarrow{\text{縮合重合}}$ ［　　　　　　　　］（ナイロン66） ＋ $2nH_2O$

(2) テレフタル酸とエチレングリコールの縮合重合により合成される合成繊維を ポリエチレンテレフタラート(PET) といい，ワイシャツなどに用いられる。

n HO–C(=O)–⬡–C(=O)–OH（テレフタル酸） ＋ n HO–$(CH_2)_2$–OH（エチレングリコール）

$\xrightarrow{\text{縮合重合}}$ ［　　　　　　　　］（ポリエチレンテレフタラート(PET)） ＋ $2nH_2O$

☑ **2**　ナイロン66のもつ –C(=O)–N(H)– を［　　　］結合，ポリエチレンテレフタラートのもつ –C(=O)–O– を［　　　］結合といい，ナイロン分子間にはたらく C=O ⋯ H–N のような結合を［　　］結合という。

ナイロン

環構造をもつアミドの ε（イプシロン）－カプロラクタムに，少量の水を加えて加熱すると，［開環］を伴う重合反応（［　　　　］）により，合成繊維ナイロン 6 が生じる。ナイロン 6 は，ナイロン 66 と性質が似ている。

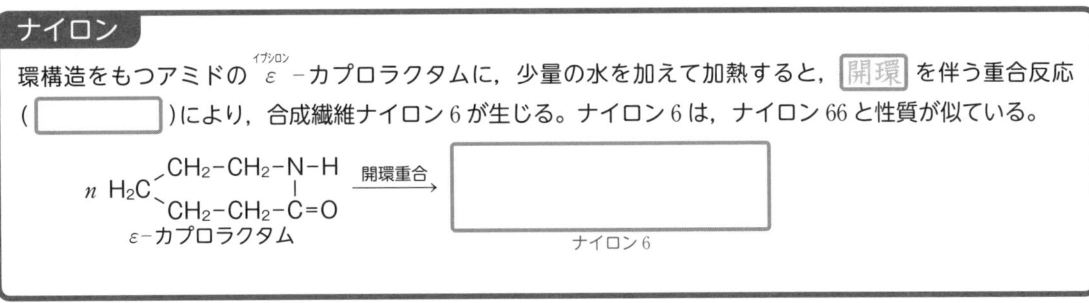

☑ **3** ビニロンは，日本初の合成繊維で［綿］に似た性質がある。ビニロンは次のようにつくる。

手順 1　酢酸ビニルを付加重合させて［　　　　］とし，これを NaOH 水溶液でけん化して［　　　　(PVA)］を得る。

n [$CH_2=CH-O-C(=O)-CH_3$] —付加重合→ ［　　　　］ —けん化→ ［　　　　］

酢酸ビニル　　ポリ酢酸ビニル　　ポリビニルアルコール

$-O-C(=O)-CH_3 + OH^- \xrightarrow{\text{けん化}} -OH + CH_3-C(=O)-O^-$

手順 2　ポリビニルアルコールは $-OH$ を多くもち，水に溶けやすいので，ホルムアルデヒドを反応させ水に溶けない［　　　　］を得る。この反応を［アセタール化］という。

$\cdots-CH_2-CH(OH)-CH_2-CH(OH)-CH_2-CH(OH)-\cdots$ —($H-C(=O)-H$，アセタール化，30〜40%)→ ［　　　　］

ポリビニルアルコール　　　ビニロン

■ で H_2O をとる

ビニロンは，親水基である $-OH$ が多く残っているため，［吸湿］性をもつ。

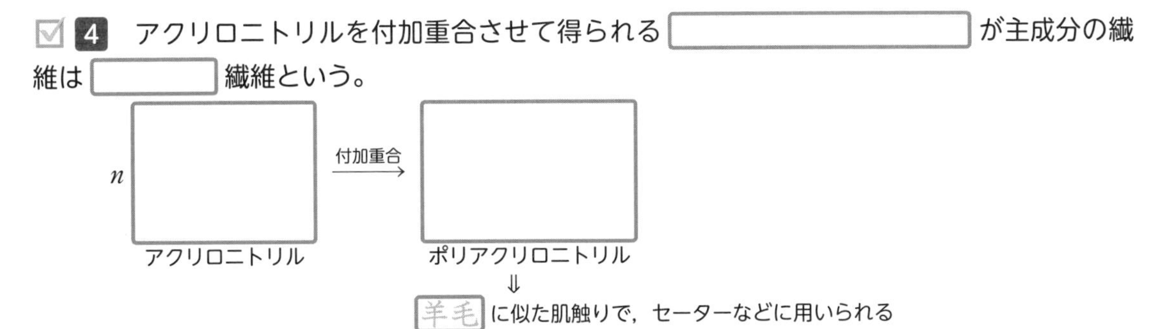

☑ **4** アクリロニトリルを付加重合させて得られる［　　　　］が主成分の繊維は［　　　　］繊維という。

n ［　　　　］ —付加重合→ ［　　　　］

アクリロニトリル　　ポリアクリロニトリル

⇓

［羊毛］に似た肌触りで，セーターなどに用いられる

アクリル繊維を高温で熱処理すると［　　　　］が得られる。軽く強いので，スポーツ用品や航空機の翼などに用いられる。

79 合成樹脂

別冊解答 ▶ p. 60

学習日　月／日

合成樹脂

分子量が［1万］をこえる化合物を［高分子化合物］という。デンプン・セルロース・タンパク質など天然に存在する高分子化合物を［　　　］，ナイロン・ポリエステルなど原料が石油の高分子化合物を［　　　］という。

高分子化合物 ─┬ 天然高分子化合物
　　　　　　　└ 合成高分子化合物 ─┬ 合成繊維
　　　　　　　　　　　　　　　　　├ 合成樹脂（プラスチック）
　　　　　　　　　　　　　　　　　└ 合成ゴム

高分子化合物の原料となる小さな分子を［単量体（モノマー）］，これが多数結合したものを［重合体（ポリマー）］という。

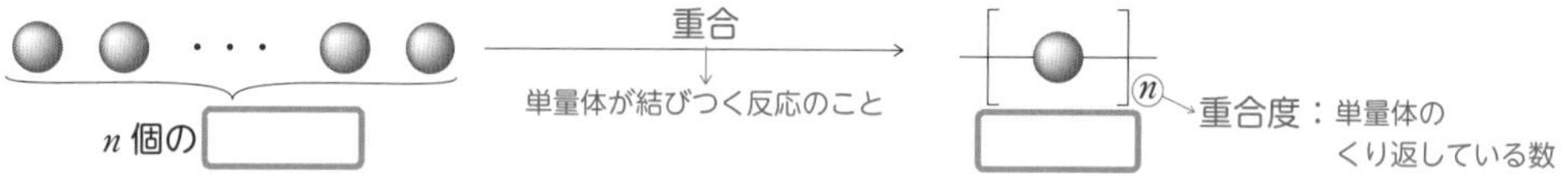

●●・・・●● →重合→ [●]$_n$

n 個の［　　　］　　単量体が結びつく反応のこと　　［　　　］　n → 重合度：単量体のくり返している数

加熱するとやわらかくなり，冷やすと固まる性質をもつプラスチックを［　　　］，加熱すると硬くなる性質をもつプラスチックを［　　　］という。

☑ **1**　$CH_2=CH-$［　　　］基や ＞C=C＜ をもつ化合物は，［　　　］重合により［鎖状構造］をもつ［　　　］樹脂になる。次の表を完成させよ。

付加 or 縮合

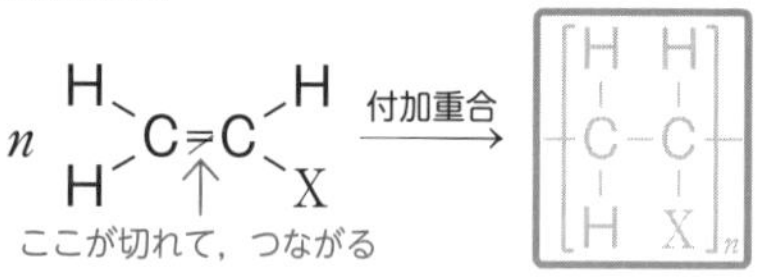

n $H_2C=CHX$（ここが切れて，つながる）→付加重合→ $[-CH_2-CHX-]_n$

樹脂名	低密度ポリエチレン 高圧でつくり，すきまが多い	高密度ポリエチレン 低圧でつくり，すきまが少ない	ポリスチレン	ポリ酢酸ビニル注
単量体の構造式	$CH_2=CH_2$			
重合体の構造式	$[-CH_2-CH_2-]_n$			
用途	ポリ袋	ポリ容器	発泡ポリスチレン	接着剤

樹脂名	ポリプロピレン	ポリ塩化ビニル	メタクリル樹脂注 ポリメタクリル酸メチル
単量体の構造式			
重合体の構造式			
用途	容器	パイプ，消しゴム	光ファイバー

注　エステル結合の向きに注意して覚えること

熱硬化性樹脂

熱硬化性樹脂は，［付加］反応と［縮合］反応をくり返す［　　　］により合成されるものが多く，［立体網目状］の構造をもつ。

フェノールとホルムアルデヒドの付加縮合で生じる［　　　］，尿素とホルムアルデヒドの付加縮合で生じる［　　　］，メラミンとホルムアルデヒドの付加縮合で生じる［　　　］などがある。

$-CH_2-N-CH_2-N-CO-NH-CH_2-$ / CO / CH_2 / CH_2- / $-CH_2-N-CH_2-N-CO-N-CH_2-$

［　　　］樹脂（［　　　］）
世界初の合成樹脂。電気絶縁性に優れ，電気部品などに使われる

［　　］樹脂（［　　　］樹脂）
電気器具や家庭用品などの材料や接着剤などに使われる

［　　　］樹脂
食器などに使われる

2 次の表を完成させよ。

名称	フェノール樹脂	尿素樹脂	メラミン樹脂
単量体の構造式	［　　］ と ［　　］ フェノール	［　　］ と ［　　］ 尿素	NH_2, H_2N, NH_2（メラミンの構造式） と ［　　］ メラミン
用途	電気部品など	接着剤など	食器など

3 (1) 次の構造をもつ合成高分子の名称を答えよ。

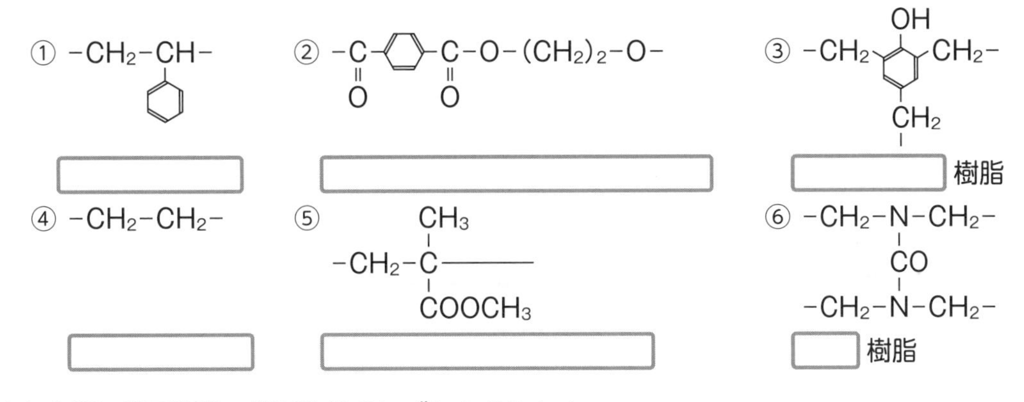

(2) 空欄に熱可塑性・熱硬化性のいずれかを入れよ。

③と⑥は［　　　］樹脂，①，②，④，⑤は［　　　］樹脂である。

80 ゴム

別冊解答▶p. 61

学習日　月／日

天然ゴム

ゴムの木の樹皮に傷をつけて得られる白い粘性のある液体を［　　　］といい，これを集めて酸を加えて固めたものを［　　　］または［生ゴム］という。

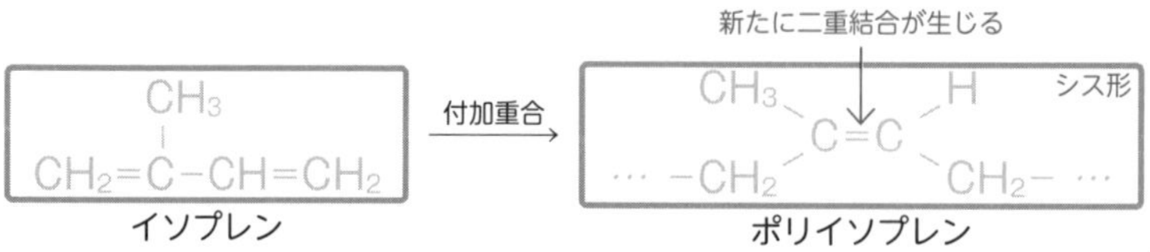

新たに二重結合が生じる

$CH_2=C(CH_3)-CH=CH_2$（イソプレン）　付加重合→　$\cdots-CH_2-C(CH_3)=CH-CH_2-\cdots$（ポリイソプレン，シス形）

天然ゴムは［ポリイソプレン］であり，［ポリイソプレン］は［　　　］（イソプレン or プロピレン）が［　　　］（付加 or 縮合）重合した構造をもつ。ポリイソプレンはC=C結合のところでシス形やトランス形をとることができ，天然ゴムは［　　　］形である。

（**補足**　トランス形のポリイソプレンは［グタペルカ］または［グッタペルカ］とよばれ，ゴム弾性がなく硬い。ゴルフボールの外皮などに使われていた。）

1　天然ゴムは，［　　　］が付加重合した［　　　］形の構造をもつ［　　　］であり，ゴム特有の弾性（［　　　］）が小さい。そこで，硫黄を数%加えて加熱する。すると，Sによる［　　　］構造が生じてゴム弾性が向上した［　　　］になる。この操作を［　　　］という。

2　空欄にシス・トランス・天然ゴム・グタペルカ　のいずれかを入れよ。

(1)
CH_3, H / $-CH_2$ 　C=C　 CH_2-CH_2 ／ CH_3, H 　C=C　 CH_2-

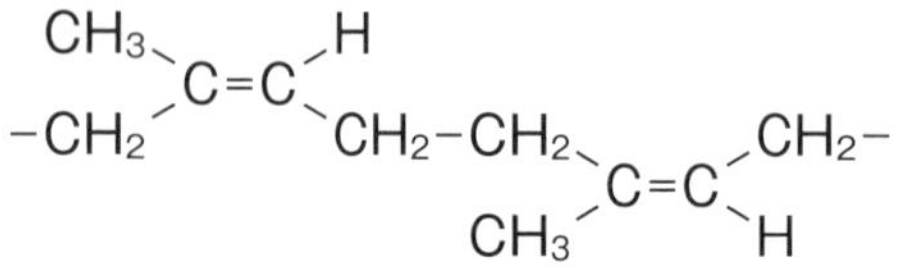

［　　　］形の［　　　］

(2)
CH_3, $-CH_2$ 　C=C　 CH_2-CH_2, H ／ CH_3, H 　C=C　 CH_2-

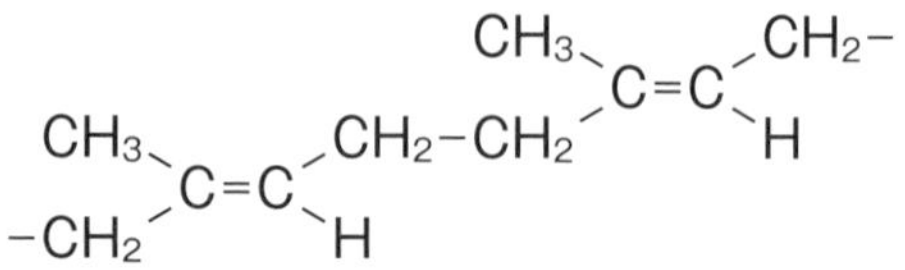

［　　　］形の［　　　］

3　天然ゴム（生ゴム）に30～40%の硫黄Sを加えて長時間加熱すると生じる黒色の硬い物質を何というか。［　　　］

4　イソプレンの構造式を書け。［　　　］

馬 と覚えるとよい

5　イソプレンのようにC=C結合を2個もつ化合物を［　　　］化合物といい，イソプレン以外に次のようなものもある。

「ジ」は「2」を表す

$CH_2=CH-CH=CH_2$　［　　　］

$CH_2=C(Cl)-CH=CH_2$　［クロロプレン］

合成ゴム

イソプレンに似た構造の化合物を付加重合させると，[　　]ゴムをつくることができる。

【1】ブタジエンゴム(ポリブタジエン) ⇒ 1,3-ブタジエンを付加重合させて得る。

n [　　] —付加重合→ [　　] → 中央部にC=C結合が移る

1,3-ブタジエン　　ブタジエンゴム　他の合成ゴムと混ぜたりする

【2】クロロプレンゴム(ポリクロロプレン) ⇒ クロロプレンを付加重合させて得る。

n [　　] —付加重合→ [　　] → 中央部にC=C結合が移る

クロロプレン　　クロロプレンゴム　ゴム長靴などに使われている

☑ **6** 2種類以上の単量体(モノマー)を混合して重合させることを[共重合]という。合成ゴムの中には，[共重合]でつくられるものがある。

(1) **スチレン-ブタジエンゴム** ⇒ 1,3-ブタジエンとスチレンを共重合させて得る。

nx [　　] + ny [　　]

1,3-ブタジエン　　スチレン

—共重合→ $\left[\left(CH_2-CH=CH-CH_2 \right)_x \left(CH_2-CH(C_6H_5) \right)_y \right]_n$

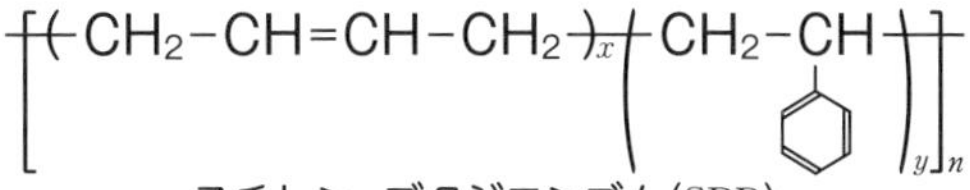

スチレン-ブタジエンゴム(SBR)
自動車タイヤや靴底などに使われている

(2) **アクリロニトリル-ブタジエンゴム**

nx [　　] + ny [　　]

1,3-ブタジエン　　アクリロニトリル

—共重合→ $\left[\left(CH_2-CH-CH-CH_2 \right)_x \left(CH_2-CH(CN) \right)_y \right]_n$

アクリロニトリル-ブタジエンゴム(NBR)
石油のゴムホースなどに使われている

☑ **7** 次の有機化合物の構造式を書け。

(1) 1,3-ブタジエン　(2) スチレン　(3) クロロプレン　(4) アクリロニトリル

[　　]　[　　]　[　　]　[　　]

☑ **8** 次の合成ゴムの名称を書け。

(1) $\left[\left(CH_2-CH=CH-CH_2 \right)_x \left(CH_2-CH(C_6H_5) \right)_y \right]_n$

[　　]

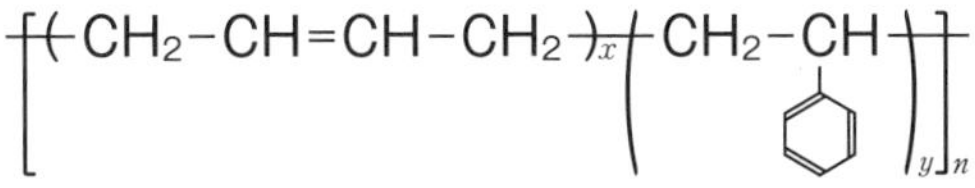

(2) $\left[\left(CH_2-CH=CH-CH_2 \right)_x \left(CH_2-CH(CN) \right)_y \right]_n$

[　　]

81 イオン交換樹脂

学習日　月／日

別冊解答 ▶ p. 62

溶液中のイオンを，他のイオンと交換するはたらきをもつ合成樹脂を［　　　］樹脂といい，［陽イオン交換樹脂］や［陰イオン交換樹脂］がある。

(1) 次の有機化合物の構造式を書け。

① スチレン　［　　　］

② p-ジビニルベンゼン　［　　　］

(2) 次のイオン交換樹脂は，陽イオン交換樹脂と陰イオン交換樹脂のいずれか答えよ。

① … $-CH-CH_2-$（ベンゼン環に SO_3H）　［　　　］

② … $-CH-CH_2-$（ベンゼン環に CH_2，$(CH_3)_3N^+OH^-$）　［　　　］

1 次の反応式を完成させよ。

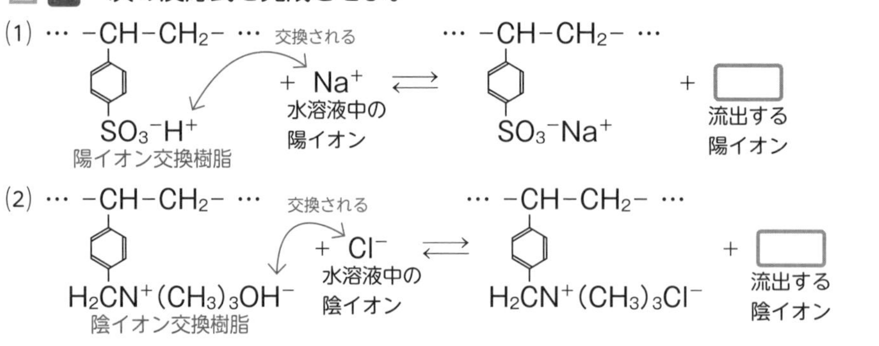

補足 (1)，(2)の反応はいずれも可逆反応なので，イオン交換樹脂は元の状態に戻すことができる。

2 陽イオン交換樹脂は，スチレンと p-ジビニルベンゼンから次の図のように作ることができる。図を完成させよ。

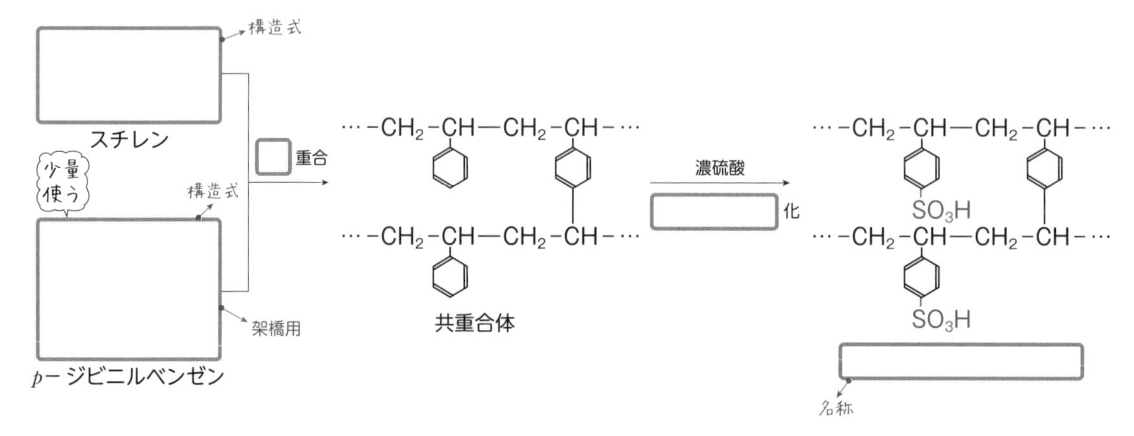

82 機能性高分子

別冊解答 ▶ p. 62

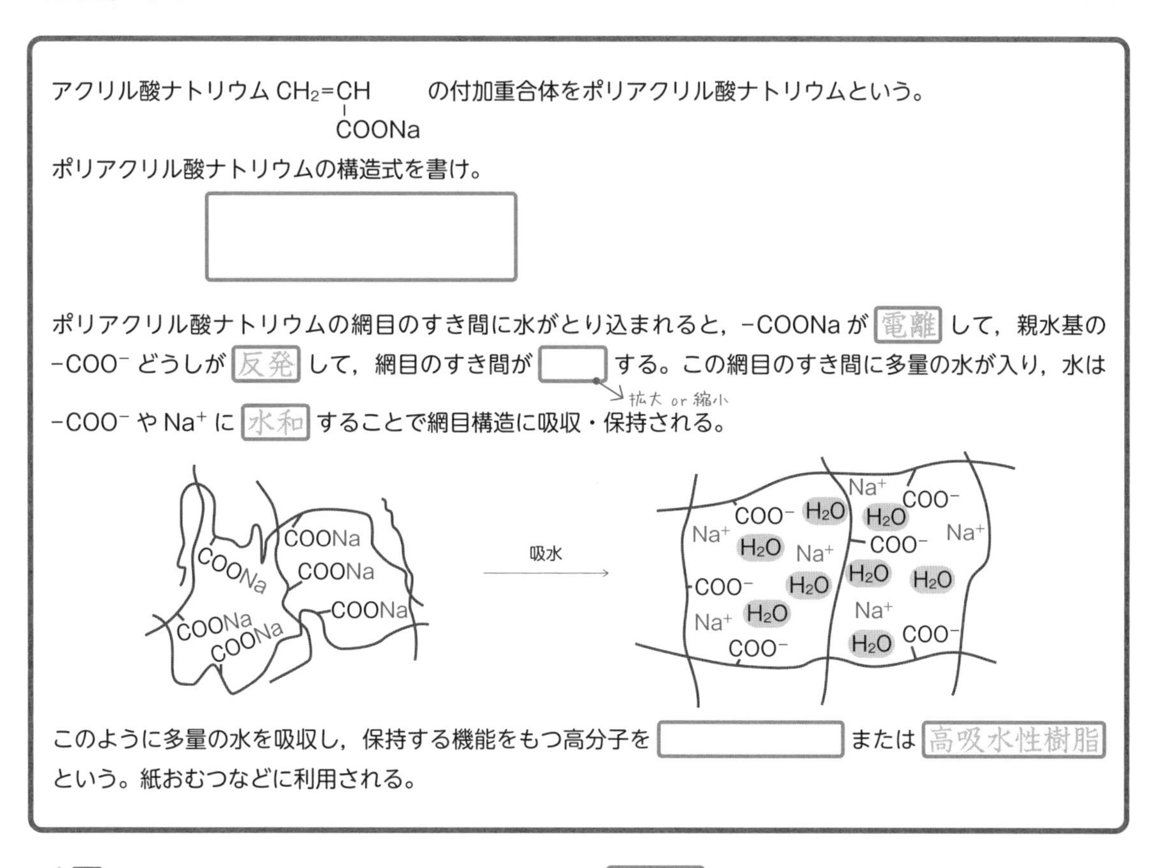

アクリル酸ナトリウム $CH_2=CH-COONa$ の付加重合体をポリアクリル酸ナトリウムという。

ポリアクリル酸ナトリウムの構造式を書け。

［　　　　　　］

ポリアクリル酸ナトリウムの網目のすき間に水がとり込まれると，$-COONa$ が ［電離］ して，親水基の $-COO^-$ どうしが ［反発］ して，網目のすき間が ［　　］ する。この網目のすき間に多量の水が入り，水は $-COO^-$ や Na^+ に ［水和］ することで網目構造に吸収・保持される。

拡大 or 縮小

このように多量の水を吸収し，保持する機能をもつ高分子を ［　　　　　］ または ［高吸水性樹脂］ という。紙おむつなどに利用される。

☑ **1** ふつうのプラスチックは電気を通さず，［絶縁体］ として用いられる。ところが，アセチレンの付加重合により得られるポリアセチレンは，少量のヨウ素を加えると，金属並みの電気伝導性を示す。これを ［導電性高分子］ または ［導電性樹脂］ という。

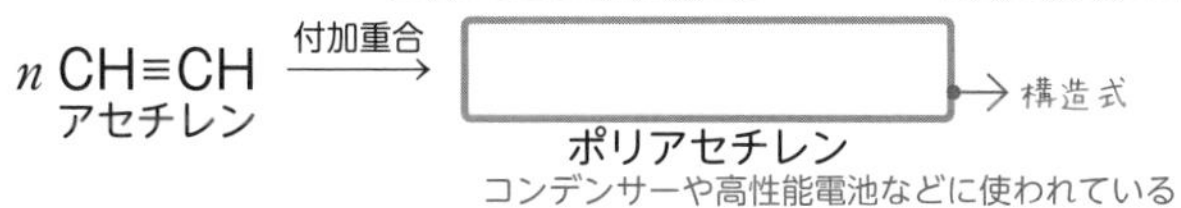

☑ **2** ポリ乳酸やポリグリコール酸などは，生体内や自然環境の中で分解される高分子で，
［　　　　　］ という。

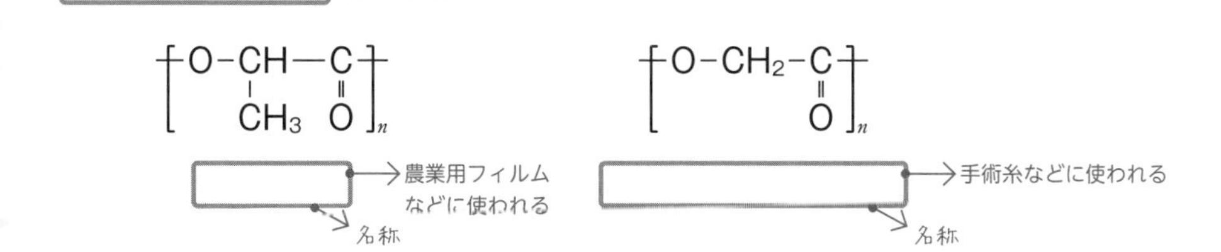

もくじ

無機化学

有機化学

1 沈殿（金属イオンの分離と確認）

学習日　月　日

Ag^+ の水溶液に希塩酸 HCl を加えると **白** 色の水に溶けにくい塩 **AgCl** が生じる。塩には，水に溶けやすいものと溶けにくいものがあり，水に溶けにくい塩（**難溶性塩**）を **沈殿**（ちんでん）という。

$$Ag^+ + Cl^- \longrightarrow AgCl\downarrow$$（**白** 色沈殿が生じる）

【1】Cl^- と沈殿する金属イオン

化学式 ← Ag^+（現），Pb^{2+}（ナマ） など ←「現ナマで苦労する」と覚える！ Ag^+ Pb^{2+} Cl^-

$Ag^+ + Cl^- \longrightarrow$ **$AgCl\downarrow$**（**白** 色沈殿）

$Pb^{2+} + 2Cl^- \longrightarrow$ **$PbCl_2\downarrow$**（**白** 色沈殿）

補足 熱水に AgCl は溶け **ない** が，$PbCl_2$ は溶け **る** 。（る or ない）

【2】SO_4^{2-} と沈殿する金属イオン

化学式 ← Ca^{2+}（カ），Ba^{2+}（バ），Pb^{2+}（な） など ←「カバな硫酸」と覚える！ Ca^{2+} Ba^{2+} Pb^{2+} SO_4^{2-}

どれも **白** 色沈殿が生じる

【3】CO_3^{2-} と沈殿する金属イオン

化学式 ← Ca^{2+}（カ），Ba^{2+}（バ） など ←「カバ炭酸」と覚える！ Ca^{2+} Ba^{2+} CO_3^{2-}

どちらも **白** 色沈殿が生じる

☑ **1** 次の沈殿の表を完成させよ。

操作(陰イオン)＼金属イオン	Ca^{2+}	Ba^{2+}	Pb^{2+}	Ag^+
Cl^- を加える		（生じる沈殿の化学式・沈殿の色）	$PbCl_2\downarrow$ 白 色	$AgCl\downarrow$ 白 色
SO_4^{2-} を加える	$CaSO_4\downarrow$ 白 色	$BaSO_4\downarrow$ 白 色	$PbSO_4\downarrow$ 白 色	
CO_3^{2-} を加える	$CaCO_3\downarrow$ 白 色	$BaCO_3\downarrow$ 白 色		

☑ **2** CrO_4^{2-} と沈殿する金属イオン

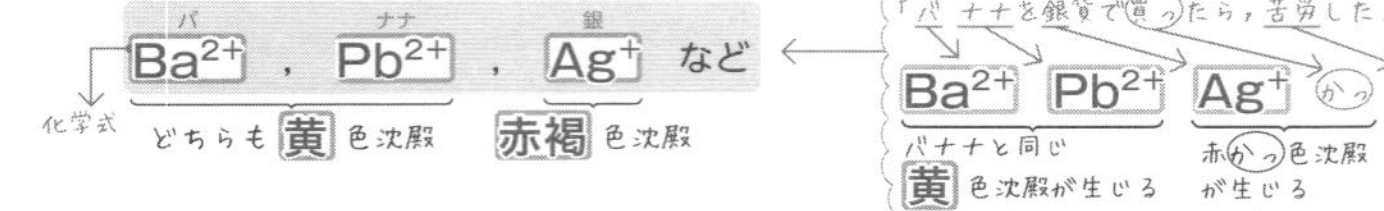

化学式 ← Ba^{2+}（バ），Pb^{2+}（ナナ），Ag^+（銀） など ←「バナナを銀貨で買ったら，苦労した」と覚える！ Ba^{2+} Pb^{2+} Ag^+ （かっ） CrO_4^{2-}

どちらも **黄** 色沈殿（バナナと同じ **黄** 色沈殿が生じる）　**赤褐** 色沈殿（赤かっ色沈殿が生じる）

$Ba^{2+} \xrightarrow{CrO_4^{2-}}$ **$BaCrO_4\downarrow$**（**黄** 色）

$Pb^{2+} \xrightarrow{CrO_4^{2-}}$ **$PbCrO_4\downarrow$**（**黄** 色）

$Ag^+ \xrightarrow{CrO_4^{2-}}$ **$Ag_2CrO_4\downarrow$**（**赤褐** 色）

2 イオン化傾向と沈殿

学習日　月　日

【1】イオン化傾向の大きなものから順に元素記号を書け。

Li（リ） **K**（カ） **Ba**（バ） **Ca**（カ） **Na**（ナ） **Mg**（マ） **Al**（ア） **Zn**（ア） **Fe**（テ） **Ni**（ニ） **Sn**（ス） **Pb**（ナ） **H_2**（ヒ） **Cu**（ド） **Hg**（ス） **Ag**（ぎる） **Pt**（借） **Au**（金）

【2】水酸化ナトリウム NaOH やアンモニア NH_3 が水溶液中で電離するようすをそれぞれ表せ。

$$NaOH \longrightarrow Na^+ + OH^-$$

$$NH_3 + H_2O \rightleftarrows NH_4^+ + OH^-$$

☑ **1** NaOH 水溶液や NH_3 水などの塩基を少量加えると，イオン化傾向が Na よりも小さな金属イオンが OH^- と **水酸化物** の沈殿を生じる。ただし，Hg^{2+} と Ag^+ は **酸化物** が沈殿する。

（イオン化傾向が Na よりも小さな金属イオン）

化学式	Mg^{2+}	Al^{3+}	Zn^{2+}	Fe^{2+}	Fe^{3+}	Ni^{2+}	Sn^{2+}	Pb^{2+}	Cu^{2+}	Hg^{2+}	Ag^+
OH^- との沈殿	$Mg(OH)_2$	$Al(OH)_3$	$Zn(OH)_2$	$Fe(OH)_2$	水酸化鉄(Ⅲ)	$Ni(OH)_2$	$Sn(OH)_2$	$Pb(OH)_2$	$Cu(OH)_2$	HgO	Ag_2O
沈殿の色	白	白	白	緑白	赤褐	緑	白	白	青白	黄	褐

（Mg^{2+}〜Cu^{2+}：水酸化物が沈殿する　Hg^{2+}・Ag^+：酸化物が沈殿する）

(1) 上の表の水酸化物や酸化物の沈殿のうち，①過剰の NaOH 水溶液や②過剰の NH_3 水に溶けるものを化学式で答えよ。

「ああすんなりと溶ける」と覚える！ Al^{3+}（あ） Zn^{2+}（あ） Sn^{2+}（すん） Pb^{2+}（なり） の水酸化物が溶ける

① 過剰の NaOH 水溶液に溶ける沈殿

$Al(OH)_3$，**$Zn(OH)_2$**，**$Sn(OH)_2$**，**$Pb(OH)_2$**

② 過剰の NH_3 水に溶ける沈殿

$Cu(OH)_2$，**$Zn(OH)_2$**，$Ni(OH)_2$，**Ag_2O**

「安藤さんのあには銀行員」と覚える！ NH_3 Cu^{2+}（藤） Zn^{2+}（あ） Ni^{2+}（に） Ag^+（銀） が溶ける（Cu^{2+}〜Ni^{2+}：水酸化物，Ag^+：酸化物）

☑ **2** $Al(OH)_3$ や $Zn(OH)_2$ は，過剰の NaOH 水溶液を加えると溶ける。このときのイオン反応式を書け。

$$Al(OH)_3 + OH^- \longrightarrow [Al(OH)_4]^-$$

$$Zn(OH)_2 + 2OH^- \longrightarrow [Zn(OH)_4]^{2-}$$

☑ **3** $Cu(OH)_2$ や $Zn(OH)_2$ は，過剰の NH_3 水を加えると溶ける。このときのイオン反応式を書け。

$$Cu(OH)_2 + 4NH_3 \longrightarrow [Cu(NH_3)_4]^{2+} + 2OH^-$$

$$Zn(OH)_2 + 4NH_3 \longrightarrow [Zn(NH_3)_4]^{2+} + 2OH^-$$

3 硫化物の沈殿，ハロゲン化銀，鉄イオンの反応

学習日 月 日

硫化物の沈殿

金属イオンの水溶液に硫化水素 H_2S を通じると，水溶液の液性(酸性，中性，塩基性)によって，硫化物の沈殿を生じる場合・生じない場合がある。

【1】イオン化傾向が Zn〜Ni の金属イオンを含む水溶液

Zn^{2+}，Fe^{2+}，Fe^{3+}，Ni^{2+} の水溶液は，（順不同）

中 性や **塩基** 性のときに，H_2S を通じると硫化物の沈殿を生じる。

金属イオン	Zn^{2+}	Fe^{2+}	Fe^{3+}	Ni^{2+}
中性〜塩基性で H_2S を通じる	ZnS↓ (白)	FeS↓ (黒)	FeS↓ (黒)	NiS↓ (黒)

Fe^{3+} は H_2S により **還元** され Fe^{2+} になるので FeS の **黒** 色沈殿を生じる。

補足 これらの金属イオンは，水溶液が **酸** 性のときに H_2S を通じても沈殿が生じない。

【2】イオン化傾向が Sn〜Ag の金属イオンを含む水溶液

Sn^{2+}，Pb^{2+}，Cu^{2+}，Hg^{2+}，Ag^{+} の水溶液は，

酸 性，**中** 性，**塩基** 性のいずれであっても，H_2S を通じると硫化物の沈殿を生じる。

金属イオン	Sn^{2+}	Pb^{2+}	Cu^{2+}	Hg^{2+}	Ag^{+}
中性〜塩基性で H_2S を通じる	SnS↓ (黒〜褐)	PbS↓ (黒)	CuS↓ (黒)	HgS↓ (黒)	Ag_2S↓ (黒)
酸性で H_2S を通じる	SnS↓ (黒〜褐)	PbS↓ (黒)	CuS↓ (黒)	HgS↓ (黒)	Ag_2S↓ (黒)

1 次の硫化物の沈殿の色を答えよ。

ZnS，FeS，NiS，SnS，PbS，CuS，HgS，Ag_2S

ZnS：**白** 色　いずれも **黒** 色

2 次の表を完成させよ。沈殿を生じる場合は「沈殿の化学式と色」を答え，沈殿を生じない場合は「沈殿しない」と答えよ。

金属イオン	Zn^{2+}	Fe^{2+}	Fe^{3+}	Ni^{2+}	Pb^{2+}	Cu^{2+}	Ag^{+}
H_2S を通じる 酸性	沈殿しない	沈殿しない	沈殿しない	沈殿しない	PbS↓ (黒)	CuS↓ (黒)	Ag_2S↓ (黒)
H_2S を通じる 中性〜塩基性	ZnS↓ (白)	FeS↓ (黒)	FeS↓ (黒)	NiS↓ (黒)	PbS↓ (黒)	CuS↓ (黒)	Ag_2S↓ (黒)

ハロゲン化銀

Cl^-，Br^-，I^- は，Ag^+ と沈殿を生じ **る** が，F^- は Ag^+ と沈殿を生じ **ない**。

AgCl は **白** 色沈殿で，NH_3 水に溶け **る**。
AgBr は **淡黄** 色沈殿で，NH_3 水にわずかに溶ける。
AgI は **黄** 色沈殿で，NH_3 水に溶け **ない**。

AgCl などのハロゲン化銀の沈殿には **感光** 性があり，**光** を当てると分解し，**Ag** が析出することで **黒** くなる。

$2AgCl \xrightarrow{光} 2Ag + Cl_2$

3 次の表を完成させよ。

	AgF	AgCl	AgBr	AgI
	水に溶ける	**白** 色沈殿	**淡黄** 色沈殿	**黄** 色沈殿
NH_3 水を加える	—	溶け **る**	わずかに溶ける	溶け **ない**

4 AgCl に NH_3 水を加えると溶ける。このときのイオン反応式を書け。

$AgCl + 2NH_3 \longrightarrow [Ag(NH_3)_2]^+ + Cl^-$

5 AgCl に光を当てると，しだいに黒くなる。このときの化学反応式を書け。

$2AgCl \longrightarrow 2Ag + Cl_2$

鉄イオンの反応

Fe^{2+} に 6 個の CN^- が **配位** 結合した **錯**(さく) イオンは $[Fe(CN)_6]^{4-}$ となる。
Fe^{3+} に 6 個の CN^- が **配位** 結合した **錯** イオンは $[Fe(CN)_6]^{3-}$ となる。

6 $[Fe(CN)_6]^{4-}$ のような **錯** イオンを含む塩を **錯塩**(さくえん) という。
$[Fe(CN)_6]^{4-}$ と K^+ からなる **錯** 塩の化学式は $K_4[Fe(CN)_6]$ となる。
$[Fe(CN)_6]^{3-}$ と K^+ からなる **錯** 塩の化学式は $K_3[Fe(CN)_6]$ となる。

7 Fe^{2+} を含む水溶液に，$[Fe(CN)_6]^{3-}$ と K^+ からなる錯塩(ヘキサシアニド鉄(Ⅲ)酸カリウム $K_3[Fe(CN)_6]$)の水溶液を加えると **濃青** 色沈殿を生じる。
Fe^{3+} を含む水溶液に，$[Fe(CN)_6]^{4-}$ と K^+ からなる錯塩(ヘキサシアニド鉄(Ⅱ)酸カリウム $K_4[Fe(CN)_6]$)の水溶液を加えると **濃青** 色沈殿を生じる。
Fe^{3+} を含む水溶液に，KSCN(チオシアン酸カリウム) 水溶液を加えると **血赤**(けっせき) 色溶液になる。

4 イオンや沈殿の色

学習日　月　日

【1】水溶液中のイオンの色

ほとんどの水溶液が 無 色　例 Li^{+}, K^{+}, Ba^{2+}, Ca^{2+}, Pb^{2+}, …

Fe^{2+} ：淡 緑 色　Fe^{3+} ： 黄褐 色　Cu^{2+} ： 青 色　Ni^{2+}：緑色

CrO_4^{2-}： 黄 色　$Cr_2O_7^{2-}$： 赤橙 色　MnO_4^{-}： 赤紫 色　$[Cu(NH_3)_4]^{2+}$： 深青 色（濃青も OK）

【2】沈殿の色など

① Cl^{-}, SO_4^{2-}, CO_3^{2-} の沈殿はすべて 白 色

② CrO_4^{2-} の沈殿は，$BaCrO_4$： 黄 色　$PbCrO_4$： 黄 色（「バ(Ba^{2+})ナナ(Pb^{2+})」と同じ色）　Ag_2CrO_4： 赤褐 色（「買っ」から赤かっ色）

③ OH^{-} の沈殿は 白 色が多いので， 白 色以外を覚える。

$Fe(OH)_2$： 緑白 色　水酸化鉄(Ⅲ)： 赤褐 色　$Cu(OH)_2$： 青白 色　$Ni(OH)_2$：緑色

④ 酸化物は以下を覚える。

CuO ： 黒 色　Cu_2O ： 赤 色　Ag_2O： 褐 色　MnO_2： 黒 色

Fe_3O_4： 黒 色　Fe_2O_3： 赤褐 色　ZnO ： 白 色　HgO ：黄色

⑤ S^{2-} の沈殿は 黒 色が多いので， 黒 色以外を覚える。

ZnS： 白 色

☑ **1**　Li, Na, K(アルカリ 金属)や Ca, Sr, Ba(Be と Mg を除く アルカリ土類 金属)，Cu などの元素を含んだ化合物やその水溶液を炎の中に入れると，それぞれの元素に特有の色を示す。これを 炎色（えんしょく） 反応という。

☑ **2**　炎色 反応における炎の色を答えよ。

アルカリ金属：Li 赤 色　Na 黄 色　K 赤紫 色

Be と Mg を除くアルカリ土類金属：Ca 橙赤 色　Sr 紅 色　Ba 黄緑 色

Cu 青緑 色

ゴロ　Li 赤 Na 黄 K 紫 Cu 緑 Ba 緑 Ca 橙 Sr 紅
リ アカー な き K 村，動 りょくに 馬 りき 借りる とう するも くれない

☑ **3**　水溶液や沈殿の色，沈殿の化学式を答えよ。

加える試薬 ＼ 水溶液・色	Fe^{2+} 淡緑 色	Fe^{3+} 黄褐 色
NaOH 水溶液	$Fe(OH)_2$↓ 緑白 色	水酸化鉄(Ⅲ)↓ 赤褐 色
ヘキサシアニド鉄(Ⅱ)酸カリウム $K_4[Fe(CN)_6]$ 水溶液	青白色沈殿	濃青 色沈殿
ヘキサシアニド鉄(Ⅲ)酸カリウム $K_3[Fe(CN)_6]$ 水溶液	濃青 色沈殿	褐色溶液
チオシアン酸カリウム KSCN 水溶液	変化なし	血赤（けっせき） 色溶液
中性～塩基性で H_2S を通じる	FeS↓ 黒 色	FeS↓ 黒 色

☑ **4**　次の沈殿や錯イオンの化学式・色を答えよ。

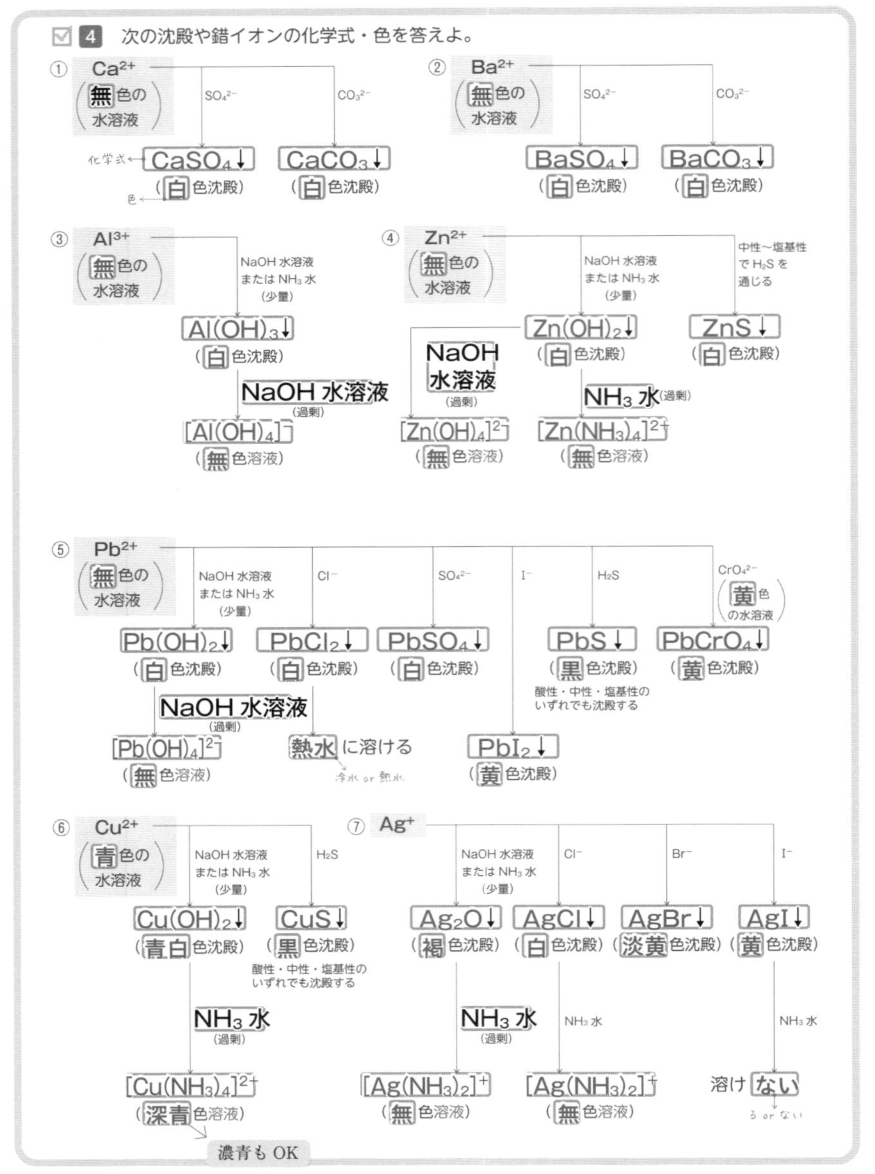

5 錯イオン

学習日　月　日

錯イオン

$[Zn(NH_3)_4]^{2+}$，$[Zn(OH)_4]^{2-}$ のようなイオンを **錯イオン** という。

$[Zn(NH_3)_4]^{2+}$ や $[Zn(OH)_4]^{2-}$ は，Zn^{2+} に **非共有電子対** をもつ NH_3 や OH^- が **配位** 結合してできている。（孤立電子対も OK）

Zn^{2+}(中心金属イオン)と **配位** 結合を形成する NH_3 や OH^- などの分子や陰イオンを **配位子**(はいいし)，その数を **配位数** という。

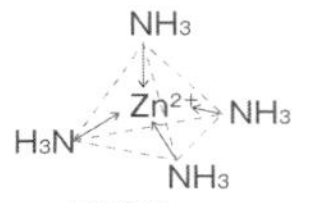

（Zn^{2+}の **錯イオン** は，**正四面体形** をとる）は，$[Zn(NH_3)_4]^{2+}$ と表す。

配位子 といい，**非共有電子対** をもつ（孤立電子対も OK）　**配位子** の数を **配位数** という

←は **配位** 結合を示している

1 次の表を完成させよ。

錯イオンのようす（←は配位結合を表す）	$H_3N \rightarrow Ag^+ \leftarrow NH_3$	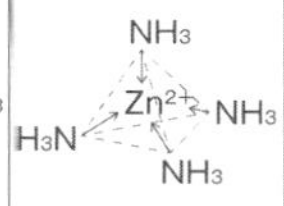 （Zn^{2+} に NH_3 4個）	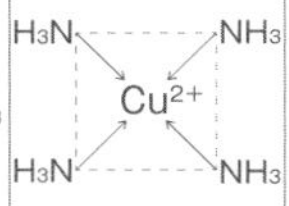 （Cu^{2+} に NH_3 4個）	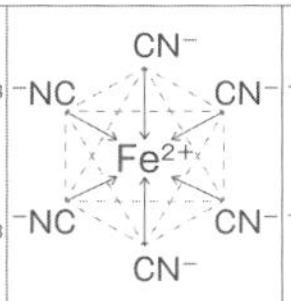 （Fe^{2+} に CN^- 6個）	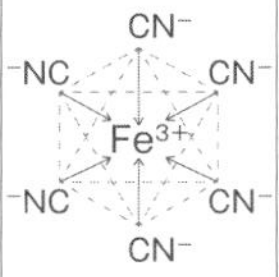 （Fe^{3+} に CN^- 6個）
化学式	$[Ag(NH_3)_2]^+$	$[Zn(NH_3)_4]^{2+}$	$[Cu(NH_3)_4]^{2+}$	$[Fe(CN)_6]^{4-}$	$[Fe(CN)_6]^{3-}$
金属イオン	Ag^+	Zn^{2+}	Cu^{2+}	Fe^{2+}	Fe^{3+}
配位数	2	4	4	6	6
形	直線形	正四面体形	正方形	正八面体形	正八面体形

錯イオンの形は，中心金属イオンの種類と配位数で決まる。

2 錯イオンの名前をつけるとき，配位数はギリシャ語の数詞で表す。次の表を完成させよ。

数字	1	2	3	4	5	6
数詞	モノ	ジ	トリ	テトラ	ペンタ	ヘキサ

3 錯イオンの名前をつけるとき，配位子名は次の表のように表す。表を完成させよ。

配位子	NH_3	H_2O	OH^-	CN^-
名称	アンミン	アクア	ヒドロキシド	シアニド

4 次の錯イオンの形，配位数，配位子名を答えよ。ただし，配位数はギリシャ語の数詞で答えよ。

$[Cu(NH_3)_4]^{2+}$ の形は **正方形** で，配位数は **テトラ**，NH_3 の配位子名は **アンミン** になる。
$[Fe(CN)_6]^{3-}$ の形は **正八面体形** で，配位数は **ヘキサ**，CN^- の配位子名は **シアニド** になる。

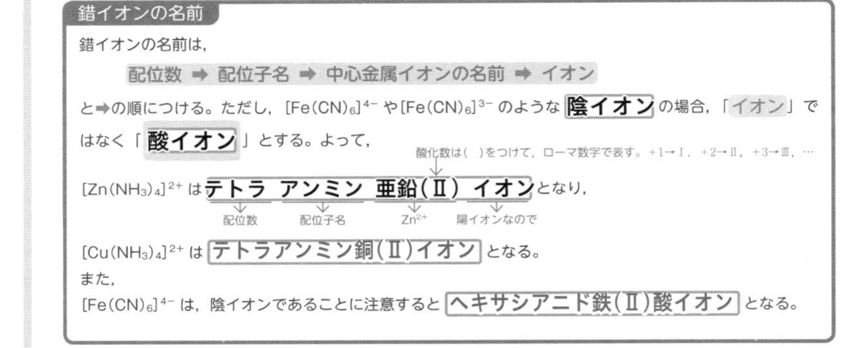

錯イオンの名前

錯イオンの名前は，

配位数 ➡ 配位子名 ➡ 中心金属イオンの名前 ➡ イオン

と➡の順につける。ただし，$[Fe(CN)_6]^{4-}$ や $[Fe(CN)_6]^{3-}$ のような **陰イオン** の場合，「イオン」ではなく「**酸イオン**」とする。よって，

（酸化数は( )をつけて，ローマ数字で表す。+1→Ⅰ，+2→Ⅱ，+3→Ⅲ，…）

$[Zn(NH_3)_4]^{2+}$ は **テトラ**（配位数） **アンミン**（配位子名） **亜鉛(Ⅱ)**（Zn^{2+}） **イオン**（陽イオンなので）となり，

$[Cu(NH_3)_4]^{2+}$ は **テトラアンミン銅(Ⅱ)イオン** となる。

また，

$[Fe(CN)_6]^{4-}$ は，陰イオンであることに注意すると **ヘキサシアニド鉄(Ⅱ)酸イオン** となる。

5 次の錯イオンの名称と形，またその水溶液の色を答えよ。

化学式	名称	形	水溶液の色
$[Ag(NH_3)_2]^+$	ジアンミン銀(Ⅰ)イオン	直線形	無 色
$[Cu(NH_3)_4]^{2+}$	テトラアンミン銅(Ⅱ)イオン	正方形	深青 色（濃青も OK）
$[Fe(CN)_6]^{3-}$	ヘキサシアニド鉄(Ⅲ)酸イオン	正八面体形	黄色（参考程度）

6 次の □ に沈殿やイオンの化学式，色を答えよ。

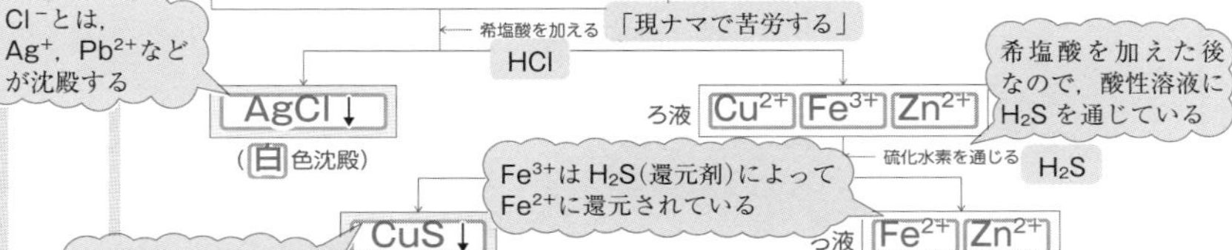

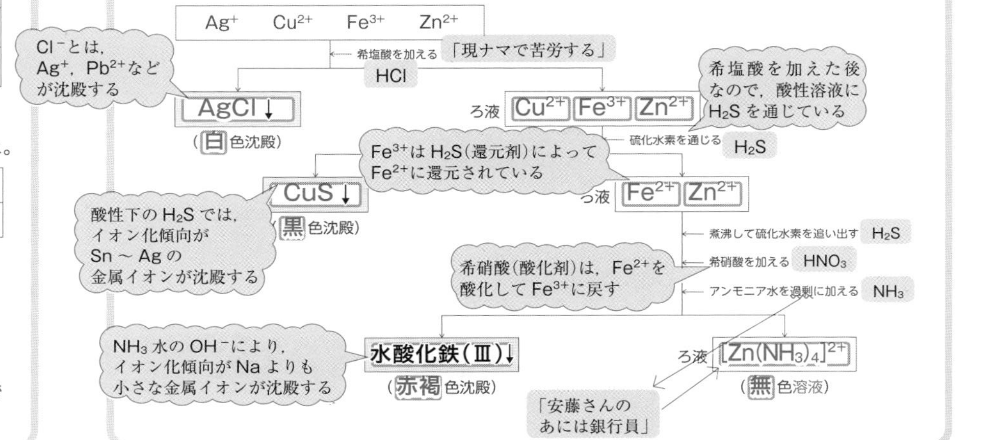

6 おもな気体の発生方法(弱酸・弱塩基の遊離，濃硫酸)

学習日 月 日

弱酸の遊離(H_2S, CO_2, SO_2)

【1】次の酸は，強酸・弱酸のどちらになるか答えよ。

塩酸(塩化水素 HCl の水溶液) ⇒ 強酸　　希硫酸 H_2SO_4 ⇒ 強酸

炭酸 H_2CO_3(CO_2 + H_2O) ⇒ 弱酸　　硫化水素 H_2S ⇒ 弱酸

亜硫酸 H_2SO_3(SO_2 + H_2O) ⇒ 弱酸

【2】弱酸のイオンに強酸を加えると弱酸が遊離する。次の反応式を完成させよ。

S^{2-} (弱酸のイオン) + 2HCl (強酸) ⟶ H_2S (弱酸) + $2Cl^-$　(硫化水素の発生方法)

CO_3^{2-} + 2HCl ⟶ H_2O + CO_2 + $2Cl^-$　(二酸化炭素の発生方法)

SO_3^{2-} + 2HCl ⟶ H_2O + SO_2 + $2Cl^-$　(二酸化硫黄の発生方法)

☑ 1 (1)〜(4)の化学反応式を書け。

(1) 硫化鉄(Ⅱ)に塩酸を加えると，硫化水素が発生する。(弱酸の遊離)

$FeS + 2HCl \longrightarrow H_2S + FeCl_2$

(2) 硫化鉄(Ⅱ)に希硫酸を加える。(弱酸の遊離)

$FeS + H_2SO_4 \longrightarrow H_2S + FeSO_4$

(3) 石灰石(主成分 $CaCO_3$)に塩酸を加えると，二酸化炭素が発生する。(弱酸の遊離)

$CaCO_3 + 2HCl \longrightarrow H_2O + CO_2 + CaCl_2$

(4) 亜硫酸ナトリウム Na_2SO_3 に希硫酸を加えると，二酸化硫黄が発生する。(弱酸の遊離)

$Na_2SO_3 + H_2SO_4 \longrightarrow H_2O + SO_2 + Na_2SO_4$

弱塩基の遊離(NH_3)

【1】次の塩基は，強塩基・弱塩基のどちらになるか答えよ。

アンモニア NH_3 ⇒ 弱塩基　　水酸化ナトリウム NaOH ⇒ 強塩基

水酸化カルシウム $Ca(OH)_2$ ⇒ 強塩基

【2】アンモニアが水溶液中で電離するようすをイオン反応式で表せ。

$NH_3 + H_2O \rightleftarrows NH_4^+ + OH^-$

☑ 2 アンモニウムイオン NH_4^+ に強塩基を加えると，NH_3 が遊離する。

$NH_4^+ + OH^- \longrightarrow NH_3 + H_2O$　(アンモニアの発生方法)

このイオン反応式を利用し，「塩化アンモニウム NH_4Cl に水酸化カルシウムを混合し 加熱 した」ときの化学反応式を書け。

$2NH_4Cl + Ca(OH)_2 \longrightarrow 2NH_3 + 2H_2O + CaCl_2$　(弱塩基の遊離)

このイオン反応式を2倍して得られる $2NH_4^+ + 2OH^- \longrightarrow 2NH_3 + 2H_2O$ を利用してつくる

濃硫酸の不揮発性(HCl, HF)

濃硫酸は沸点が約340℃と高く，不揮発性(ふきはつせい)の酸である。濃硫酸に比べて，塩化水素 HCl(沸点 −85℃)やフッ化水素 HF(沸点 20℃)は 揮発性 の酸になる。揮発性 の酸である HCl や HF のイオン Cl^- や F^- を含む塩を，不揮発性 の酸である濃硫酸 H_2SO_4 とともに 加熱 すると，HCl や HF を発生させることができる。

次の反応式を完成させよ。

$Cl^- + H_2SO_4 \xrightarrow{加熱} HCl + HSO_4^-$　(HCl の発生方法)

$2F^- + H_2SO_4 \xrightarrow{加熱} 2HF + SO_4^{2-}$　(HF の発生方法)

☑ 3 (1)，(2)の化学反応式を書け。

(1) 塩化ナトリウムに濃硫酸を加えて 加熱 する。

$NaCl + H_2SO_4 \longrightarrow NaHSO_4 + HCl$

(2) ホタル石(主成分 フッ化カルシウム CaF_2)に濃硫酸を加えて 加熱 する。

$CaF_2 + H_2SO_4 \longrightarrow CaSO_4 + 2HF$

濃硫酸の脱水作用(CO)

炭素原子を骨格とする化合物である有機化合物に対し，濃硫酸は 脱水作用(H_2O の形で引き抜く作用)がある。

〈脱水作用の例〉 次の化学反応式を完成させよ。

$C_{12}H_{22}O_{11}$ スクロース(ショ糖) → $11H_2O$ を引き抜く

$C_{12}H_{22}O_{11}$ (スクロース(ショ糖)) $\xrightarrow{濃硫酸}$ $12C$ + $11H_2O$

ギ酸 H−C(=O)−OH → H_2O を引き抜く

HCOOH (ギ酸) $\xrightarrow{濃硫酸}$ CO + H_2O

濃硫酸　スクロース(ショ糖)　脱水　炭化

☑ 4 ギ酸 HCOOH に濃硫酸を加えて 加熱 すると，一酸化炭素が発生する。このときの化学反応式を書け。

$HCOOH \longrightarrow CO + H_2O$

☑ 5 (1)〜(3)の化学反応式を書け。

(1) 大理石(主成分 炭酸カルシウム)に塩酸を反応させる。

$CaCO_3 + 2HCl \longrightarrow H_2O + CO_2 - CaCl_2$

(2) 塩化アンモニウムと水酸化カルシウムの混合物を 加熱 する。

$2NH_4Cl + Ca(OH)_2 \longrightarrow 2NH_3 + 2H_2O + CaCl_2$

(3) フッ化カルシウムに濃硫酸を加えて 加熱 する。

$CaF_2 + H_2SO_4 \longrightarrow 2HF + CaSC_4$

7 おもな気体の発生方法(酸化還元反応)

学習日　月　日

酸化還元反応(H_2)

水素よりもイオン化傾向が 大き い金属である Zn や Fe は，希硫酸 H_2SO_4 や塩酸 HCl から電離して生じる H^+ と酸化還元反応により H_2 (分子式) を発生する。このとき，Zn は Zn^{2+}，Fe は Fe^{2+} へと変化する。
次の【1】，【2】の化学反応式を書け。

【1】亜鉛に希硫酸を加えると水素が発生する。

$Zn \longrightarrow Zn^{2+} + 2e^-$
$2H^+ + 2e^- \longrightarrow H_2$
まとめる → $Zn + 2H^+ \longrightarrow Zn^{2+} + H_2$ …(a)

(a)式の両辺に SO_4^{2-} を加えると完成する。

$Zn + H_2SO_4 \longrightarrow ZnSO_4 + H_2$

【2】鉄に希塩酸を加える。

$Fe \longrightarrow Fe^{2+} + 2e^-$
$2H^+ + 2e^- \longrightarrow H_2$
まとめる → $Fe + 2H^+ \longrightarrow Fe^{2+} + H_2$ …(b)

(b)式の両辺に $2Cl^-$ を加えると完成する。

$Fe + 2HCl \longrightarrow FeCl_2 + H_2$

1 (1)，(2)の化学反応式を書け。

(1) 亜鉛に希塩酸を加える。

$Zn + 2HCl \longrightarrow ZnCl_2 + H_2$

($Zn \longrightarrow Zn^{2+} + 2e^-$，$2H^+ + 2e^- \longrightarrow H_2$ からつくる)

(2) 鉄に希硫酸を加える。

$Fe + H_2SO_4 \longrightarrow FeSO_4 + H_2$

($Fe \longrightarrow Fe^{2+} + 2e^-$，$2H^+ + 2e^- \longrightarrow H_2$ からつくる)

酸化還元反応(SO_2，NO，NO_2)

イオン化傾向が Ag 以上の金属である Cu や Ag は，熱濃硫酸(加熱した濃硫酸)や硝酸(希硝酸や濃硝酸)のような 酸化力 の強い酸と反応する。このとき，熱濃硫酸からは SO_2，希硝酸からは NO，濃硝酸からは NO_2 がそれぞれ発生する。
次の【1】～【3】の化学反応式を書け。

【1】銅を熱濃硫酸に溶かすと，SO_2 が発生する。

$Cu \longrightarrow Cu^{2+} + 2e^-$ …(a)
$H_2SO_4 + 2H^+ + 2e^- \longrightarrow SO_2 + 2H_2O$ …(b)

(a)式，(b)式ともに $2e^-$ なので，(a)+(b)を行う。

$Cu + H_2SO_4 + 2H^+ \longrightarrow Cu^{2+} + SO_2 + 2H_2O$ …(c)

(c)式の両辺に SO_4^{2-} を加えると完成する。

$Cu + 2H_2SO_4 \longrightarrow CuSO_4 + SO_2 + 2H_2O$

【2】銅と希硝酸を反応させると，NO が発生する。

$Cu \longrightarrow Cu^{2+} + 2e^-$ …(a)
$HNO_3 + 3H^+ + 3e^- \longrightarrow NO + 2H_2O$ …(b)

((a)式を 3 倍，(b)式を 2 倍して $6e^-$ でそろえる。)

(a)×3+(b)×2 から，

$3Cu + 2HNO_3 + 6H^+ \longrightarrow 3Cu^{2+} + 2NO + 4H_2O$ …(c)

(c)式の両辺に $6NO_3^-$ を加えると完成する。

$3Cu + 8HNO_3 \longrightarrow 3Cu(NO_3)_2 + 2NO + 4H_2O$

【3】銅と濃硝酸を反応させると，NO_2 が発生する。

$Cu \longrightarrow Cu^{2+} + 2e^-$ …(a)
$HNO_3 + H^+ + e^- \longrightarrow NO_2 + H_2O$ …(b)

((b)式を 2 倍して，(a)式と $2e^-$ でそろえる。)

(a)+(b)×2 から，

$Cu + 2HNO_3 + 2H^+ \longrightarrow Cu^{2+} + 2NO_2 + 2H_2O$ …(c)

(c)式の両辺に $2NO_3^-$ を加えると完成する。

$Cu + 4HNO_3 \longrightarrow Cu(NO_3)_2 + 2NO_2 + 2H_2O$

2 鉛 Pb は，希硫酸や塩酸とは，水に溶けにくい塩を生じて被膜をつくるために，ほとんど反応しない。このとき生じる塩の化学式を答えよ。

$PbSO_4$ と $PbCl_2$ (順不同)

(Pb：$PbSO_4$や$PbCl_2$がPbの表面をおおうので，ほとんど反応しない。)

3 Fe(テ)，Ni(ニ)，Al(アル) は，濃硝酸に入れてもほとんど反応しない。これは，それぞれの表面に ち密 な 酸化物の被膜 ができることで内部を保護するためである。このような状態を 不動態(ふどうたい) という。

4 (1)～(3)の反応を化学反応式で書け。

(1) 銅に濃硫酸を加えて 加熱 する。

$Cu + 2H_2SO_4 \longrightarrow CuSO_4 + SO_2 + 2H_2O$

(2) 銅に濃硝酸を加える。

$Cu + 4HNO_3 \longrightarrow Cu(NO_3)_2 + 2NO_2 + 2H_2O$

(3) 銅に希硝酸を加える。

$3Cu + 8HNO_3 \longrightarrow 3Cu(NO_3)_2 + 2NO + 4H_2O$

酸化還元反応(O_2)

過酸化水素 H_2O_2 は，反応する相手により，酸化剤や還元剤としてはたらく。酸性条件で酸化剤としてはたらくときには H_2O に，還元剤としてはたらくときには O_2 になる。

【1】H_2O_2 が酸化剤としてはたらくときの e^- を含むイオン反応式を書け。

$H_2O_2 + 2H^+ + 2e^- \longrightarrow 2H_2O$ …(a)

【2】H_2O_2 が還元剤としてはたらくときの e^- を含むイオン反応式を書け。

$H_2O_2 \longrightarrow O_2 + 2H^+ + 2e^-$ …(b)

【3】過酸化水素水に，触媒として酸化マンガン(Ⅳ)MnO_2 を加えると，酸素が発生する。このときの化学反応式は，(a)+(b)からつくることができる。この化学反応式を書け。

$2H_2O_2 \longrightarrow O_2 + 2H_2O$

☑ **5** 酸化マンガン(Ⅳ)MnO_2 に濃塩酸 HCl を加えて **加熱** すると，塩素が発生する。この反応では，MnO_2 は **酸化剤** としてはたらき Mn^{2+} へと変化する。また，濃塩酸中に含まれている Cl^- は **還元剤** としてはたらき Cl_2 が発生する。この反応の化学反応式は，以下のようにつくることができる。

$MnO_2 + 4H^+ + 2e^- \longrightarrow Mn^{2+} + 2H_2O$ …(a)

$2Cl^- \longrightarrow Cl_2 + 2e^-$ …(b)

ともに $2e^-$ なので，(a)+(b)を行う。

$MnO_2 + 4H^+ + 2Cl^- \longrightarrow Mn^{2+} + Cl_2 + 2H_2O$ …(c)

(c)式の両辺に $2Cl^-$ を加えると完成する。

$MnO_2 + 4HCl \longrightarrow MnCl_2 + Cl_2 + 2H_2O$

☑ **6** (1)〜(3)の化学反応式や e^- を含むイオン反応式を書け。

(1) 過酸化水素水に酸化マンガン(Ⅳ)(触媒)を加えたときの化学反応式。

$2H_2O_2 \longrightarrow 2H_2O + O_2$

(2) 酸化マンガン(Ⅳ)が酸性条件で酸化剤としてはたらくときのイオン反応式。

$MnO_2 + 4H^+ + 2e^- \longrightarrow Mn^{2+} + 2H_2O$

(3) 酸化マンガン(Ⅳ)に濃塩酸を加えて **加熱** したときの化学反応式。

$MnO_2 + 4HCl \longrightarrow MnCl_2 + Cl_2 + 2H_2O$

8 おもな気体の発生方法(熱分解反応)

学習日 月 日

熱分解反応(O_2，N_2)

塩素酸カリウム $KClO_3$ に，触媒として MnO_2 を加えて **加熱** すると，O_2 が発生する。このときの化学反応式は次のようになる。

$2KClO_3 \longrightarrow 2KCl + 3O_2$ ($KClO_3$, $KClO_3$ を KCl, KCl と O_2 O_2 O_2 に分解する)

亜硝酸アンモニウム NH_4NO_2 を含む水溶液を **加熱** すると，N_2 が発生する。このときの化学反応式は次のようになる。

$NH_4NO_2 \longrightarrow N_2 + 2H_2O$ (NH_4NO_2 を N_2 と H_2O, H_2O に分解する)

☑ **1** 硫酸 H_2SO_4 や硝酸 HNO_3 のように，分子中に **酸素** 原子を含む酸を **オキソ酸** という。次の **オキソ酸** の化学式を答えよ。

(1) 過塩素酸 酸の強さ 塩素酸 亜塩素酸 次亜塩素酸

$HClO_4$ > $HClO_3$ > $HClO_2$ > $HClO$

Oが1つ多い　Oが1つ少ない　Oが1つ少ない　Oが2つ少ない

(2) 硫酸 酸の強さ 亜硫酸

H_2SO_4 > H_2SO_3

Oが1つ少ない

(3) 硝酸 酸の強さ 亜硝酸

HNO_3 > HNO_2

Oが1つ少ない

☑ **2** **1** の酸の強さから，同一元素(Cl，S，N)のオキソ酸では，Cl，S，N に結合する **酸素** 原子の数が **多い** ほど酸性が **強く** なることがわかる。

(多い or 少ない)

☑ **3** 次の化学式を答えよ。

(1) 塩素酸は $HClO_3$，塩素酸イオンは ClO_3^-，塩素酸カリウムは $KClO_3$ となる。

(2) 亜硝酸は HNO_2，亜硝酸イオンは NO_2^-，亜硝酸ナトリウムは $NaNO_2$，亜硝酸アンモニウムは NH_4NO_2 となる。

☑ **4** (1)，(2)の化学反応式を書け。

(1) 塩素酸カリウムに，触媒として酸化マンガン(Ⅳ)を加えて **加熱** する。

$2KClO_3 \longrightarrow 2KCl + 3O_2$

(2) 亜硝酸アンモニウム水溶液を **加熱** する。

$NH_4NO_2 \longrightarrow N_2 + 2H_2O$

9 気体の性質と捕集法

学習日 月 / 日

【1】次の①～④は，いずれも常温で有色の気体である。それぞれの色を答えよ。

① F_2 淡黄 色　② Cl_2 黄緑 色　③ NO_2 赤褐 色　④ O_3 淡青 色

【2】気体の捕集方法について空欄に「やすい」「にくい」「軽い」「重い」のいずれかを入れよ。

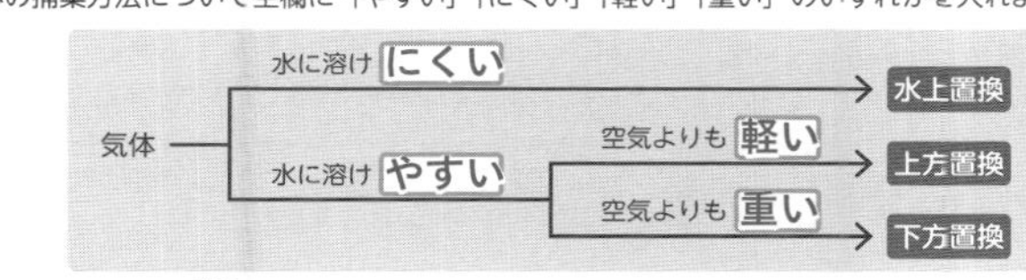

空気の平均分子量は約 29（フク）になる。

例えば，NH_3 は水に溶け やすい 気体であり，分子量が 17 なので，空気よりも 軽い 気体である。

そのため，NH_3 は 上方置換 で捕集する。

【3】水に溶けにくい気体は 中性 の気体 であり，水上置換 で捕集する。中性の気体の化学式を答えよ。

農・工・水・産・地・油（石油，有機化合物）

$NO \cdot CO \cdot H_2 \cdot O_2 \cdot N_2 \cdot CH_4 \cdot C_2H_4 \cdot C_2H_2$（メタン，エチレン，アセチレン）

【4】NH_3 は水によく溶ける 塩基 性の気体 であり，上方置換 で捕集する。

【5】H_2S, Cl_2, HF, HCl, CO_2, NO_2, SO_2 は，いずれも水に溶けて 酸 性を示す 酸 性の気体 である。これらの気体はいずれも 下方置換 で捕集する。

☑ **1** 次の(1)～(3)の気体について，捕集法とその性質（酸性・中性・塩基性のいずれか）を答えよ。

(1) NO，CO，H_2，O_2，N_2，CH_4，C_2H_4，C_2H_2（農 工 水 産 地 油） ⇒ 水上置換，中 性の気体

(2) NH_3 ⇒ 上方置換，塩基 性の気体　NH_3 のみ上方置換で捕集する

(3) H_2S，Cl_2，HF，HCl，CO_2，NO_2，SO_2 ⇒ 下方置換，酸 性の気体

☑ **2** 次の(1)～(6)の気体について，その臭い（無臭・特異臭・刺激臭・腐卵臭のいずれか）と色を答えよ。

(1) H_2S は 腐卵 臭をもつ 無 色の気体である。

(2) O_3 は 特異 臭をもつ 淡青 色の気体である。

(3) Cl_2 は 刺激 臭をもつ 黄緑 色の気体である。

(4) NH_3 は 刺激 臭をもつ 無 色の気体である。

(5) HCl は 刺激 臭をもつ 無 色の気体である。

(6) CO_2 は 無 臭で 無 色の気体である。

10 加熱を必要とする反応

学習日 月 / 日

実験室で気体を発生させる場合，加熱の必要な反応は，次の【1】～【4】をおさえる。次の化学反応式を書け。

【1】アンモニアを発生させる反応

例 塩化アンモニウムに水酸化カルシウムを混合し，加熱 する。

$$2NH_4Cl + Ca(OH)_2 \xrightarrow{加熱} 2NH_3 + 2H_2O + CaCl_2$$

（➡ p.14 弱塩基の遊離）

【2】濃硫酸を使う反応

例 塩化ナトリウムに濃硫酸を加えて 加熱 する。

$$NaCl + H_2SO_4 \xrightarrow{加熱} HCl + NaHSO_4$$

（➡ p.15 濃硫酸の不揮発性）

注意 濃硫酸を使う反応は加熱が必要だが，希硫酸を使う反応は加熱を必要としない。

例 硫化鉄（Ⅱ）に希硫酸を加える。

$$FeS + H_2SO_4 \xrightarrow{\text{加熱（取消線）}} FeSO_4 + H_2S$$

（➡ p.14 弱酸の遊離）

【3】熱分解反応

例 亜硝酸アンモニウム水溶液を 加熱 する。

$$NH_4NO_2 \xrightarrow{加熱} N_2 + 2H_2O$$

（➡ p.19 熱分解反応）

【4】酸化マンガン（Ⅳ）と濃塩酸から塩素を発生させる反応

酸化マンガン（Ⅳ）に濃塩酸を加え，加熱 する。

$$MnO_2 + 4HCl \xrightarrow{加熱} MnCl_2 + Cl_2 + 2H_2O$$

（➡ p.18 酸化還元反応）

☑ **1** 乾燥した塩素は，実験室では次図のように酸化マンガン（Ⅳ）と濃塩酸から発生させる。

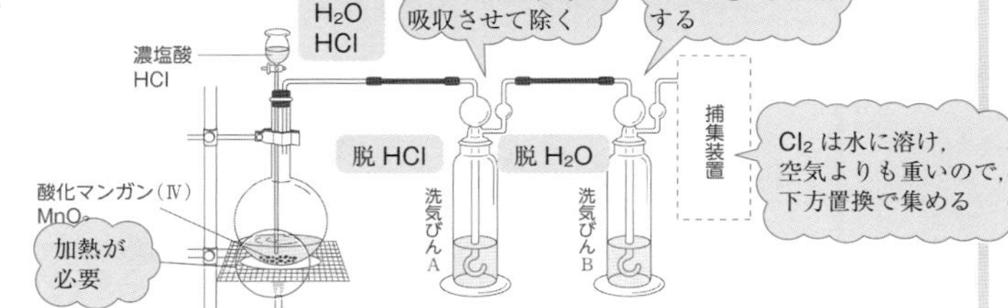

(1) 下線部の化学反応式を書け。（➡ p.18 酸化還元反応）

$$MnO_2 + 4HCl \longrightarrow MnCl_2 + 2H_2O + Cl_2$$

(2) 洗気びん A に入っている物質の名称と A で除かれる物質の名称を答えよ。

入っている物質 水　　除かれる物質 塩化水素

(3) 洗気びん B に入っている物質の名称と B で除かれる物質の名称を答えよ。

入っている物質 濃硫酸　　除かれる物質 水

(4) 捕集装置は，水上置換・上方置換・下方置換のいずれか答えよ。　下方置換

11 酸化物の反応

学習日　月　日

金属の酸化物

Na_2O, CaO, Al_2O_3, CO_2, SO_3 のような酸素の化合物を **酸化物** といい，Na_2O, CaO, Al_2O_3 のような金属の **酸化物** や，CO_2, SO_3 のような非金属の **酸化物** がある。
（金属→Na，Ca，Al など　非金属→C，S など）

金属の **酸化物** である Na_2O は，水と反応して **塩基** を生じる。

$Na_2O + H_2O \longrightarrow$ **$2NaOH$**
（$O^{2-} + H_2O \longrightarrow 2OH^-$ からつくる）
（$O^{2-} + H^{\delta+}\text{–}O^{\delta-}\text{–}H^{\delta+} \longrightarrow OH^- + OH^-$　引かれる）

また，Na_2O は，酸と反応して **塩** を生じる。

$Na_2O + 2HCl \longrightarrow$ **$2NaCl + H_2O$**
（$O^{2-} + 2H^+ \longrightarrow H_2O$ からつくる）

そのため，Na_2O などの金属の酸化物は **塩基性酸化物** とよばれる。

ただし，Al_2O_3, ZnO などは金属の **酸化物** ではあるが，酸だけでなく強塩基とも反応し **塩** を生じる。そのため Al_2O_3, ZnO などは **両性酸化物** とよばれる。
また，Al，Zn，Sn，Pb（あ あ すん なり）などは **両性** 金属 という。

非金属の酸化物とその反応

非金属の **酸化物** である CO_2 は，水と反応して **酸** を生じる。

$CO_2 + H_2O \rightleftarrows$ **$HCO_3^- + H^+$**
（→ H_2CO_3 炭酸）

また，CO_2 は塩基と反応して **塩** を生じる。

考え方（加える）
$CO_2 + \cancel{H_2O} \longrightarrow \cancel{H_2CO_3}$
+) $\cancel{H_2CO_3} + 2NaOH \longrightarrow Na_2CO_3 + \cancel{2}H_2O$（中和）

$CO_2 + 2NaOH \longrightarrow Na_2CO_3 + H_2O$

そのため，CO_2 などの非金属の酸化物は **酸性酸化物** とよばれる。

1 次の金属の酸化物を塩基性酸化物と両性酸化物に分類せよ。

MgO, CaO, Al_2O_3, Na_2O, Fe_2O_3, ZnO

塩基性酸化物 ⇒ **MgO, CaO, Na_2O, Fe_2O_3**

両性酸化物 ⇒ **Al_2O_3, ZnO**

2 次の化学反応式を書け。

(1) 酸化カルシウム CaO に水を加えると，**発熱** しながら反応して，水酸化カルシウム $Ca(OH)_2$ になる。

$CaO + H_2O \longrightarrow Ca(OH)_2$
（$O^{2-} + H_2O \longrightarrow 2OH^-$ からつくる）

(2) 酸化カルシウム CaO に塩酸を加える。

$CaO + 2HCl \longrightarrow CaCl_2 + H_2O$
（$O^{2-} + 2H^+ \longrightarrow H_2O$ からつくる）

(3) 酸化アルミニウム Al_2O_3 は，塩酸とも水酸化ナトリウム水溶液とも反応する。

$Al_2O_3 + 6HCl \longrightarrow$ **$2AlCl_3 + 3H_2O$**
（$3O^{2-} + 6H^+ \longrightarrow 3H_2O$ からつくる）

$Al_2O_3 + 2NaOH + 3H_2O \longrightarrow$ **$2Na[Al(OH)_4]$**

3 次のイオン反応式や化学反応式を書け。

(1) 二酸化硫黄 SO_2 が水に溶けると，亜硫酸 H_2SO_3 を生じ，弱い酸性を示す。

$SO_2 + H_2O \rightleftarrows HSO_3^- + H^+$
（$H_2SO_3 \rightleftarrows HSO_3^- + H^+$ も OK）

(2) 二酸化硫黄 SO_2 と水酸化ナトリウムとの反応。

考え方
$SO_2 + \cancel{H_2O} \longrightarrow \cancel{H_2SO_3}$
+) $\cancel{H_2SO_3} + 2NaOH \longrightarrow Na_2SO_3 + \cancel{2}H_2O$（中和）

$SO_2 + 2NaOH \longrightarrow Na_2SO_3 + H_2O$

(3) 三酸化硫黄 SO_3 と水が反応すると硫酸 H_2SO_4 を生じる。

$SO_3 + H_2O \longrightarrow H_2SO_4$

(4) 十酸化四リン P_4O_{10} に水を加えて加熱すると，リン酸 H_3PO_4 が生じる。

$P_4O_{10} + 6H_2O \longrightarrow 4H_3PO_4$

4 次の空欄に酸性・中性・塩基性・両性のいずれかを入れよ。

金属の酸化物
- Na_2O, CaO, MgO など → **塩基性** 酸化物
- Al_2O_3, ZnO など → **両性** 酸化物

非金属の酸化物
- CO_2, SiO_2, P_4O_{10}, SO_2, SO_3 など → **酸性** 酸化物
- NO（農）, CO（工） → **中性** の気体

12 17 族(ハロゲン)

学習日 月 日

次の表を完成させよ。

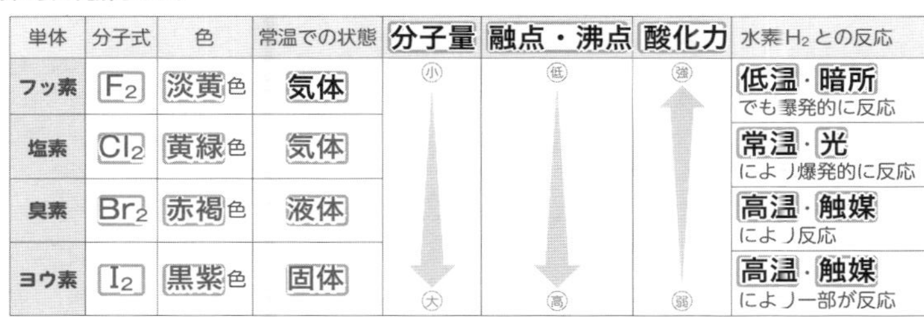

単体	分子式	色	常温での状態	分子量	融点・沸点	酸化力	水素 H_2 との反応
フッ素	F_2	淡黄色	気体	小	低	強	低温・暗所でも爆発的に反応
塩素	Cl_2	黄緑色	気体	↓	↓	↑	常温・光により爆発的に反応
臭素	Br_2	赤褐色	液体	↓	↓	↑	高温・触媒により反応
ヨウ素	I_2	黒紫色	固体	大	高	弱	高温・触媒により一部が反応

☑ **1** ハロゲン単体の常温での色と状態を答えよ。

(1) F_2 **淡黄・気体**　(2) Cl_2 **黄緑・気体**　(3) Br_2 **赤褐・液体**　(4) I_2 **黒紫・固体**

☑ **2** ハロゲン単体の沸点について，□に不等号や語句を入れよ。

沸点：F_2 < Cl_2 < Br_2 < I_2

分子量が大きいほど，**ファンデルワールス力**が**大きく**なるので，沸点に**高**くなる。

☑ **3** ハロゲン単体は**酸化**剤としてはたらく。ハロゲン単体の**酸化力**の強さは，原子番号が**小さい**ほど強い。

（大きい or 小さい）

☑ **4** ハロゲン単体の酸化力について，□に不等号を入れよ。

酸化力：F_2 > Cl_2 > Br_2 > I_2

☑ **5** ハロゲン単体の酸化力が　$X_2 > Y_2$　の順のとき，次の反応が起こり，逆反応は起こらない。

$$X_2 + 2Y^- \longrightarrow Y_2 + 2X^-$$

X_2：強い酸化剤　Y_2：弱い酸化剤　（酸化力㊇が，酸化力㊈を追い出す）

次の(1)～(3)の化学反応式を完成させよ。反応が起こらないものは，右辺に「起こらない」と書け。

(1) KBr 水溶液 ＋ Cl_2

酸化力は Cl_2 > Br_2 の順なので，反応が起こり，次のようになる。

$Cl_2 + 2KBr \longrightarrow$ **$Br_2 + 2KCl$**

（Cl_2：強い酸化剤　Br_2：弱い酸化剤）

(2) KI 水溶液 ＋ Cl_2

$Cl_2 + 2KI \longrightarrow$ **$I_2 + 2KCl$**　→ 酸化力が $Cl_2 > I_2$　なので，起こる。

(3) KBr 水溶液 ＋ I_2

$I_2 + 2KBr \longrightarrow$ **起こらない**　→ 酸化力が $Br_2 > I_2$　なので，起こらない

13 ハロゲン単体と水との反応

学習日 月 日

ハロゲン単体の酸化力は，F_2 > Cl_2 > Br_2 > I_2　の順であり，極めて酸化力が強い F_2 は，水と激しく反応し，酸素 **O_2** を発生して，フッ化水素 **HF** を生じる。

$$2F_2 + 2H_2O \longrightarrow 4HF + O_2$$

F_2 よりも酸化力の弱い Cl_2 は，水に溶け，その一部が水と反応する。Cl_2 の水溶液を**塩素水**（すい）という。Cl_2 が水と反応すると，塩化水素 **HCl** と次亜塩素酸 **HClO** を生じる。

$$Cl_2 + H_2O \rightleftarrows HCl + HClO$$

次亜塩素酸は**酸化**作用が強く，塩素水は**殺菌剤**や**漂白剤**に用いられる。

☑ **1** I_2 は常温で**黒紫**色の**固体**（気体，液体 or 固体）であり，**昇華**性がある。水に溶け**にくく**（やすく or にくく），ヘキサンやエタノールなどの有機溶媒には溶け**やすい**。また，ヨウ化カリウム KI 水溶液には，I_3^- を生じて溶けて，褐色の溶液（**ヨウ素溶液**）となる。（やすい or にくい）

$$I_2 + I^- \rightleftarrows I_3^-$$

（I_2：黒紫色　I^-：無色　I_3^-：褐色）

I_2 は水に溶けにくいが，I^- を含む水溶液にはよく溶ける。

☑ **2** F_2 は常温で**淡黄**色の**気体**であり，水と激しく反応する。このときの化学反応式を書け。

$$2F_2 + 2H_2O \longrightarrow 4HF + O_2$$

☑ **3** フッ化水素 HF は，分子間で**水素**結合を形成しているので，HCl，HBr，HI などの他のハロゲンの水素化合物に比べ，沸点が**高い**（高い or 低い）。

フッ化水素の水溶液を**フッ化水素酸**といい，ガラス(主成分 SiO_2)を溶かすので**ポリエチレン**の容器に保存される。

$$SiO_2 + 6HF \longrightarrow H_2SiF_6 + 2H_2O$$

（SiO_2：ガラスの主成分　HF：フッ化水素酸　H_2SiF_6：ヘキサフルオロケイ酸）

フッ化水素酸は**弱**（強 or 弱）酸性を示す。ハロゲン化水素の水溶液の酸としての強さの順は，次のようになる。

HF < **HCl** < **HBr** < **HI**

（HF：弱酸性　HCl・HBr・HI：強酸性）

☑ **4** Cl_2 と水との化学反応式を書け。

$$Cl_2 + H_2O \rightleftarrows HCl + HClO$$

14 ハロゲン化水素

学習日　月　日

【1】次の表を完成させよ。

ハロゲン化水素	分子式	色	常温での状態	水溶液の名称	酸の強さ
フッ化水素	HF	無色	気体	フッ化水素酸	弱酸
塩化水素	HCl	無色	気体	塩酸	強酸
臭化水素	HBr	無色	気体	臭化水素酸	強酸
ヨウ化水素	HI	無色	気体	ヨウ化水素酸	強酸

【2】空欄に HF，HCl，HBr，HI のいずれかを入れよ。

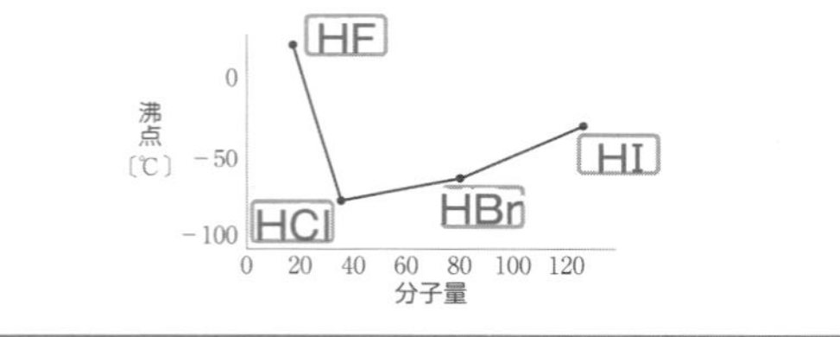

☑ 1　HF は分子間で **水素** 結合を形成するため，他のハロゲン化水素に比べて沸点が **高い**（高い or 低い）。HF の水溶液を **フッ化水素酸** とよび，他のハロゲン化水素の水溶液と異なり **弱**（強 or 弱）酸性を示す。

☑ 2　フッ化水素酸は，ガラスの主成分である **二酸化ケイ素** を溶かし，ヘキサフルオロケイ酸 **H_2SiF_6** を生じる。そのため，フッ化水素酸は **ポリエチレン**（ガラス or ポリエチレン）の容器に保存される。SiO_2 とフッ化水素酸の化学反応式を書け。

$$SiO_2 + 6HF \longrightarrow H_2SiF_6 + 2H_2O$$

☑ 3　塩化ナトリウムに濃硫酸を加えて加熱したところ，気体が発生した。このときの化学反応式を書け。

$$NaCl + H_2SO_4 \longrightarrow HCl + NaHSO_4$$

（➡ p. 15 濃硫酸の不揮発性）

この気体は，**無** 色・**刺激** 臭で，アンモニアと中和反応して塩化アンモニウム NH_4Cl の **白煙** を生じる。

補足　NH_4Cl の微小な結晶が生じるので，**白** 煙となる。この反応は HCl と NH_3 の相互の **検出** に使われる。

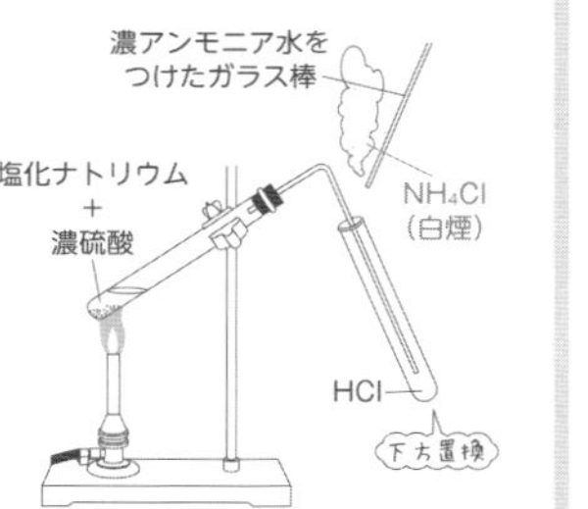

15 16 族（酸素）

学習日　月　日

酸素の **同素体**（同素体 or 同位体）についてまとめた次の表を完成させよ。

単体	酸素	オゾン
分子式	O_2	O_3
分子の形	直線形	折れ線形
気体の色・臭い	無色・無臭	淡青色・特異臭

地上 20〜40km 上空には **オゾン** 層があり，地表の生物にとって有害な **紫外線** の大部分を吸収している。

☑ 1　酸素分子は，空気中に体積で約 **21%** 存在する。実験室では，(1)過酸化水素水に触媒として **酸化マンガン(Ⅳ)** を加えて発生させたり，(2)塩素酸カリウムに触媒として **酸化マンガン(Ⅳ)** を加えて加熱すると発生させることができる。上述の(1)，(2)の化学反応式を書け。

(1) $2H_2O_2 \longrightarrow 2H_2O + O_2$　（➡ p. 18 酸化還元反応）

(2) $2KClO_3 \longrightarrow 2KCl + 3O_2$　（➡ p. 19 熱分解反応）

☑ 2　酸素中で **無声放電**（音を伴わない放電のこと）を行うか，強い **紫外線** を酸素に当てると，オゾン O_3 が生じる。このときの化学反応式を書け。

$$3O_2 \longrightarrow 2O_3$$

☑ 3　オゾンを水で湿らせたヨウ化カリウム KI デンプン紙にふきつけると，**青紫** 色に変色する。このときの化学反応式を書け。

考え方

$$O_3 + 2H^+ + 2e^- \longrightarrow O_2 + H_2O$$

加える +）$2I^- \longrightarrow I_2 + 2e^-$

$$O_3 + 2H^+ + 2I^- \longrightarrow O_2 + I_2 + H_2O$$

$2H^+$ を $2H_2O$ にするために，$2OH^-$ を両辺にそれぞれ加える。また，$2I^-$ を 2KI にするために，$2K^+$ も両辺にそれぞれ加える。

$$O_3 + 2H_2O + 2KI \longrightarrow O_2 + I_2 + H_2O + 2KOH$$

となり，まとめると，

$$O_3 + H_2O + 2KI \longrightarrow O_2 + I_2 + 2KOH$$

☑ 4　O_3 は **淡青** 色・**特異** 臭であり，**無** 色・**無** 臭の O_2 中で **無声** 放電を行うか，強い **紫外線** を当てると生じる。

16 16族(硫黄)

学習日 月 / 日

【1】硫黄の **同素体** (同位体 or 同素体) についてまとめた次の表を完成させよ。

外観			
名称	斜方硫黄	単斜硫黄	ゴム状硫黄
形	塊状	針状	無定形
分子式	S_8 (環状分子)	S_8 (環状分子)	S_x (鎖状分子)

斜方硫黄と単斜硫黄は王冠状の **環状** (環状 or 鎖状) 分子 **S_8** からなる。ゴム状硫黄 S_x は，長い **鎖状** 分子。

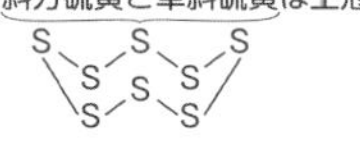

【2】硫黄 S のどの同素体も，空気中で燃焼させると **青** 色の炎を出し，二酸化硫黄になる。このときの化学反応式を書け。

$S + O_2 \longrightarrow SO_2$

☑ **1** 硫化水素 H_2S は **腐卵** 臭をもつ **無** 色の **有** 毒な気体で，硫化鉄(II)に希硫酸を加えると発生させることができる。このときの化学反応式を書け。

$FeS + H_2SO_4 \longrightarrow H_2S + FeSO_4$ (➡ p.14 弱酸の遊離)

☑ **2** 硫化水素は **2** 価の **弱** 酸である。硫化水素が水溶液中で 2 段階に電離するようすを 2 つのイオン反応式で書け。

$H_2S \rightleftarrows H^+ + HS^-$

$HS^- \rightleftarrows H^+ + S^{2-}$

☑ **3** 二酸化硫黄 SO_2 は **刺激** 臭をもつ **無** 色の **有** 毒な気体で，亜硫酸ナトリウムに希硫酸を加えると発生させることができる。このときの化学反応式を書け。

$Na_2SO_3 + H_2SO_4 \longrightarrow H_2O + SO_2 + Na_2SO_4$ (➡ p.14 弱酸の遊離)

☑ **4** 二酸化硫黄には **還元** 作用があり，紙や繊維などの **漂白** に用いられる。また，銅に濃硫酸を加えて **加熱** すると，発生させることができる。このときの化学反応式を書け。

$Cu + 2H_2SO_4 \longrightarrow CuSO_4 + 2H_2O + SO_2$ (➡ p.16 酸化還元反応)

17 二酸化硫黄 SO_2 と硫酸 H_2SO_4

二酸化硫黄 SO_2 の反応

SO_2 は①，②式のように，還元剤や酸化剤としてはたらく。次のイオン反応式を完成させよ。

還元剤としてのはたらき⇒ $SO_2 + 2H_2O \longrightarrow SO_4^{2-} + 4H^+ + 2e^-$ …①

酸化剤としてのはたらき⇒ $SO_2 + 4H^+ + 4e^- \longrightarrow S + 2H_2O$ …②

多くの場合，SO_2 は①式のように **還元** 剤としてはたらく。
ただし，硫化水素 H_2S のような **還元** 剤に対しては，②式のように **酸化** 剤としてはたらく。

☑ **1** 硫化水素水に二酸化硫黄を通すと，硫黄が析出し，水溶液が **白** 濁する。このときの化学反応式を書け。

考え方 $H_2S \longrightarrow S + 2H^+ + 2e^-$ …ⓐ

$SO_2 + 4H^+ + 4e^- \longrightarrow S + 2H_2O$ …ⓑ

ⓐ× **2** +ⓑから，

$2H_2S + SO_2 \longrightarrow 3S + 2H_2O$

接触法(接触式硫酸製造法)

(接触式硫酸製造法も OK)

硫酸 H_2SO_4 の工業的製法を **接触法**（せっしょくほう）という。硫酸は，次のようにしてつくられる。

1 石油の精製の際に多量に得られる S を燃焼させ，SO_2 を得る。このときの化学反応式を書け。

$S + O_2 \longrightarrow SO_2$

2 **酸化バナジウム(V)V_2O_5** を **触媒** に用いて，SO_2 を空気中の酸素で酸化して三酸化硫黄 SO_3 をつくる。このときの化学反応式を書け。

$2SO_2 + O_2 \longrightarrow 2SO_3$

3 SO_3 を濃硫酸に吸収させて **発煙硫酸**（はつえんりゅうさん）とし，これを **希硫酸** でうすめて **濃硫酸** とする。このときの化学反応式を書け。

$SO_3 + H_2O \longrightarrow H_2SO_4$

☑ **2** 接触法では，二酸化硫黄を酸化し三酸化硫黄とする段階がある。このときに使われる触媒の化学式と，このときの化学反応式を書け。

触媒の化学式：V_2O_5　化学反応式：$2SO_2 + O_2 \longrightarrow 2SO_3$

☑ **3** 濃硫酸に SO_3 を吸収させて製造される硫酸を何というか。 **発煙硫酸**

濃硫酸の性質と反応

濃硫酸は濃度約 98%，無色で密度が大きく，粘性の大きな液体であり，次のような性質がある。

【1】濃硫酸は沸点が高く，不揮発性の酸である。

例 塩化ナトリウムに濃硫酸を加えて加熱すると次の反応が起こり，気体が発生する。この気体の捕集方法と化学反応式を書け。

捕集方法：下方置換

$$NaCl + H_2SO_4 \longrightarrow HCl + NaHSO_4$$

（➡ p. 15 濃硫酸の不揮発性）

【2】濃硫酸は吸湿性が強く，酸性気体や中性気体の乾燥剤に用いる。

補足 「NO，CO，H_2，O_2，N_2，CH_4，C_2H_4，C_2H_2」は，水上置換で捕集する中性気体であり，「H_2S，Cl_2，HF，HCl，CO_2，NO_2，SO_2」は下方置換で捕集する酸性気体である。

【3】濃硫酸には，有機化合物から H_2O の形で引き抜く作用（脱水作用）がある。

例 スクロース（ショ糖）$C_{12}H_{22}O_{11}$ に濃硫酸を加えると炭化する。このときの化学反応式を書け。

$$C_{12}H_{22}O_{11} \longrightarrow 12C + 11H_2O$$

（➡ p. 15 脱水作用）

【4】加熱した濃硫酸を熱濃硫酸という。この熱濃硫酸には強い酸化作用があり，イオン化傾向が Ag 以上の金属である Cu や Ag などと反応し，SO_2 を発生する。

例 銅に熱濃硫酸を作用させたときの化学反応式を書け。

$$Cu + 2H_2SO_4 \longrightarrow CuSO_4 + SO_2 + 2H_2O$$

（➡ p. 16 酸化還元反応）

【5】濃硫酸は水をほとんど含まず電離しない。

☑ 4 水に濃硫酸を加えると，多量の熱を発生し希硫酸になる。希硫酸は強い酸性を示し，水素よりもイオン化傾向の大きな Fe などと反応して H_2 を発生する。このときの化学反応式を書け。（➡ p. 16 酸化還元反応）

$$Fe + H_2SO_4 \longrightarrow FeSO_4 + H_2$$

☑ 5 右図は濃硫酸を希釈して希硫酸をつくるときのようすを表している。
空欄に濃硫酸・水のいずれかを入れよ。

18 15族（窒素）

学習日　月　日

【1】窒素 N_2 は，無色・無臭の気体で，空気中に体積で約 78% 含まれている。工業的には液体空気の分留で得られる。液体窒素は冷却剤として利用されている。

【2】アンモニア NH_3 は，無色・刺激臭の気体で空気よりも軽く，実験室では上方置換で捕集する。水に溶けやすく，その水溶液は弱い塩基性を示す。

【3】アンモニア水の電離するようすをイオン反応式で書け。

$$NH_3 + H_2O \rightleftarrows NH_4^+ + OH^-$$

【4】アンモニアに濃塩酸をつけたガラス棒を近づけると白煙を生じる。この反応はアンモニアや塩化水素の検出に用いられる。このときの化学反応式を書け。

$$NH_3 + HCl \longrightarrow NH_4Cl$$

（➡ p. 26 中和反応）

【5】アンモニアは，工業的には四酸化三鉄 Fe_3O_4 を主成分とした触媒を用いて，N_2 と H_2 から合成される。これをハーバー・ボッシュ法という。このときの化学反応式を書け。

$$N_2 + 3H_2 \rightleftarrows 2NH_3$$

☑ 1 アンモニアは，実験室では塩化アンモニウムと水酸化カルシウムの混合物を加熱して発生させる。このときの化学反応式を書け。（➡ p. 14 弱塩基の遊離）

$$2NH_4Cl + Ca(OH)_2 \longrightarrow 2NH_3 + 2H_2O + CaCl_2$$

☑ 2 アンモニアは，工業的には窒素と水素から鉄の酸化物を利用して合成される。

(1) このアンモニアの工業的製法を何というか。
　ハーバー・ボッシュ法（ハーバー法も OK）

(2) 鉄の酸化物の役割と，その化学式を答えよ。
　触媒として用いており，その化学式は Fe_3O_4 になる。

(3) この工業的製法で起こる反応を化学反応式で表せ。

$$N_2 + 3H_2 \rightleftarrows 2NH_3$$

☑ 3 塩化アンモニウムと水酸化ナトリウムの混合物を加熱したときに起こる反応を化学反応式で書け。（➡ p. 14 弱塩基の遊離）

$$NH_4Cl + NaOH \longrightarrow NH_3 + H_2O + NaCl$$

19 硝酸 HNO_3

学習日 月 日

硝酸の性質と反応

濃硝酸は，濃度約60%以上の **無** 色の **液** 体である。
希硝酸は，濃硝酸を水でうすめてつくることができる。
濃硝酸や希硝酸には，次のような性質がある。

【1】濃硝酸，希硝酸ともに **強** い **酸性** を示す。（強 or 弱）硝酸が水溶液中で電離するようすをイオン反応式で書け。

$$HNO_3 \longrightarrow H^+ + NO_3^-$$

【2】濃硝酸，希硝酸ともに強い **酸化** 剤であり，イオン化傾向が Ag 以上の金属である Cu や Ag などと反応する。このとき濃硝酸では **NO_2**，希硝酸では **NO** が発生する。これを e^- を含むイオン反応式で表すと次のようになる。

濃硝酸 $HNO_3 + H^+ + e^- \longrightarrow NO_2 + H_2O$

希硝酸 $HNO_3 + 3H^+ + 3e^- \longrightarrow NO + 2H_2O$

【3】濃硝酸には，**Fe**（テ），**Ni**（ニ），**Al**（アル）などは溶けない。これは金属の表面にち密な **酸化物の被膜** が生じて，内部が保護されるためである。この状態を **不動態** という。

【4】硝酸は **光** や **熱** で分解しやすいので，**褐** 色のびんに入れて **冷暗所** に保存する。

☑ 1 硝酸は **揮発** 性で，実験室では硝酸ナトリウム $NaNO_3$ に濃硫酸 H_2SO_4 を加えて加熱することで発生させることができる。このときの化学反応式を書け。 （➡ p. 15 濃硫酸の不揮発性）

$$NaNO_3 + H_2SO_4 \longrightarrow HNO_3 + NaHSO_4$$

☑ 2 二酸化窒素 NO_2 は **刺激** 臭をもつ **赤褐** 色の **有** 毒な気体で，銅に濃硝酸を加えて発生させることができる。このときの化学反応式を書け。 （➡ p. 17 酸化還元反応）

$$Cu + 4HNO_3 \longrightarrow Cu(NO_3)_2 + 2H_2O + 2NO_2$$

☑ 3 一酸化窒素 NO は **無** 色の気体で，銅に希硝酸を加えて発生させることができる。このときの化学反応式を書け。 （➡ p. 17 酸化還元反応）

$$3Cu + 8HNO_3 \longrightarrow 3Cu(NO_3)_2 + 4H_2O + 2NO$$

☑ 4 **無** 色の NO は，空気中の酸素によりすぐに酸化され，**赤褐** 色の NO_2 になる。このときの化学反応式を書け。

$$2NO + O_2 \longrightarrow 2NO_2$$

硝酸の工業的製法

硝酸 HNO_3 は，工業的にはアンモニア NH_3 の **酸化**（酸化 or 還元）によりつくる。この硝酸の工業的製法は **オストワルト法** とよばれ，次のようにしてつくられる。

1 NH_3 を空気と混合し，800℃で白金触媒を用いて酸化し，NO と H_2O をつくる。このときの化学反応式を書け。

$$4NH_3 + 5O_2 \longrightarrow 4NO + 6H_2O$$

2 冷却し，NO を空気中の O_2 で酸化して NO_2 とする。このときの化学反応式を書け。

$$2NO + O_2 \longrightarrow 2NO_2$$

3 NO_2 を温水と反応させて HNO_3 と NO にする。このときの化学反応式を書け。（NO：2で再利用される）

$$3NO_2 + H_2O \longrightarrow 2HNO_3 + NO$$

係数をつけにくいので，ここの3を覚えておくとよい。

☑ 5 オストワルト法を図に表す。図の空欄に適当な化学式を書け。

NH_3 —(O_2, Pt 触媒)→ NO, H_2O；NO —(O_2)→ NO_2 —(温水)→ HNO_3, NO（再利用される）

☑ 6 オストワルト法全体では，NH_3 と O_2 から HNO_3 と H_2O が生じる。オストワルト法全体の化学反応式を書け。

$$NH_3 + 2O_2 \longrightarrow HNO_3 + H_2O$$

☑ 7 硝酸は，工業的には **オストワルト** 法によって大量に製造されている。**オストワルト** 法では，**白金** を触媒として，(i)アンモニアを酸素と反応させて一酸化窒素とし，(ii)これをさらに酸化して二酸化窒素にしてから，(iii)温水に吸収させて，硝酸を製造する。（Pt も OK）

(1) 下線部(i)の化学反応式を書け。

$$4NH_3 + 5O_2 \longrightarrow 4NO + 6H_2O$$

(2) 下線部(ii)の化学反応式を書け。

$$2NO + O_2 \longrightarrow 2NO_2$$

(3) 下線部(iii)の化学反応式を書け。

$$3NO_2 + H_2O \longrightarrow 2HNO_3 + NO$$

(4) オストワルト法の反応が完全に進むと，1 mol のアンモニアから何 mol の硝酸が得られるか。整数値で答えよ。

1 mol

全体の反応式 $NH_3 + 2O_2 \longrightarrow HNO_3 + H_2O$ を見ると，1mol の NH_3 から 1mol の HNO_3 が得られることがわかる。

20 15族(リン)

学習日 月 日

次の文章と表を完成させよ。

リンの単体には **黄**(おう)**リン** や **赤**(せき)**リン** などの **同素体** が存在する。
黄リン P_4 は，空気中で **自然発火** するので **水中** に保存する。

名称	**黄**リン	**赤**リン
外観		→マッチ箱の摩擦面
色	淡黄色	赤褐色
化学式	**P_4** (分子式)	P (組成式)
毒性	**猛毒**	少ない

☑ **1** 空欄に黄リン・赤リンのどちらかを入れよ。

(1) 毒性が強く，空気中で自然発火するのは **黄リン** である。

(2) **黄リン** を窒素中で長時間加熱すると，**赤リン** になる。

(3) 分子の構造が（正四面体形）であるのは **黄リン**，（鎖状）であるのは **赤リン** である。

(4) 分子式が P_4 であるのは **黄リン** である。

(5) 水中に保存されるのは **黄リン** である。

(6) **黄リン** は空気中で自然発火し，十酸化四リン P_4O_{10} を生じる。

$$P_4 + 5O_2 \longrightarrow P_4O_{10}$$

☑ **2** 空気中で，赤リンに点火すると燃焼し，十酸化四リンを生じる。このときの化学反応式を完成させよ。

$$4P + 5O_2 \longrightarrow P_4O_{10}$$

☑ **3** 十酸化四リンは，**白** 色の **吸湿** 性の強い粉末で，**乾燥剤** として利用される。
空気中に放置すると，水分を吸収して溶けて **潮解** 性を示す。
この十酸化四リンに水を加えて加熱すると，**リン酸 H_3PO_4** が得られる。このときの化学反応式を書け。

$$P_4O_{10} + 6H_2O \longrightarrow 4H_3PO_4$$

☑ **4** リン酸 H_3PO_4 は，**無** 色の **結晶** で，**潮解** 性があり，水によく溶ける。リン酸 H_3PO_4 は **3** 価の酸である。

21 14族(炭素・ケイ素)

学習日 月 日

14族(炭素)

次の炭素の同素体の表を完成させよ。 ← グラファイトでも OK

名称	**ダイヤモンド**	**黒鉛**	**フラーレン** (C_{60})	**カーボンナノチューブ**
構造	立体網目構造	平面層状構造	球状（サッカーボール形など）	
性質	**無** 色・透明 電気を **導かない** 熱を **導く** (導く or 導かない) 硬さは **硬い** (硬い or やわらかい)	黒色で，はがれ **やすい** (やすい or にくい) 電気を **導く** 熱を **導く** 硬さは **やわらかい**	黒色 電気を **導かない**	黒色 電気を **導く** 黒鉛の平面構造が筒状に丸まったもの
用途	宝石・**研磨剤**	電極・鉛筆の **しん**	—	—

☑ **1** 炭素の化合物である一酸化炭素 CO や二酸化炭素 CO_2 は，実験室では次の(1)，(2)のように発生させることができる。(1)，(2)の化学反応式を書け。

(1) ギ酸 HCOOH に濃硫酸を加えて加熱する。 (➡ p. 15 濃硫酸の脱水作用)

$$HCOOH \longrightarrow H_2O + CO$$

(2) 石灰石や大理石(主成分：炭酸カルシウム)に希塩酸を加える。 (➡ p. 14 弱酸の遊離)

$$CaCO_3 + 2HCl \longrightarrow H_2O + CO_2 + CaCl_2$$

☑ **2** CO は **無** 色・**無** 臭の気体で，水に溶け **にくく** (やすく or にくく)，**有** 毒な気体である。
また，CO_2 は **無** 色・**無** 臭の気体で，水に少し溶けて **炭酸水** (石灰水 or 炭酸水) をつくり，弱 **酸** (酸 or 塩基) 性を示す。

14族(ケイ素)

ケイ素 Si は，岩石などの成分元素であり，**地殻** 中に多く存在する元素である。

地殻中の元素の割合の順を元素記号で表すと，ゴロ **O**(お) > **Si**(しゃ) > **Al**(ある) > **Fe**(て) > … となる。
（約47%，約29%，約8%，約4%）

ケイ素の単体と構造

ダイヤモンド と同じ構造の **共有結合** の結晶である。
灰 色の結晶で，電気伝導性は金属と非金属の中間であり，**半導体** の性質を示す。

ケイ素の単体は，天然に存在 **しない**。(する or しない)
高純度のケイ素の単体は，**太陽電池** やコンピューターの **集積回路** などに用いられる。 ← IC でも OK

22 ケイ素の製法とケイ素の化合物

学習日　月／日

ケイ素の製法・ケイ素化合物の性質

ケイ素の単体は天然には存在 **しない**（する or しない）ため，二酸化ケイ素 SiO_2 を炭素 C で **還元** してつくる。このとき，Si に加えて CO が発生する。この反応を化学反応式で書け。

$$SiO_2 + 2C \longrightarrow Si + 2CO$$

SiO_2 は **シリカ** ともよばれ，天然には **石英**（せきえい）(岩石中)・**水晶**（すいしょう）(大きな結晶)・**ケイ砂**（しゃ）(砂状)などとして存在している。

SiO_2 は **酸** 性酸化物なので，塩酸 HCl などには溶け **ない** が，フッ化水素酸には例外的に溶ける。ガラスの主成分である SiO_2 とフッ化水素 HF の水溶液である **フッ化水素酸** との化学反応式を書け。

$$SiO_2 + 6HF \longrightarrow H_2SiF_6 + 2H_2O$$

この反応で生じる H_2SiF_6 は **ヘキサフルオロケイ酸** という。このようにフッ化水素酸はガラスを溶かすため，**ポリエチレン**（ガラス or ポリエチレン）の容器に保存する。

☑ **1** 非金属の酸化物である CO_2 は水に少し溶けて **炭酸水** をつくり，弱 **酸** 性を示す酸化物なので，**酸性** 酸化物とよばれる。この CO_2 と水酸化ナトリウム水溶液との反応を化学反応式で書け。

考え方

$$CO_2 + H_2O \longrightarrow H_2CO_3$$
$$+)\ H_2CO_3 + 2NaOH \longrightarrow Na_2CO_3 + 2H_2O \quad (中和)$$

$$CO_2 + 2NaOH \longrightarrow Na_2CO_3 + H_2O$$

☑ **2** 酸性酸化物である SiO_2 を塩基である NaOH とともに加熱すると起こる反応の化学反応式を，**1** でつくった化学反応式を参考にして書け。💡 CO_2 を SiO_2 におきかえて考えるとよい

$$SiO_2 + 2NaOH \longrightarrow Na_2SiO_3 + H_2O$$

☑ **3** **2** の反応で生じる Na_2SiO_3 を **ケイ酸ナトリウム** といい，酸性酸化物である SiO_2 と炭酸ナトリウム Na_2CO_3 などの塩基を反応させても生じる。このときの化学反応式を書け。

$$SiO_2 + Na_2CO_3 \longrightarrow Na_2SiO_3 + CO_2$$

→ 残りを書く。左辺と右辺を比較して考えるとよい。

☑ **4** ケイ酸ナトリウム Na_2SiO_3 に水を加えて長時間加熱すると，粘性の大きな液体が得られる。これを何というか。

水ガラス

シリカゲルの製法

ケイ酸ナトリウム $-O-Si(O^-Na^+)_2-O-Si(O^-Na^+)_2-$ を組成式で表すと，**Na_2SiO_3** となる。

（Na_2SiO_3　Na_2SiO_3 がくり返されている）

ケイ酸ナトリウムに水を加えて加熱すると，粘性の大きな液体である **水ガラス** になる。これに塩酸 HCl を加えると弱酸の遊離が起こり，ケイ酸(H_2SiO_3 または $SiO_2 \cdot nH_2O$)が生じる。

$$-O-Si(O^-Na^+)_2-O-Si(O^-Na^+)_2-O- \xrightarrow[\text{弱酸の遊離}]{H^+} -O-Si(O^-H^+)_2-O-Si(O^-H^+)_2-O-$$

（Na_2SiO_3　Na_2SiO_3 がくり返されている）**水ガラス**　　（H_2SiO_3　H_2SiO_3 がくり返されている）**ケイ酸**

水ガラスに塩酸を加えたときの化学反応式を，上の図を参照しながら完成させよ。

$$Na_2SiO_3 + 2HCl \longrightarrow H_2SiO_3 + 2NaCl$$
（➡ 弱酸の遊離）

このケイ酸を，加熱し乾燥したものが **シリカゲル** であり，**乾燥剤** や **吸着剤** などに用いられる。

<シリカゲル>

☑ **5** 次の(1)，(2)の化学反応式を書け。

(1) 二酸化ケイ素を水酸化ナトリウムとともに加熱する。

$$SiO_2 + 2NaOH \longrightarrow Na_2SiO_3 + H_2O$$

(2) 水ガラスに塩酸を加えると，ケイ酸 H_2SiO_3 を生じる。（➡ 弱酸の遊離）

$$Na_2SiO_3 + 2HCl \longrightarrow H_2SiO_3 + 2NaCl$$

☑ **6** ケイ酸を加熱し乾燥した固体は **乾燥剤** や **吸着剤** などに用いられる。この固体を何というか。

シリカゲル

☑ **7** シリカゲルは小さなすきまが多くあるので，その表面積がきわめて **大き** く，気体や色素などを **吸着** することができる。また，表面に **親水性** の -OH の構造があるので，**水蒸気** を **吸着** する力が強い。

☑ **8** シリカゲルは，小さなすきまを多くもつ **多孔質**（たこうしつ）の固体で，**乾燥** 剤や **吸着** 剤などとして広く用いられる。（順不同）（脱臭もOK）

23 アルカリ金属(水素 H 以外の 1 族元素)

学習日　月　日

水素以外の 1 族元素を アルカリ金属 といい，その単体はいずれも 銀白 色でやわらかい。
1 族元素の原子は，いずれも価電子を 1 個もち，1 価の 陽 イオンになりやすい。

次の表を完成させよ。

名称	元素記号	イオンの化学式	密度	融点	反応性	炎色反応
リチウム	Li	Li^+	水より小さい	高い	低い	赤
ナトリウム	Na	Na^+	水より小さい			黄
カリウム	K	K^+	水より小さい			赤紫
ルビジウム	Rb	Rb^+	水より大きい			赤
セシウム	Cs	Cs^+	水より大きい	低い	高い	青

☑ **1** アルカリ金属の単体の(1)密度，(2)融点，(3)反応性　の順は，それぞれ次のようになる。不等号を入れて完成させよ。

(1) 密度 ⇒ Li < Na ≒ K < Rb < Cs
(2) 融点 ⇒ Li > Na > K > Rb > Cs
(3) 反応性 ⇒ Li < Na < K < Rb < Cs

☑ **2** アルカリ金属の単体は強い 還元剤 であり，空気中の酸素に速やかに酸化され，また，常温の水と激しく反応して水素を発生し，水酸化物になる。Na と O_2 との化学反応式と，Na と常温の水との化学反応式をそれぞれ書け。

O_2 との反応　$4Na + O_2 \longrightarrow 2Na_2O$

H_2O(常温)との反応　$2Na + 2H_2O \longrightarrow 2NaOH + H_2$　(金属単体 + 水 ⟶ 水酸化物 + 水素)

☑ **3** アルカリ金属の単体は，空気中の酸素や水と反応しやすいため 石油 中に保存する。(灯油も OK)

☑ **4** Na は冷水と反応して水素を発生し，水酸化ナトリウムを生じる。このときの化学反応式を書け。

$2Na + 2H_2O \longrightarrow 2NaOH + H_2$

☑ **5** 水酸化ナトリウム NaOH は，白色の固体で，空気中に放置すると空気中の水分を吸収して溶ける。この現象を何というか。　潮解(ちょうかい)

☑ **6** 炭酸ナトリウム十水和物 $Na_2CO_3 \cdot 10H_2O$ の結晶を空気中に放置すると，水和水の一部を失って白色粉末になる。この現象を何というか。　風解(ふうかい)

24 アルカリ土類金属(2 族元素)

学習日　月　日

2 族元素はすべて 金属 元素であり，アルカリ土類金属 という。(金属 or 非金属)
2 族元素の原子は，いずれも価電子を 2 個もち，2 価の 陽 イオンになりやすい。

次の表を完成させよ。

名称	元素記号	イオンの化学式	反応性	水との反応条件	炎色反応
ベリリウム	Be	Be^{2+}	低い		示さない
マグネシウム	Mg	Mg^{2+}		熱水と反応して H_2 を発生し，$Mg(OH)_2$ になる。	示さない
カルシウム	Ca	Ca^{2+}		常温の水と反応して H_2 を発生し，$Ca(OH)_2$ になる。(化学式)	橙赤
ストロンチウム	Sr	Sr^{2+}		常温の水と反応して H_2 を発生し，$Sr(OH)_2$ になる。	紅
バリウム	Ba	Ba^{2+}	高い	常温の水と反応して H_2 を発生し，$Ba(OH)_2$ になる。	黄緑

☑ **1** マグネシウムと熱水との反応を化学反応式で書け。

$Mg + 2H_2O \longrightarrow Mg(OH)_2 + H_2$

☑ **2** Be と Mg を除くアルカリ土類金属の単体は，いずれも 常温 の水と反応して 水酸化物 と 水素 を生じる。Ca と常温の水との反応を化学反応式で書け。

$Ca + 2H_2O \longrightarrow Ca(OH)_2 + H_2$

この反応で生じる水酸化カルシウムは 消石灰(しょうせっかい) ともよばれ，その飽和水溶液が 石灰水(せっかいすい) である。

☑ **3** 次の表を完成させよ。

名称	化学式	特徴
酸化カルシウム	CaO	生石灰(せいせっかい) ともよばれる白色の固体。水を加えると，多量の 熱 を発生する。
水酸化カルシウム	$Ca(OH)_2$	消石灰 ともよばれる白色の粉末。飽和水溶液は 石灰水 という。
炭酸水素カルシウム	$Ca(HCO_3)_2$	水に Ca^{2+} と HCO_3^- に電離して溶ける。
炭酸カルシウム	$CaCO_3$	石灰石(せっかいせき)，大理石(だいりせき)，貝殻(かいがら) などの主成分。水にほとんど溶けない。(沈殿)

25 カルシウムの化合物

学習日 月 / 日

【1】酸化カルシウム CaO は 生石灰 ともよばれる白色の固体で，水を加えると，多量の 熱 を発生しながら反応する。このときの化学反応式を書け。

$CaO + H_2O \longrightarrow Ca(OH)_2$　（➡ p. 22 $O^{2-} + H_2O \longrightarrow 2OH^-$ からつくる）

CaO は **乾燥剤** や **発熱剤** などに用いられる。

酸化カルシウムは，石灰石（主成分 $CaCO_3$）を強熱してつくる。このときの化学反応式を書け。

$CaCO_3 \longrightarrow CaO + CO_2$　（塩 $\xrightarrow{加熱}$ 塩基性酸化物 ＋ 酸性酸化物 となる）

【2】水酸化カルシウム $Ca(OH)_2$ は 消石灰 ともよばれる白色の粉末で，水に少し溶けて強い 塩基 性を示す。この飽和水溶液を 石灰水 といい，CO_2 を通じると **炭酸カルシウム** の 白 色沈殿を生じる。このときの化学反応式を書け。

考え方

$CO_2 + H_2O \longrightarrow H_2CO_3$

+）$H_2CO_3 + Ca(OH)_2 \longrightarrow CaCO_3 + 2H_2O$　（中和）

$CO_2 + Ca(OH)_2 \longrightarrow CaCO_3 + H_2O$

☑ **1** 次の(1)〜(3)の化学反応式を書け。

(1) 石灰水に二酸化炭素を通じると，白色沈殿を生じた。

$CO_2 + Ca(OH)_2 \longrightarrow CaCO_3 + H_2O$

(2) (1)の水溶液に二酸化炭素を通じ続けると，炭酸水素カルシウム $Ca(HCO_3)_2$ を生じた。$Ca(HCO_3)_2$ は水に電離して溶けるので，白色沈殿が消えた。

$CaCO_3 + CO_2 + H_2O \longrightarrow Ca(HCO_3)_2$

(3) (2)の白色沈殿が消えた水溶液を加熱すると，CO_2 を発生し再び $CaCO_3$ の白色沈殿が生じた。

$Ca(HCO_3)_2 \longrightarrow CaCO_3 + CO_2 + H_2O$　（(2)の逆反応を書く）

☑ **2** 空欄に適当な化学式を入れよ。

石灰水（$Ca(OH)_2$ の飽和水溶液のこと）$\xrightarrow{CO_2 を通じる}$ $CaCO_3$ の白色沈殿が生じる $\xrightarrow{CO_2 を通じる}$ $Ca(HCO_3)_2$ を生じ，白色沈殿が消える $\xrightarrow{加熱する}$ CO_2 が発生し，再び $CaCO_3$ の白色沈殿が生じる

☑ **3** 硫酸カルシウム $CaSO_4$ は，天然には $CaSO_4 \cdot 2H_2O$ として産出する。

$CaSO_4 \cdot 2H_2O$ は セッコウ ともよばれ，約 140℃ に加熱すると $CaSO_4 \cdot \frac{1}{2}H_2O$ の 焼きセッコウ になる。

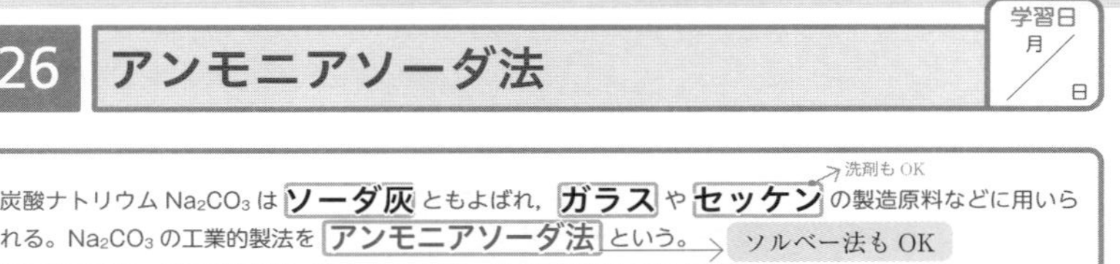

26 アンモニアソーダ法

学習日 月 / 日

炭酸ナトリウム Na_2CO_3 は **ソーダ灰** ともよばれ，**ガラス** や **セッケン**（洗剤も OK）の製造原料などに用いられる。Na_2CO_3 の工業的製法を アンモニアソーダ法 という。（ソルベー法も OK）

アンモニアソーダ法の工程は，次のようになる。空欄に適当な化学式を入れよ。

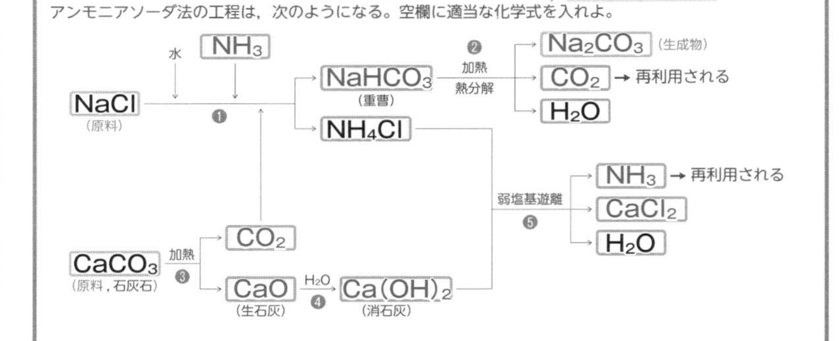

☑ **1** アンモニアソーダ法の工程（上の図）を見ながら，工程❶〜❺の化学反応式を書け。

❶ NaCl の飽和水溶液に NH_3 を十分に溶かし，これに CO_2 を吹き込むと，溶解度の小さい $NaHCO_3$ が沈殿する。

$NaCl + H_2O + NH_3 + CO_2 \longrightarrow NaHCO_3\downarrow + NH_4Cl$

❷ ❶で沈殿した $NaHCO_3$ を加熱すると，炭酸ナトリウム，二酸化炭素，水に分解する。

$2NaHCO_3 \longrightarrow Na_2CO_3 + CO_2 + H_2O$

❸ 石灰石（主成分 $CaCO_3$）を加熱する。

$CaCO_3 \longrightarrow CaO + CO_2$　（➡ p. 40 塩 $\xrightarrow{加熱}$ 塩基性酸化物 ＋ 酸性酸化物 からつくる）

❹ ❸で生じた CaO を水に溶かす。

$CaO + H_2O \longrightarrow Ca(OH)_2$　（➡ p. 22 $O^{2-} + H_2O \longrightarrow 2OH^-$ からつくる）

❺ ❶で生じた NH_4Cl と❹で生じた $Ca(OH)_2$ を反応させる。生じた NH_3 は再利用される。

$2NH_4Cl + Ca(OH)_2 \longrightarrow 2NH_3 + 2H_2O + CaCl_2$　（➡ p. 14 弱塩基の遊離）

☑ **2** アンモニアソーダ法全体では，原料として NaCl と $CaCO_3$ を用いて Na_2CO_3 と $CaCl_2$ を生成物として得る。このときの化学反応式を書け。

$2NaCl + CaCO_3 \longrightarrow Na_2CO_3 + CaCl_2$

係数に注意

❶×2＋❷＋❸＋❹＋❺ からつくってもよい

27 NaOHの工業的製法など

学習日 月 / 日

水酸化ナトリウム NaOH と塩素 Cl_2 は，工業的には陽イオンだけを通す膜(**陽イオン交換膜**)を用いて，塩化ナトリウム NaCl 水溶液を電気分解する**イオン交換膜法**で製造される。

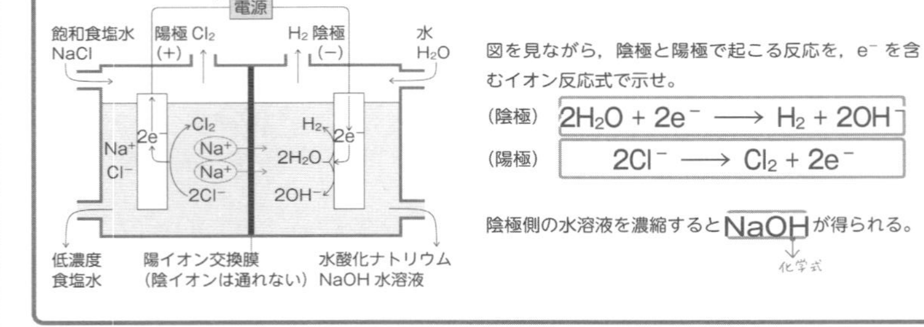

図を見ながら，陰極と陽極で起こる反応を，e^- を含むイオン反応式で示せ。

(陰極) $2H_2O + 2e^- \longrightarrow H_2 + 2OH^-$

(陽極) $2Cl^- \longrightarrow Cl_2 + 2e^-$

陰極側の水溶液を濃縮すると **NaOH** が得られる。（化学式）

☑ **1** 酸性酸化物である二酸化炭素と水酸化ナトリウム水溶液との反応を，化学反応式で書くと次のようになる。

考え方

$CO_2 + H_2O \longrightarrow H_2CO_3$

$+)\ H_2CO_3 + 2NaOH \longrightarrow Na_2CO_3 + 2H_2O$ (中和)

$CO_2 + 2NaOH \longrightarrow Na_2CO_3 + H_2O$ …①

NaOH の固体を空気中に放置すると，水蒸気を吸収して溶ける。この現象を **潮解** という。また，NaOH は空気中の CO_2 を吸収し，①の反応を起こし **炭酸ナトリウム Na_2CO_3** を生じる。

☑ **2** 炭酸ナトリウムの濃い水溶液を放置すると，水分が蒸発し無色透明の結晶が得られる。この結晶を空気中に放置しておくと，水和水の一部を失って，炭酸ナトリウム一水和物 **$Na_2CO_3 \cdot H_2O$** の白色粉末になる。無色透明の結晶の化学式と白色粉末になる現象の名称を答えよ。

無色透明の結晶の化学式 **$Na_2CO_3 \cdot 10H_2O$**　　現象 **風解**

☑ **3** 炭酸水素ナトリウムは **重曹** ともよばれ，**ベーキングパウダー** や発泡入浴剤などに含まれている。炭酸水素ナトリウムを加熱すると分解し，炭酸ナトリウム，二酸化炭素，水を生じる。このときの化学反応式を書け。

炭酸水素ナトリウム $\xrightarrow{加熱}$ **炭酸ナトリウム** ＋ **二酸化炭素** ＋ **水**

化学反応式にする → $2NaHCO_3 \longrightarrow Na_2CO_3 + CO_2 + H_2O$

28 13族(アルミニウム)

学習日 月 / 日

アルミニウム(13族)

【1】アルミニウム原子の原子番号，電子配置，価電子の数を答えよ。
原子番号は **13**。その電子配置は K(**2**)L(**8**)M(**3**)となり，価電子の数は **3** 個である。

【2】地殻中の元素の存在比(質量%)の順は，**O**(お)>**Si**(しゃ)>**Al**(ある)>**Fe**(て)>… の順になる。（元素記号）

【3】単体のアルミニウムは **銀白** 色の軽くてやわらかい金属であり，**ボーキサイト**(原料鉱石)から得られる酸化アルミニウム Al_2O_3(**アルミナ**)の **溶融塩** 電解または **融解塩** 電解によりつくられる。

補足1 金属単体の色は，銅 Cu が **赤** 色，金 Au が **黄(金)** 色であり，残りの金属単体のほとんどは銀白色・灰白色などと表される。

補足2 密度が 4～5 g/cm³ 以下の金属を **軽** 金属，4～5 g/cm³ より大きな金属を **重** 金属という。アルカリ金属・アルカリ土類金属・Al は **軽** 金属，ほとんどの遷移金属は **重** 金属になる。

【4】高温で融解し，電気分解することを **溶融塩電解**(ようゆうえんでんかい) または **融解塩電解**(ゆうかい) という。（順不同）

【5】金属単体の電気伝導度・熱伝導度の順は，
Ag>**Cu**>**Au**>**Al**>… の順になる。（元素記号）

【6】アルミニウムは，濃硝酸中では **不動態** となり，ほとんど反応が進まない。

☑ **1** アルミニウムは **両性** 金属であり，酸の水溶液にも強塩基の水溶液にも溶けて **水素** を発生する。次の(1)，(2)の化学反応式を書け。

(1) アルミニウムと塩酸の反応

$Al \longrightarrow Al^{3+} + 3e^-$ …(a)

$2H^+ + 2e^- \longrightarrow H_2$ …(b)

(a)×**2**＋(b)×**3** から，

$2Al + 6H^+ \longrightarrow 2Al^{3+} + 3H_2$ …(c)

(c)式の両辺に $6Cl^-$ を加えると完成する。

$2Al + 6HCl \longrightarrow 2AlCl_3 + 3H_2$

(2) アルミニウムと水酸化ナトリウム水溶液との反応

$2Al + 2NaOH + 6H_2O \longrightarrow 2Na[Al(OH)_4] + 3H_2$

☑ **2** アルミニウムは，空気中では表面に **Al_2O_3** のち密な **酸化** 被膜を生じて内部まで酸化されず，濃硝酸にも溶け **ない**。このような状態をどちらも **不動態** という。

アルミニウムの単体・化合物

アルミニウムを強熱すると，多量の **熱** や強い **光** を発生し，酸化アルミニウムになる。このときの化学反応式を書け。

$4Al + 3O_2 \longrightarrow 2Al_2O_3$

また，アルミニウムの粉末と酸化鉄(Ⅲ)Fe_2O_3 の粉末を混合して点火すると，激しく反応し，融解した鉄 Fe が得られる。この反応を **テルミット** 反応といい，**レールの溶接** などに利用されている。このときの化学反応式を書け。

$2Al + Fe_2O_3 \longrightarrow 2Fe + Al_2O_3$ （Al が還元剤としてはたらき，Fe_2O_3 から O をうばう。）

アルミニウム表面に人工的にち密な酸化被膜をつけた製品を **アルマイト** という。

<アルマイトの例>

アルミニウムの単体は，酸の水溶液にも強塩基の水溶液にも水素を発生して溶ける **両性** 金属であるが，濃硝酸には **不動態** となり溶けない。

☑ **3** (1) アルミニウム Al に **Cu** や **Mg** などを添加した合金を何というか。

ジュラルミン

(2) ルビーやサファイアの主成分の化学式を答えよ。

Al_2O_3

(3) ミョウバンのような複数の塩が結合した塩を何というか。また，ミョウバンの化学式を答えよ。

複塩　化学式：$AlK(SO_4)_2 \cdot 12H_2O$

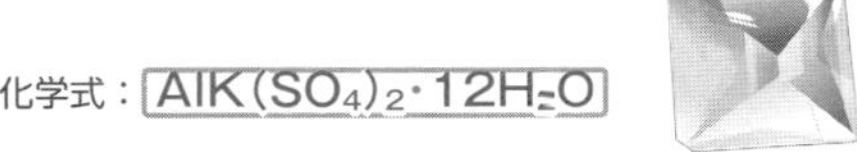

☑ **4** Al や Al_2O_3 は，いずれも酸や強塩基と反応して溶ける。このような金属や酸化物をそれぞれ何というか。

金属：**両性** 金属　　酸化物：**両性** 酸化物

☑ **5** $Al(OH)_3$ は両性水酸化物で，塩酸や水酸化ナトリウム水溶液と反応して溶ける。このときの化学反応式をそれぞれ書け。

塩酸との反応 ⇒ $Al(OH)_3 + 3HCl \longrightarrow AlCl_3 + 3H_2O$ （中和反応）

水酸化ナトリウム水溶液との反応 ⇒ $Al(OH)_3 + NaOH \longrightarrow Na[Al(OH)_4]$ （錯イオンをつくる反応）

☑ **6** Al は常温の水とは反応 **しない** が，**高温の水蒸気** とは反応し **水素** を発生する。

H_2 も OK

☑ **7** $AlK(SO_4)_2 \cdot 12H_2O$ は **ミョウバン** といい，**正八面体** 形の無色透明な結晶になる。この水溶液は弱い **酸** 性を示す。

29 アルミニウムの製錬

学習日　月　日

イオン化傾向の大きな Al の単体は，Al^{3+} を含む水溶液の電気分解では得られ **ない**（る or ない）。そのため，アルミニウムの酸化物 Al_2O_3 を融解し，液体とし，これを電気分解して Al をつくる。この操作を **溶融塩電解** または **融解塩電解** という。（順不同）

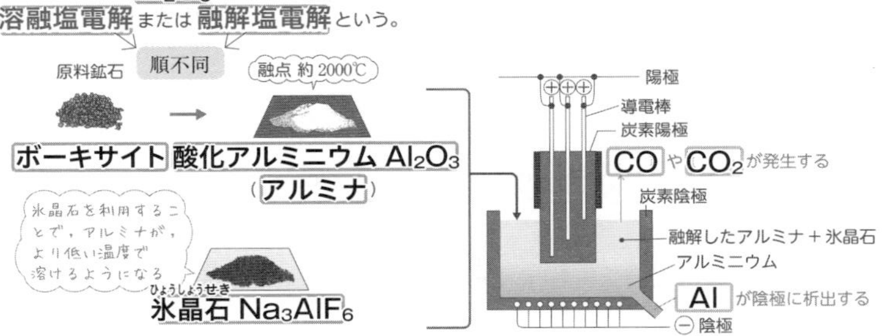

<溶融塩電解のようす>

アルミニウムの鉱石である **ボーキサイト** $Al_2O_3 \cdot nH_2O$ を精製して得られる酸化アルミニウム Al_2O_3（**アルミナ** ともよぶ）を **氷晶石** Na_3AlF_6 とともに，**炭素** 電極を用いて **溶融塩** 電解することで Al を製造する。このとき，Al は **陰** 極に析出する。陰極と陽極で起こる e^- を含むイオン反応式を完成させよ。（陽 or 陰）（白金 or 炭素）（融解塩も OK）

（陰極）$Al^{3+} + 3e^- \longrightarrow Al$

（陽極）$C + O^{2-} \longrightarrow CO + 2e^-$　または　$C + 2O^{2-} \longrightarrow CO_2 + 4e^-$

☑ **1** アルミナ Al_2O_3 は融点が約 2000℃ と高いが，**氷晶石** Na_3AlF_6 を約 1000℃ に加熱し融解させたものには，次のように電離して溶解する。イオン反応式を完成させよ。

$Al_2O_3 \longrightarrow 2Al^{3+} + 3O^{2-}$

また，この溶液を炭素電極を用いて電気分解したときの，陰極と陽極の e^- を含むイオン反応式を完成させよ。

（陰極）$Al^{3+} + 3e^- \longrightarrow Al$

（陽極）$C + O^{2-} \longrightarrow CO + 2e^-$

または $C + 2O^{2-} \longrightarrow CO_2 + 4e^-$

30 遷移元素

学習日 月 日

遷移元素は，周期表の 3 ～ 12 族の元素をいい，すべて 金属 元素である。（金属 or 非金属）

●遷移元素の特徴

【1】最外殻電子の数を 2 個または 1 個に保ったまま，内側 の電子殻に電子が配置される。（順不同）

【2】周期表で，たてに並んだ元素だけでなく，横 に並んだ元素どうしの性質も 似ている ことが多い。

【3】単体は，密度が 大き く，融点の 高 いものが多く，電気や熱の伝導性も大きい。

補足 電気・熱伝導度の順は，Ag > Cu > Au > Al >…（元素記号）（遷移元素（11 族）の単体／典型元素の単体）

【4】同一の元素が，複数の 酸化数 をとることが多い。

【5】イオンや化合物には，有色 のものが多い。

例 Fe^{2+} 水溶液：淡緑 色　Fe^{3+} 水溶液：黄褐 色　CuO：黒 色　Cu_2O：赤 色

☑ 1 ある金属と他の金属を融解し混ぜ合わせた後に固めたものを 合金（ごうきん） といい，遷移元素やアルミニウムは合金をつくりやすい。次の表を完成させよ。

合金の名称	組成（○は主成分）	特徴・用途
青銅（せいどう）→ブロンズも OK	Cu－Sn	さびにくく加工しやすい。銅像，鐘など
黄銅（おうどう）→ 真ちゅうも OK	Cu－Zn	加工しやすい。楽器，5 円硬貨など
白銅（はくどう）	Cu－Ni	加工しやすい。50 円硬貨，100 円硬貨など
ステンレス鋼（こう）	Fe－Cr－Ni	さびにくい。刃物など
ニクロム	Ni－Cr	電気抵抗が 大き い。電熱線など
ジュラルミン	Al－Cu－Mg－Mn	軽くて丈夫。航空機 など

☑ 2 金属の表面を別の金属でおおう操作を，めっきという。めっきすることで，金属の腐食（さび）を防ぐことができる。

(1) 鉄 Fe の表面に亜鉛 Zn をめっきして，Fe がさびるのを防いだものを何というか。　トタン

Zn／Fe　ち密な酸化被膜ができている

(2) 鉄 Fe の表面にスズ Sn をめっきしたものを何というか。　ブリキ

Sn／Fe　ち密な酸化被膜ができている

31 亜鉛 Zn

学習日 月 日

【1】亜鉛 Zn，カドミウム Cd，水銀 Hg は，12 族に属する 遷移元素 であり，2 個の最外殻電子をもち 2 価の 陽 イオンになりやすい。

亜鉛は，アルミニウム，スズ，鉛 と同じ 両性金属 であり，酸や強塩基の水溶液と反応して 水素 を発生する。（H_2 も OK）

（補足 両性金属 → Al（あ），Zn（あ），Sn（すん），Pb（なり），…）

Zn は常温の水とは反応しないが，高温の水蒸気 とは反応し 水素 を発生する。（H_2 も OK）

【2】酸化亜鉛 ZnO は 白 色の粉末で，酸化アルミニウム Al_2O_3 と同じ 両性 酸化物であり，酸や強塩基の水溶液と反応して溶ける。ZnO は 亜鉛華（か） ともいわれ，白 色の絵の具や 医薬品 などに用いられる。

【3】水酸化亜鉛 $Zn(OH)_2$ は，水酸化アルミニウム $Al(OH)_3$ と同じ 両性 水酸化物であり，酸や強塩基の水溶液と反応して溶ける。

☑ 1 Zn，ZnO，$Zn(OH)_2$ は，いずれも両性であり，酸や強塩基の水溶液と反応する。次の化学反応をそれぞれ化学反応式で書け。

(1) $Zn(OH)_2$ の反応

① HCl 水溶液との反応（中和反応）

$$Zn(OH)_2 + 2HCl \longrightarrow ZnCl_2 + 2H_2O$$

② NaOH 水溶液との反応（錯イオンをつくる反応）

$$Zn(OH)_2 + 2NaOH \longrightarrow Na_2[Zn(OH)_4]$$

(2) ZnO の反応

① HCl 水溶液との反応 （➡ p. 22 $O^{2-} + 2H^+ \longrightarrow H_2O$ からつくる）

$$ZnO + 2HCl \longrightarrow ZnCl_2 + H_2O$$

② NaOH 水溶液との反応（錯イオンをつくる反応）

$$ZnO + 2NaOH + H_2O \longrightarrow Na_2[Zn(OH)_4]$$

(3) Zn の反応

① HCl 水溶液との反応 （➡ p. 16 Zn は Zn^{2+} へ，$2H^+$ は H_2 へと変化する）

$$Zn + 2HCl \longrightarrow ZnCl_2 + H_2$$

② NaOH 水溶液との反応（錯イオンをつくり，水素を発生する）

$$Zn + 2NaOH + 2H_2O \longrightarrow Na_2[Zn(OH)_4] + H_2$$

32 銅 Cu

学習日　月　日

銅 Cu

黄銅鉱(主成分 $CuFeS_2$)から得られる粗銅(そどう)(純度約 99%)を**電解精錬**によって純銅(じゅんどう)(純度約 99.99%以上)にすることで，銅 Cu の単体を得る。

●銅 Cu の性質

【1】赤 色のやわらかい金属で 展 性・延 性に富み，電気や熱の伝導性が大きい。

補足1 金属単体の色は，Cu：赤 色，Au：黄(金) 色。残りの金属単体のほとんどは銀白色・灰白色などと表される。

補足2 金属単体の電気伝導度・熱伝導度の順は，Ag > Cu > Au > Al >… の順。（元素記号）

【2】湿った空気中では徐々に 酸化 され，緑青(ろくしょう) とよばれる緑色のさびを生じる。

【3】イオン化傾向は水素 H_2 より 小さ く，塩酸 HCl や希硫酸 H_2SO_4 とは反応 しない が，希硝酸には NO，濃硝酸には NO_2，熱濃硫酸には SO_2 を発生して溶け る 。（する or しない）（化学式）（化学式）（る or ない）

【4】銅と亜鉛の合金を 黄銅，銅とスズの合金を 青銅，銅とニッケルの合金を 白銅 という。

真ちゅうも OK　ブロンズも OK

☑ **1** 次の(1)〜(9)の色を答えよ。

(1) 銅単体：赤 色　(2) Cu^{2+} の水溶液：青 色　(3) $Cu(OH)_2$：青白 色

(4) $[Cu(NH_3)_4]^{2+}$：深青 色　(5) CuS：黒 色　(6) CuO：黒 色

(7) Cu_2O：赤 色　(8) $CuSO_4・5H_2O$：青 色　(9) $CuSO_4$：白 色

濃青も OK

☑ **2** 湿った空気中で生じる銅のさびを何というか。　緑青

☑ **3** 次の(1)，(2)の銅の合金の名称と組成を答えよ。

(1) 銅像や鐘などに利用される合金：青銅，組成は Cu-Sn　（ブロンズも OK）

(2) 楽器や 5 円硬貨などに利用される合金：黄銅，組成は Cu-Zn　（真ちゅうも OK）

☑ **4** 次の(1)，(2)の空欄に化学式を入れよ。

(1) 銅を空気中で加熱すると黒色の CuO になり，1000℃以上の高温で加熱すると赤色の Cu_2O になる。

(2) 銅は熱濃硫酸に SO_2 を発生して溶ける。この水溶液から析出させることのできる青色結晶の $CuSO_4・5H_2O$ を加熱すると，水和水をすべて失って，白色粉末状の $CuSO_4$ になる。この白色の無水物は水に触れると再び青色結晶に戻るので **水の検出** に使われる。

銅の電解精錬

黄銅鉱(化学式 $CuFeS_2$)を製錬すると，粗銅(純度約 99%)が得られる。

●銅の **電解精錬** のようす

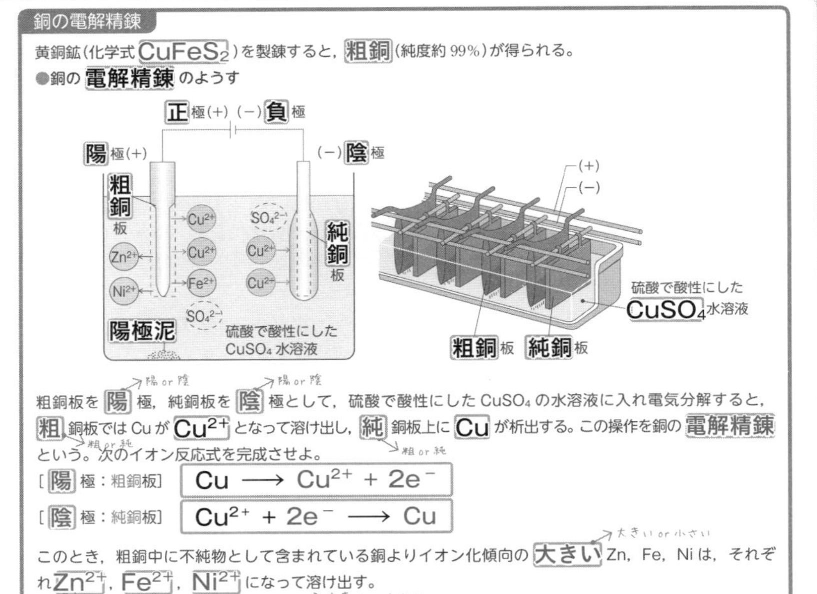

粗銅板を 陽 極，純銅板を 陰 極として，硫酸で酸性にした $CuSO_4$ の水溶液に入れ電気分解すると，粗 銅板では Cu が Cu^{2+} となって溶け出し，純 銅板上に Cu が析出する。この操作を銅の **電解精錬** という。次のイオン反応式を完成させよ。

[陽 極：粗銅板]　$Cu \longrightarrow Cu^{2+} + 2e^-$

[陰 極：純銅板]　$Cu^{2+} + 2e^- \longrightarrow Cu$

このとき，粗銅中に不純物として含まれている銅よりイオン化傾向の 大きい Zn，Fe，Ni は，それぞれ Zn^{2+}，Fe^{2+}，Ni^{2+} になって溶け出す。

一方，銅よりイオン化傾向の 小さい Au，Ag は，陽イオンにならずに粗銅板からはがれ落ち，陽極の下に 沈殿 する。これを 陽極泥(ようきょくでい) という。

☑ **5** 銅の電解精錬について □ の中に適切な語句を入れよ。

陽極：粗 銅板

陰極：純 銅板

電解質水溶液は，硫酸 で酸性にした $CuSO_4$ 水溶液を用いる

<粗銅板のようす>

イオン化傾向　大 → 小

Zn > Fe > Ni > Cu > Ag > Au

（Zn〜Cu）2 価の 陽 イオンとなって溶液中に溶け出す

（Ag, Au）陽極泥 として沈殿する

☑ **6** 塩基性酸化物である酸化銅(Ⅱ)は，黒 色で希硫酸 H_2SO_4 に溶ける。このときの化学反応式を書け。（➡ p. 22 $O^{2-} + 2H^+ \longrightarrow H_2O$ よりつくる）

$$CuO + H_2SO_4 \longrightarrow CuSO_4 + H_2O$$

☑ **7** $CuSO_4・5H_2O$ の 青 色結晶を 150℃に加熱すると，水和水を失って白色粉末になる。このときの化学反応式を書け。（白色粉末 ⇒ $CuSO_4$）

$$CuSO_4・5H_2O \longrightarrow CuSO_4 + 5H_2O$$

33 鉄 Fe

学習日 月 / 日

鉄 Fe

鉄は，地殻中に多く含まれている。地殻中に多く存在する元素の順は，

ゴロ　O(お) > Si(しゃ) > Al(ある) > Fe(て) >… の順になる。（元素記号）

Fe は灰白色の金属で，塩酸 HCl や希硫酸 H_2SO_4 と反応して **Fe^{2+}** になる。このときの化学反応式を書け。

塩酸のとき　$Fe + 2HCl \longrightarrow FeCl_2 + H_2$　(➡ p. 16 酸化還元反応)

希硫酸のとき　$Fe + H_2SO_4 \longrightarrow FeSO_4 + H_2$　(➡ p. 16 酸化還元反応)

Fe は濃硝酸には **不動態** となり，溶け **ない**（る or ない）。

鉄は湿った空気中で **酸化** され，酸化鉄(Ⅲ)Fe_2O_3(**赤褐** 色)を含む **赤さび** を生じる。
これに対して，鉄は空気中で強く熱すると **酸化** され，四酸化三鉄 Fe_3O_4(**黒** 色)を生じる。Fe_3O_4 は **黒さび** の主成分である。

☑ 1　次の(1)～(8)の色を答えよ。

(1) Fe^{2+} の水溶液：**淡緑** 色　(2) Fe^{3+} の水溶液：**黄褐** 色　(3) $Fe(OH)_2$：**緑白** 色
(4) 水酸化鉄(Ⅲ)：**赤褐** 色　(5) FeS：**黒** 色　(6) Fe_2O_3：**赤褐** 色
(7) Fe_3O_4：**黒** 色　(8) $FeSO_4 \cdot 7H_2O$：**淡緑** 色（青緑も OK）

☑ 2　次の合金やめっきした鋼板の名称を答えよ。
(ただし，(2)と(3)は，めっきした鋼板に傷がついて Fe が露出している。)

(1) 鉄とクロム，ニッケルの合金　**ステンレス鋼**

(2)　水滴　ち密な酸化被膜を生じている　Zn　Zn^{2+}　Fe　**トタン**

(3)　水滴　ち密な酸化被膜を生じている　Sn　Fe^{2+}　Fe　**ブリキ**

補足　Fe，Zn，Sn のイオン化傾向の順は，**Zn** > **Fe** > **Sn** の順であるため，**トタン**（トタン or ブリキ）では傷がついて Fe が露出しても，イオン化傾向の大きい Zn が先に酸化され **Zn^{2+}** になることで，Fe の腐食(さび)を防ぐことができる。
一方，**ブリキ**（トタン or ブリキ）では，Fe が Sn よりもイオン化傾向が大きく，先に酸化され **Fe^{2+}** になることで，Fe の腐食(さび)が進行してしまう。

☑ 3　Fe は高温の水蒸気と反応する。このときの化学反応式を書け。(四酸化三鉄を生じる)

$3Fe + 4H_2O \longrightarrow Fe_3O_4 + 4H_2$

鉄の製錬

鉄の製錬には，赤鉄鉱(せきてっこう)(主成分 **Fe_2O_3**)や磁鉄鉱(じ)(主成分 **Fe_3O_4**)などの鉄鉱石を用いる。（化学式）

赤鉄鉱(主成分 **Fe_2O_3**)は，コークス C の燃焼で生じた **CO** によって溶鉱炉(高炉)内で次々と還元され，Fe になる。このときの化学反応式を書け。

$Fe_2O_3 + 3CO \longrightarrow 2Fe + 3CO_2$　(CO が O をうばう)

溶鉱炉で得られる鉄は **銑鉄**(せんてつ) とよばれ，約 4% の C を含み硬くて **もろく**，展性・延性に **とぼしい**。マンホールのふたなど **鋳物** に用いられる。

銑鉄 を転炉に移して O_2 を吹き込み，酸化により C の量を減らした鉄を **鋼**(こう) という。硬くて **粘り強い** ので，鉄骨やレールなど広く用いられる。

☑ 4　次の図は鉄の製錬のようすを表している。

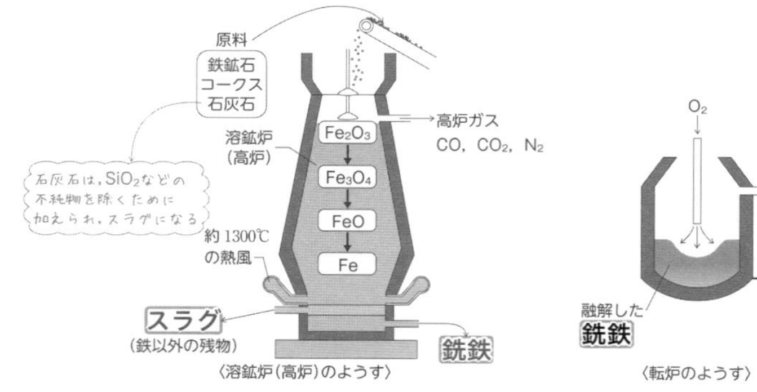

〈溶鉱炉(高炉)のようす〉　〈転炉のようす〉

(1) 原料として鉄鉱石，コークス，石灰石を利用する。これらの化学式を答えよ。
赤鉄鉱は **Fe_2O_3**，磁鉄鉱は **Fe_3O_4**，コークスは **C**，石灰石は **$CaCO_3$**

(2) 原料を溶鉱炉に入れて熱風を吹き込むと，コークス C から発生した CO が Fe_2O_3 などを **還元** する。Fe_2O_3 と CO が反応し，鉄が生じるときの化学反応式を書け。

$Fe_2O_3 + 3CO \longrightarrow 2Fe + 3CO_2$　(CO が O をうばう)

(3) 溶鉱炉で得られる鉄を何というか。　**銑鉄**

(4) (3)を転炉に移し，酸素を吹き込み得られる鉄を何というか。　**鋼**

(5) 鉄鉱石中の SiO_2 などの不純物は，$CaCO_3$ の熱分解で生じる **CaO** と反応し，$CaSiO_3$ などとなって，銑鉄の上に浮かぶ。これを何というか。　**スラグ**

34 有機化合物の特徴

学習日　月　日

有機化合物…炭素原子を骨格とする化合物
無機化合物…有機化合物以外の化合物

補足 ただし，CO や CO_2(酸化物)，$CaCO_3$(炭酸塩)などの簡単な炭素化合物は，無機化合物として扱う。

有機化合物を構成する元素は，C，H，O（順不同・多く含まれている元素），N，S，P，ハロゲンなど（少ない元素）で，元素の種類は少ない。（多い or 少ない）

●有機化合物の特徴

【1】分子でできた物質であり，融点や沸点が低い（高い or 低い）ものが多い。

【2】水には溶けにくく（やすく or にくく），ジエチルエーテルなどの有機溶媒に溶けやすい（やすい or にくい）ものが多い。

☑ 1 炭素と水素からできた化合物を炭化水素（たんかすいそ）といい，炭素と水素からできている基を炭化水素基という。

☑ 2 メタン H-C-H（上下に H）から H 1 個が取れた形の H-C-（上下に H）をメチル基という。

エタン H-C-C-H（各 C の上下に H）から H 1 個が取れた形の H-C-C-（各 C の上下に H）をエチル基という。

☑ 3 CH_3-メチル基や C_2H_5-エチル基に，-OH が結びついた H-C-OH（上下に H）をメタノール，H-C-C-OH（各 C の上下に H）をエタノールという。（エチルアルコールも OK）

このように有機化合物は，炭化水素基に -OH のような有機化合物の性質を示す官能基が結びついた構造をもつ。

また，-OH をヒドロキシ基とよび，-OH をもつ化合物はアルコールとよばれる。Na と反応して H_2 を発生するなど，アルコールはどれもよく似た性質を示す。

☑ 4 H-C-C-OH（各 C の上下に H）は H-C-C-（各 C の上下に H）エチル基と -OH ヒドロキシ基からなるアルコールで，エタノールとよばれる。

このように，原子間の結合を線-で表した化学式を構造式という。

また，CH_3-CH_2-OH のように，H- の - を省略した構造式は簡略化した構造式という。

35 官能基

学習日　月　日

有機化合物は，H-C-O-H（炭化水素基 + 官能基（ヒドロキシ基））メタノール や H-C-C-O-H（C=O を含む，炭化水素基 + 官能基（カルボキシ基））酢酸（さくさん）（→化合物名） のように 炭化水素基 + 官能基 の構造をもつ。

次の官能基の表を完成させよ。

官能基の構造	官能基の名称	化合物の一般名	有機化合物の例
-OH	ヒドロキシ基	アルコール	C_2H_5-OH エタノール（エチルアルコールも OK）
		フェノール類	⌬-OH フェノール
-C(=O)-H	ホルミル（アルデヒド）基	アルデヒド	CH_3-CHO アセトアルデヒド
>C=O	カルボニル（ケトン）基	ケトン	CH_3-C(=O)-CH_3 アセトン
-C(=O)-OH	カルボキシ基	カルボン酸	CH_3-C(=O)-OH 酢酸
-C-O-C-	エーテル結合	エーテル	C_2H_5-O-C_2H_5 ジエチルエーテル
$-NH_2$	アミノ基	アミン	⌬-NH_2 アニリン
-C(=O)-O-	エステル結合	エステル	CH_3-C(=O)-O-C_2H_5 酢酸エチル
$-NO_2$	ニトロ基	ニトロ化合物	⌬-NO_2 ニトロベンゼン
$-SO_3H$	スルホ基	スルホン酸	⌬-SO_3H ベンゼンスルホン酸

注 ホルミル基，カルボキシ基，エステル結合の >C=O もカルボニル基とよぶことがある。

☑ 1 (1) CH_3-CH(OH)-COOH 乳酸のもつ CH_3- はメチル基，-OH はヒドロキシ基，-COOH はカルボキシ基という。

(2) H-C(=O)-OH ギ酸のもつ H-C(=O)- はホルミル（アルデヒド）基，-C(=O)-OH はカルボキシ基という。

36 有機化合物の表し方

学習日 月 日

【1】分子をつくっている原子の **種類** と **数** を表した化学式を **分子式** という。

【2】分子式 { CH_4O, $C_2H_4O_2$ } から { -OH **ヒドロキシ** 基, -COOH **カルボキシ** 基 } を抜き出し，{ CH_3OH, CH_3COOH } のように表した化学式を **示性式**（しせいしき）という。

【3】H-C(H)(H)-C(=O)-O-H（酢酸）のように，原子間の結合を線-で表した化学式を **構造式**，CH_3-C(=O)-OH のようにーの一部（特に H-の-）を省略した構造式を **簡略化した構造式** という。

☑ 1 次の表を完成させよ。

官能基の構造と名称		化合物の一般名	官能基の構造と名称		化合物の一般名
-OH	**ヒドロキシ** 基	**アルコール**	-O-	**エーテル** 結合	**エーテル**
		フェノール類	$-NH_2$	**アミノ** 基	**アミン**
-CHO	**ホルミル** 基	**アルデヒド**	-COO-	**エステル** 結合	**エステル**
>CO	**カルボニル** 基	**ケトン**	$-NO_2$	**ニトロ** 基	**ニトロ化合物**
-COOH	**カルボキシ** 基	**カルボン酸**	$-SO_3H$	**スルホ** 基	**スルホン酸**

☑ 2 次の表を完成させよ。

構造式	化合物名	簡略化した構造式	示性式	分子式
H-C(H)(H)-C(=O)-H	**アセトアルデヒド**	CH_3-C(=O)-H	CH_3CHO	C_2H_4O
H-C(H)(H)-C(=O)-C(H)(H)-H	**アセトン**	CH_3-C(=O)-CH_3	CH_3COCH_3	C_3H_6O
H-C(H)(H)-C(=O)-O-C(H)(H)-C(H)(H)-H	**酢酸エチル**	CH_3-C(=O)-O-C_2H_5	$CH_3COOC_2H_5$	$C_4H_8O_2$
C_6H_5-C(=O)-O-H	**安息香酸**	C_6H_5-C(=O)-OH	C_6H_5COOH	$C_7H_6O_2$

37 構造異性体

学習日 月 日

有機化合物には，分子式が同じでも，構造が異なる化合物が存在することがある。

例題 分子式は同じ C_2H_6O だが，2 種類の化合物がある。

H-C(H)(H)-C(H)(H)-O-H（**ヒドロキシ** 基）… **エタノール**

H-C(H)(H)-O-C(H)(H)-H（**エーテル** 結合）… **ジメチルエーテル**

官能基の種類が異なる。

このように，分子式が同じで構造の異なる化合物を，互いに **異性体**（いせいたい）という。**異性体** のうち，構造式が異なるものを **構造異性体** という。

☑ 1 構造異性体には，①官能基の種類が異なるもの，②炭素骨格が異なるもの，③官能基の位置が異なるもの，④不飽和結合（C=C や C≡C）の位置が異なるものなどがある。次の表の □ に①～④のいずれかを入れよ。

構造異性体の生じる原因	①	③	②	④
構造異性体の例	CH_3-CH_2-OH（**ヒドロキシ** 基）	$CH_3-CH_2-CH_2-OH$	$CH_3-CH_2-CH_2-CH_3$	$CH_2=CH-CH_2-CH_3$
	CH_3-O-CH_3（**エーテル** 結合）	$CH_3-CH(OH)-CH_3$	$CH_3-CH(CH_3)-CH_3$	$CH_3-CH=CH-CH_3$

☑ 2 構造異性体を考えるときには，C 骨格のパターンを覚えておくと便利である。考えられる C 骨格のパターンをすべて書け。

(1) 鎖状構造（環をもたない構造）

C_3 ⇒ **C-C-C** のみの **1** 種

C_4 ⇒ **C-C-C-C，C-C(C)-C** の **2** 種

C_5 ⇒ **C-C-C-C-C，C-C(C)-C-C，C-C(C)(C)-C** の **3** 種

(2) 環状構造

C_3 ⇒ **（三員環 C-C-C）** のみの **1** 種

C_4 ⇒ **（四員環 C-C/C-C），（三員環にCが結合したもの C-C-C）** の **2** 種

38 立体異性体

学習日 月 / 日

異性体には，分子の立体的な構造が異なるために生じる異性体があり，これを 立体異性体 という。
立体異性体には，
C=C 結合が原因で生じる シス-トランス異性体（幾何(きか)異性体） と
不斉炭素原子(ふせいたんそ)が原因で生じる 鏡像(きょうぞう)異性体（光学(こうがく)異性体）
がある。

シス-トランス異性体（幾何異性体）の 例

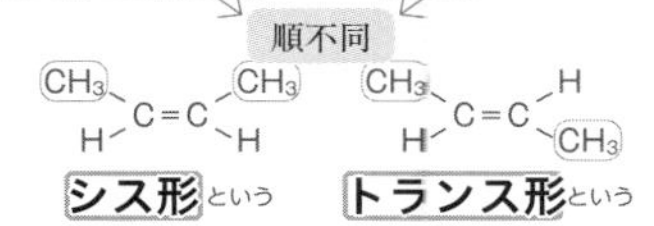

順不同

CH_3 と CH_3 が同じ側: $(CH_3)(H)C=C(CH_3)(H)$ **シス形**という
CH_3 と CH_3 が反対側: $(CH_3)(H)C=C(H)(CH_3)$ **トランス形**という

C=C 結合が回転でき ない ために生じる。（る or ない）

鏡像異性体（光学異性体）の 例

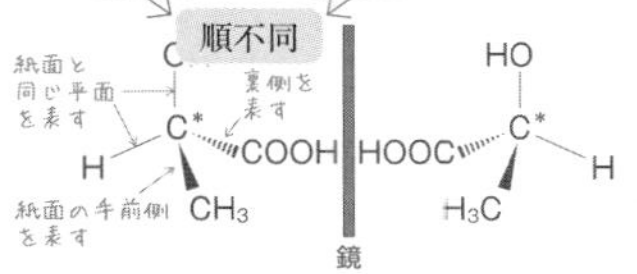

順不同

紙面と同じ平面を表す／裏側を表す／紙面の手前側を表す

H–C*(OH)(COOH)(CH_3) ｜鏡｜ HOOC–C*(HO)(H)(H_3C)

どちらも乳酸だが，光 に対する性質が異なる。
C*を 不斉炭素 原子という。

☑ **1** 立体異性体には，C=C 結合が回転できないために生じる シス-トランス 異性体がある。（幾何も OK）

ⓐ $(CH_3)(H)C=C(CH_3)(H)$ ←― C=C 結合が回転できないために異なる。 ―→ ⓑ $(CH_3)(H)C=C(H)(CH_3)$

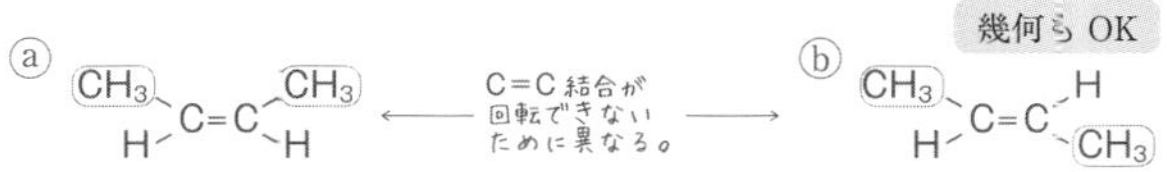

ⓐのように，同じ原子(–H)や同じ原子の集団(–CH_3)が C=C に対して同じ側にあるものを シス 形，ⓑのように反対側にあるものを トランス 形という。

大切! シス-トランス異性体は，次のように探す。

α,α>C=C< の構造がある
⇒ シス-トランス異性体が存在 しない（する or しない）

α>C=C<α の構造がない
⇒ シス-トランス異性体が存在 する（する or しない）

☑ **2** 次の(1)～(3)の有機化合物に，シス-トランス異性体は存在するかしないかを判定せよ。

(1) $CH_2=CH-COOH$
H,H>C=C< の構造あり
存在 しない

(2) $CH_3-CH=CH-CH_3$
$(CH_3)(H)C=C(CH_3)(H)$ シス形
$(CH_3)(H)C=C(H)(CH_3)$ トランス形
存在 する

(3) $HOOC-CH=CH-COOH$
$(HOOC)(H)C=C(COOH)(H)$ シス形
$(HOOC)(H)C=C(H)(COOH)$ トランス形
存在 する

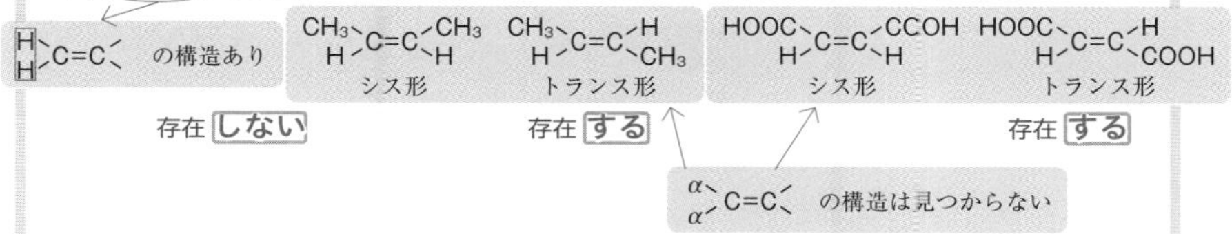

α,α>C=C< の構造は見つからない

39 鏡像異性体(光学異性体)

学習日 月 / 日

【1】結合している原子や原子の集団が 4 つとも異なる炭素原子を 不斉炭素原子 という。
不斉炭素原子 は C* のように書き，他の C 原子と区別することが多い。

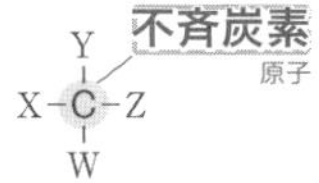

X–C(Y)(W)–Z　不斉炭素原子

【2】不斉炭素原子 を 1 個もつ化合物には，2 種類の立体異性体が存在する。
これらの分子は，右手と左手，または鏡に対する 実像 と 鏡像（鏡に映った像）の関係にあるので，互いに 鏡像 異性体であるという。鏡像 異性体は，光に対する性質が異なるので 光学 異性体ともよばれる。

鏡像異性体(光学異性体)は，生物に対する作用(味・におい・薬としての作用など)が異なることがある。

鏡像異性体は，物理的性質(融点，沸点など)や化学的性質(反応のようす)はほとんど 同じ。（同じ or 異なる）

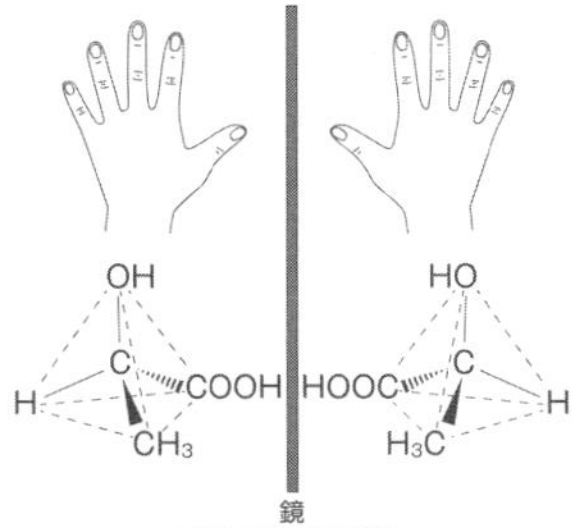

鏡

<乳酸の鏡像異性体>

☑ **1** 次の 例題 にしたがい，(1)～(4)の有機化合物のもつ不斉炭素原子に ◯ をつけよ。

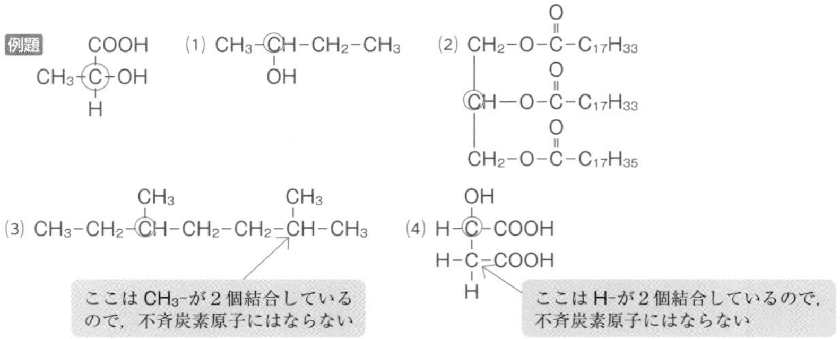

例題 CH_3–(C)(COOH)(OH)(H)

(1) CH_3–(CH)(OH)–CH_2–CH_3

(2) $CH_2-O-C(=O)-C_{17}H_{33}$
　　(CH)$-O-C(=O)-C_{17}H_{33}$
　　$CH_2-O-C(=O)-C_{17}H_{35}$

(3) CH_3-CH_2-(CH)(CH_3)$-CH_2-CH_2-CH(CH_3)-CH_3$
ここは CH_3–が 2 個結合しているので，不斉炭素原子にはならない

(4) H–(C)(OH)–COOH
　　H–C(H)–COOH
ここは H–が 2 個結合しているので，不斉炭素原子にはならない

☑ **2** 空欄に構造，立体，シス-トランス，鏡像 のいずれかを入れよ。

異性体 ─┬→ 構造 異性体
　　　　└→ 立体 異性体 ─┬→ シス-トランス 異性体…C=C 結合が回転できないために生じる
　　　　　　　　　　　　　└→ 鏡像 異性体…不斉炭素原子をもつ

40 アルカン

学習日　月　日

アルカン

H-C(H)(H)-H **メタン**，H-C(H)(H)-C(H)(H)-H **エタン**，H-C(H)(H)-C(H)(H)-C(H)(H)-H **プロパン** などのように，単結合(C-H，C-C)だけからなる鎖式の飽和炭化水素を **アルカン** といい，一般式は C_nH_{2n+2} と表される。

補足 ①「鎖式」とは，炭素原子が **鎖状** に結合しているもの。環状に結合したものは「環式」。

例 C-C-C-C（直鎖状）　C-C(C)-C（枝分かれあり）→ **鎖式**

例 C₆の環，C-C-C の三員環 → **環式**

② 飽和炭化水素の「飽和」は，単結合(C-C，C-H)のみからなり，不飽和結合(C=C や C≡C)を含まない。「炭化水素」とは，**C** と **H** だけでできている化合物のこと。

☑ **1** メタンの立体構造は，**正四面体** 形である。エタンは **正四面体** が 2 個連なった構造で，プロパンやブタン C_4H_{10} など C の数が多くなると **正四面体** が次々と連なった構造になる。

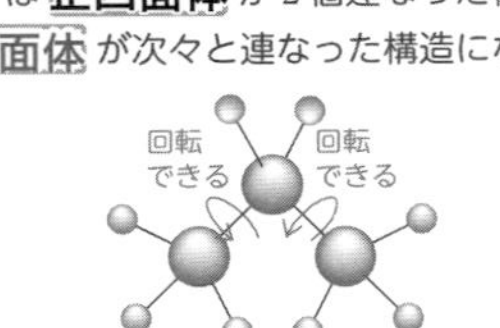

メタン CH_4　　エタン C_2H_6　　プロパン C_3H_8

エタン C_2H_6 やプロパン C_3H_8 は，**直鎖** 状の **アルカン** である。

☑ **2** アルカンに名前をつけるときに，ギリシャ語の数詞を利用することがある。次の表を完成させよ。

数字	1	2	3	4	5	6	7	8	9	10
数詞	モノ	ジ	トリ	テトラ	ペンタ	ヘキサ	ヘプタ	オクタ	ノナ	デカ

☑ **3** 直鎖状のアルカンの名前は，炭素数 5 以上ではギリシャ語の数詞の語尾を「ane(アン)」にする。次の表を完成させよ。

→ギリシャ語の数詞の語尾を「ane（アン）」にする

	モノ	ジ	トリ	テトラ	ペンタ	ヘキサ	ヘプタ	オクタ	ノナ	デカ
炭素数(n)	1	2	3	4	5	6	7	8	9	10
分子式 C_nH_{2n+2}	CH_4	C_2H_6	C_3H_8	C_4H_{10}	C_5H_{12}	C_6H_{14}	C_7H_{16}	C_8H_{18}	C_9H_{20}	$C_{10}H_{22}$
名前	メタン	エタン	プロパン	ブタン	ペンタン	ヘキサン	ヘプタン	オクタン	ノナン	デカン

アルカンの名前

アルカン C_nH_{2n+2} から H 1 個を除いてできる炭化水素基を **アルキル** 基といい，C_nH_{2n+1}- で表される。

CH_3- を **メチル** 基，CH_3-CH_2- を **エチル** 基，CH_3-CH_2-CH_2- を **プロピル** 基といい，CH_3-CH(CH_3)- を **イソプロピル** 基という。

●枝分かれのあるアルカンの名前のつけ方

❶ 最も長い炭素の鎖(主鎖)を探し，名前をつける。→ ❷ 枝の部分(側鎖)の位置がなるべく小さな番号になるように，主鎖に番号をつける。→ ❸ 側鎖に名前をつける。

CH_3-CH(CH_3)-CH_2-CH_3　**ブタン**

CH_3-CH-CH_2-CH_3（1 2 3 4），CH_3 ← 側鎖

CH_3-CH-CH_2-CH_3（1 2 3 4），CH_3 メチル基なので「メチル」

❶～❸をまとめて，化合物名は，**2-メチルブタン** となる。（ハイフン／側鎖の位置番号）

☑ **4** 次のアルカンの化合物名を答えよ。

(1) CH_3-CH(CH_3)-CH_2-CH_2-CH_3（主鎖 1～5：ペンタン，CH_3：メチル基）　**2-メチルペンタン**

(2) CH_3-CH(CH_3)-CH_3（主鎖 1～3：プロパン，CH_3：メチル基）　**2-メチルプロパン**

慣用名は，イソブタンともいう

☑ **5** 分子式 C_4H_{10} のアルカンには，2 種類の構造異性体が存在する。これらを簡略化した構造式で表し，それぞれの化合物名を答えよ。

C 骨格のパターン　C-C-C-C，C-C(C)-C

簡略化した構造式	CH_3-CH_2-CH_2-CH_3	CH_3-CH(CH_3)-CH_3
化合物名	ブタン	2-メチルプロパン

→ 慣用名イソブタンでも OK

☑ **6** 分子式 C_5H_{12} のアルカンには，3 種類の構造異性体が存在する。これらを簡略化した構造式で表し，それぞれの化合物名を答えよ。

C 骨格のパターン　C-C-C-C-C，C-C-C(C)-C，C-C(C)(C)-C

簡略化した構造式	CH_3-CH_2-CH_2-CH_2-CH_3	CH_3-CH_2-CH(CH_3)-CH_3	CH_3-C(CH_3)(CH_3)-CH_3
化合物名	ペンタン	2-メチルブタン	2, 2-ジメチルプロパン

2-メチルブタン：慣用名イソペンタンでも OK

2, 2-ジメチルプロパン：側鎖の位置番号／2 個／メチル基／主鎖の名前（メチル基 2 個なので）　慣用名ネオペンタンでも OK

41 アルカンの製法や反応，シクロアルカン

アルカンの製法と反応

【1】最も簡単なアルカンは メタン であり，無 色・無 臭の 気体 である。（固体，液体 or 気体）

実験室では，酢酸ナトリウム CH_3COONa と水酸化ナトリウム NaOH を加熱して発生させる。このときの化学反応式を書け。

$$CH_3COONa + NaOH \longrightarrow CH_4 + Na_2CO_3$$

（「中間」をとると考える）

メタン CH_4 は水に溶け にくい ので，水上 置換で捕集する。（やすい or にくい）また，メタンは 天然 ガスに多く含まれ，都市 ガスに利用されている。（天然 or 合成）

【2】アルカンは空気中で燃え，多量の 熱 を発生するので 燃料 として用いられる。メタンの燃焼エンタルピーは −891 kJ/mol である。ΔH を用いた反応式で表せ。ただし，生成する水は液体とする。

$$CH_4(気) + 2O_2(気) \longrightarrow CO_2(気) + 2H_2O(液)\quad \Delta H = -891\,\mathrm{kJ}$$

☑ **1** 右の図は，直鎖のアルカン C_nH_{2n+2} の融点と沸点を表している。(1)，(2)について答えよ。

(1) 炭素原子の数が増加すると，分子量が 大きく なり，ファンデルワールス力が 強く なるため融点や沸点が 高 くなることがわかる。（小さく or 大きく）（強く or 弱く）

(2) n が 4 以下の CH_4（メタン），C_2H_6（エタン），C_3H_8（プロパン），C_4H_{10}（ブタン）は，常温では 気体 である。（固体，液体 or 気体）

（図：縦軸 温度〔℃〕 −200～300，横軸 炭素原子の数(n) 1～15；常温で気体／常温で液体；沸点；融点；常温）

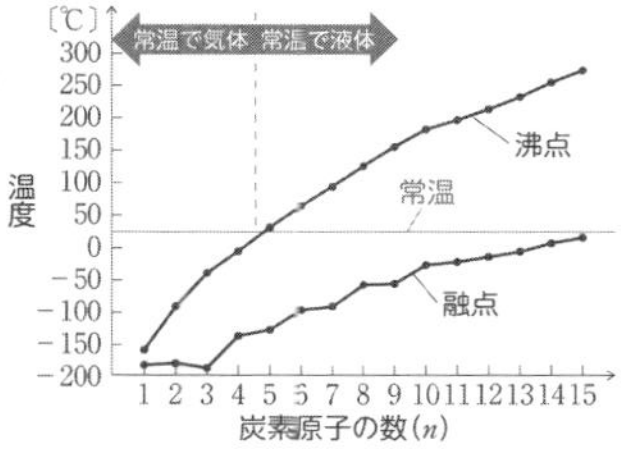

☑ **2** メタンは 天然 ガスの主成分で，これを冷却し圧縮して液体にしたものは 液化天然ガス(LNG)とよばれ，都市 ガスに利用されている。（天然 or 合成）

☑ **3** 水分子がつくるかご状構造の中にメタンが取り込まれた固体物質を メタンハイドレート といい，将来のエネルギー資源として注目されている。

☑ **4** 実験室では，メタンは酢酸ナトリウムを水酸化ナトリウムとともに加熱して得る。このときの化学反応式を書け。

$$CH_3COONa + NaOH \longrightarrow CH_4 + Na_2CO_3$$

☑ **5** プロパンの燃焼エンタルピーは −2220 kJ/mol である。これを化学反応式に反応エンタルピーを書き加えた式で表せ。ただし，生成する水は液体とする。

$$C_3H_8(気) + 5O_2(気) \longrightarrow 3CO_2(気) + 4H_2O(液)\quad \Delta H = -2220\,\mathrm{kJ}$$

置換反応

アルカンは安定で他の物質とは反応し にくい。（やすい or にくい）しかし，光(紫外線) の存在下では 塩素 Cl_2 や臭素 Br_2 などのハロゲン単体と反応する。

メタンと塩素 Cl_2 の混合気体に 光（紫外線も OK）を当てると，Cl−Cl 結合が切れて塩素原子 Cl が生じる。

$$Cl{-}Cl \xrightarrow{光(紫外線)} Cl + Cl$$

次に，この Cl とメタンの H が置き換わった クロロメタン が生じる。

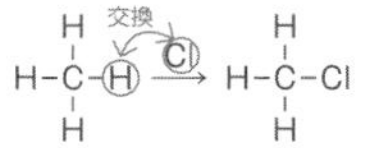

（構造式：$H{-}C(H_2){-}H$ の H と Cl が交換 → $H{-}C(H_2){-}Cl$）

このように，分子中の原子が他の原子や原子団と置き換わる反応を 置換反応 という。

メタンと塩素の混合気体に光(紫外線)を照射すると，クロロメタンと塩化水素を生じる。このときの反応を化学反応式で書け。

$$CH_4 + Cl_2 \longrightarrow CH_3Cl + HCl$$

☑ **6** メタンと塩素の混合気体に光を当てると，置換反応が起こり，クロロメタンを生じる。クロロメタンは，さらに塩素と置換反応をするとジクロロメタン，トリクロロメタン，テトラクロロメタンを生じていく。空欄に構造式を書け。

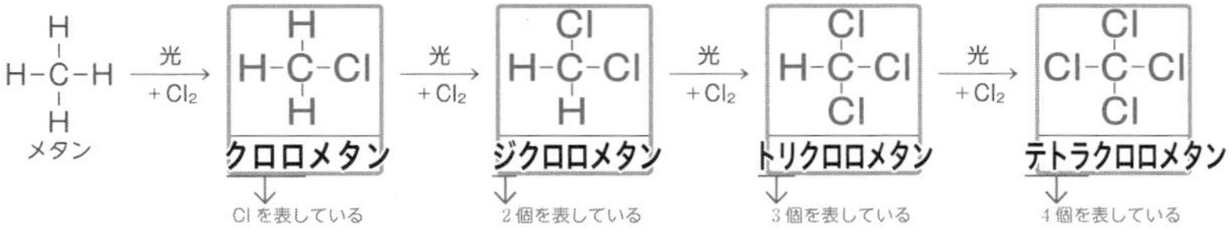

メタン（CH_4）—光, +Cl_2→ クロロメタン（CH_3Cl：Cl を表している）—光, +Cl_2→ ジクロロメタン（CH_2Cl_2：2 個を表している）—光, +Cl_2→ トリクロロメタン（$CHCl_3$：3 個を表している）—光, +Cl_2→ テトラクロロメタン（CCl_4：4 個を表している）

☑ **7** クロロメタンは 塩化メチル，ジクロロメタンは 塩化メチレン，トリクロロメタンは クロロホルム，テトラクロロメタンは 四塩化炭素 ともいう。

また，塩素化合物ができる反応は 塩素化，臭素化合物ができる反応は 臭素化，ハロゲン化合物ができる反応は ハロゲン化 という。（塩素化 or 臭素化）

シクロアルカン

環状構造を含む飽和炭化水素を シクロアルカン という。シクロは「環」を意味する。次の化合物名を答えよ。

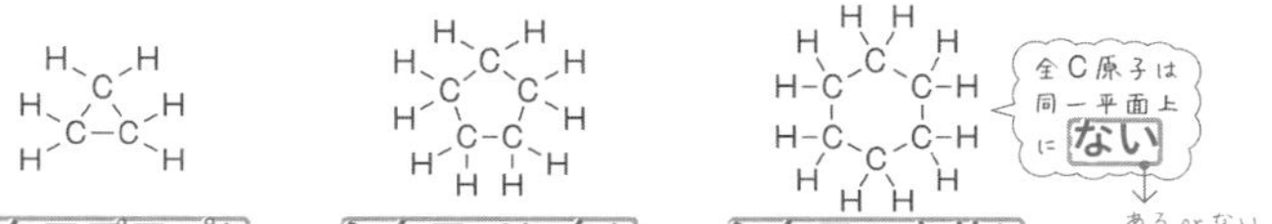

（構造式）シクロプロパン　シクロペンタン　シクロヘキサン

（全 C 原子は同一平面上に ない）（ある or ない）

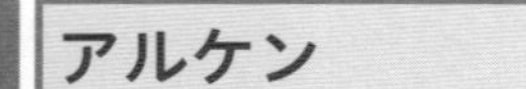

42 アルケン

学習日　月／日

アルケンの構造と名称

$H_2C=CH_2$ **エテン(エチレン)** のように，C=C結合を1個もつ鎖式の不飽和炭化水素を **アルケン** といい，その一般式は C_nH_{2n} で表される。

次の表を完成させよ。アルケンの名称は，アルカンの語尾を「ene(エン)」に変え，C=C の位置を番号で示す。また，位置番号は最小になるようにつける。

アルケンの構造式・簡略構造式	$H_2C=CH_2$	$CH_3-CH=CH_2$	$\overset{1}{C}H_2=\overset{2}{C}H-\overset{3}{C}H_2-\overset{4}{C}H_3$	$\overset{1}{C}H_3(H)\overset{2}{C}=\overset{3}{C}(H)\overset{4}{C}H_3$ (シス形)	$\overset{1}{C}H_3(H)\overset{2}{C}=\overset{3}{C}(H)\overset{4}{C}H_3$ (トランス形)
名称	エテン	プロペン	1-ブテン	シス-2-ブテン	トランス-2-ブテン
慣用名 →	エチレン	プロピレン	—		

シス形とトランス形を区別している

☑ **1**

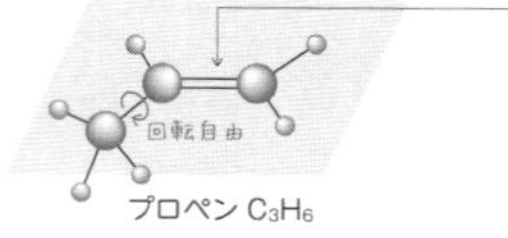

エチレン C_2H_4　　プロペン C_3H_6　（回転自由）

C=C 結合は回転 **できない**（できる or できない）

図を見ると，エチレンは **すべての原子(C, H)** が，プロペンではすべての **C 原子** が常に **同一平面上** にあることがわかる。このように，C=C 結合をつくっている C 原子とこれに直接結合している 4 個の原子は常に **同一平面上** にある。

☑ **2** エチレンは **無** 色の **気** 体で，実験室では，エタノール C_2H_5OH と濃硫酸の混合物を 160〜170℃に加熱して発生させる。

$$H-\underset{H}{\overset{H}{C}}-\underset{OH}{\overset{H}{C}}-H \xrightarrow[160\sim170^\circ C]{\text{濃硫酸}} H_2C=CH_2 + H_2O$$

（脱水作用）　H_2O を引き抜く

☑ **3** アルケンのもつ C=C 結合は，2 種類の共有結合からなる。1 つはアルカンのもつ C−C と同じような結合，もう 1 つは **弱い** 結合であり，この **弱い** 結合は切れやすく，ハロゲン(Br_2 など)を **付加** する。このような反応を **付加反応** という。（脱離 or 付加）

赤褐 色が消えるので，反応したことがわかる。

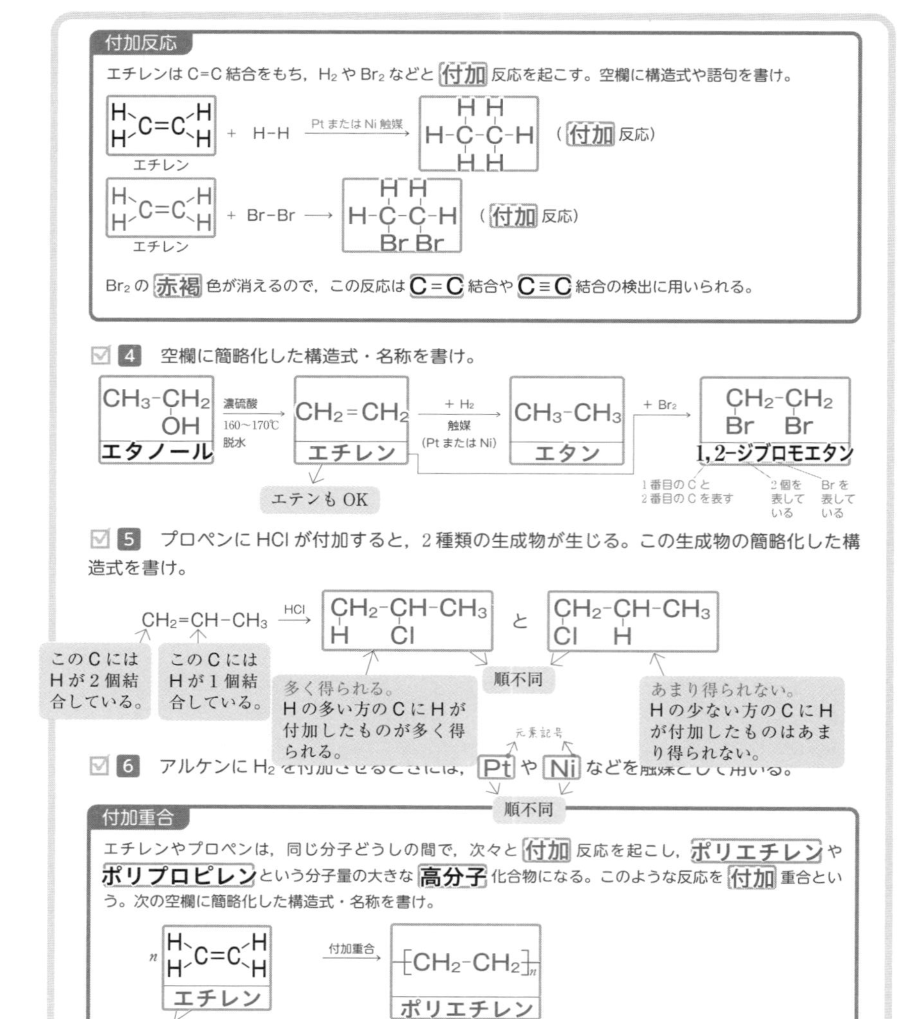

付加反応

エチレンは C=C 結合をもち，H_2 や Br_2 などと **付加** 反応を起こす。空欄に構造式や語句を書け。

$$H_2C=CH_2\ (\text{エチレン}) + H-H \xrightarrow{\text{Pt または Ni 触媒}} H_3C-CH_3 \quad (\textbf{付加}\ \text{反応})$$

$$H_2C=CH_2\ (\text{エチレン}) + Br-Br \longrightarrow H-\underset{Br}{\overset{H}{C}}-\underset{Br}{\overset{H}{C}}-H \quad (\textbf{付加}\ \text{反応})$$

Br_2 の **赤褐** 色が消えるので，この反応は **C=C** 結合や **C≡C** 結合の検出に用いられる。

☑ **4** 空欄に簡略化した構造式・名称を書け。

$$\underset{\text{エタノール}}{CH_3-CH_2OH} \xrightarrow[\text{160〜170℃ 脱水}]{\text{濃硫酸}} \underset{\text{エチレン}}{CH_2=CH_2} \xrightarrow[\text{(Pt または Ni)}]{+H_2\ \text{触媒}} \underset{\text{エタン}}{CH_3-CH_3}$$

$$CH_2=CH_2 \xrightarrow{+Br_2} \underset{\text{1,2-ジブロモエタン}}{CH_2Br-CH_2Br}$$

エテンも OK

1 番目の C と 2 番目の C を表す　2 個を表している　Br を表している

☑ **5** プロペンに HCl が付加すると，2 種類の生成物が生じる。この生成物の簡略化した構造式を書け。

$$CH_2=CH-CH_3 \xrightarrow{HCl} CH_2H-CHCl-CH_3 \ \text{と}\ CH_2Cl-CH_2-CH_3$$

このCにはHが2個結合している。　このCにはHが1個結合している。

順不同

多く得られる。Hの多い方のCにHが付加したものが多く得られる。

あまり得られない。Hの少ない方のCにHが付加したものはあまり得られない。

☑ **6** アルケンに H_2 を付加させるときには，**Pt** や **Ni** などを触媒として用いる。（元素記号）（順不同）

付加重合

エチレンやプロペンは，同じ分子どうしの間で，次々と **付加** 反応を起こし，**ポリエチレン** や **ポリプロピレン** という分子量の大きな **高分子** 化合物になる。このような反応を **付加** 重合という。次の空欄に簡略化した構造式・名称を書け。

$$n\,\underset{\text{エチレン}}{H_2C=CH_2} \xrightarrow{\text{付加重合}} \underset{\text{ポリエチレン}}{\left[CH_2-CH_2\right]_n}$$

エテンも OK

$$n\,\underset{\text{プロペン}}{CH_2=CH-CH_3} \xrightarrow{\text{付加重合}} \underset{\text{ポリプロピレン}}{\left[CH_2-\underset{CH_3}{CH}\right]_n}$$

43 アルキン

学習日 月 日

アルキンの分類と製法

【1】H-C≡C-H **エチン(アセチレン)** のように，C≡C 結合を1個もつ鎖式の不飽和炭化水素を **アルキン** といい，その一般式は C_nH_{2n-2} で表される。

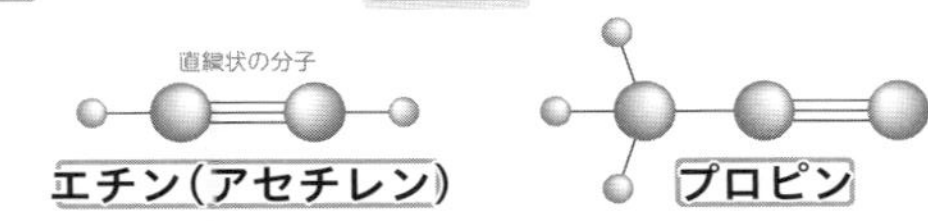

補足 炭素原子間の距離を不等号で表すと，次のようになる。

C-C > C=C > C≡C

【2】アセチレンは **無** 色の **気** 体で，実験室では $^-C≡C^-$ を含む炭化カルシウム(カーバイド)に水を加えて発生させる。

$^-C≡C^- + 2H^+OH^- \longrightarrow H-C≡C-H + 2OH^-$

上のイオン反応式の両辺に Ca^{2+} を加え，炭化カルシウムと水との化学反応式を書け。

$CaC_2 + 2H_2O \longrightarrow C_2H_2 + Ca(OH)_2$

☑ **1** アセチレンは，空気中では **すす** を発生して燃焼する。酸素 O_2 を十分に供給して完全燃焼させると，約 3000℃ の高温の炎(**酸素アセチレン炎**)を生じ，金属の **切断** や **溶接** などに用いられる。アセチレン C_2H_2 の燃焼エンタルピーは −1300 kJ/mol である。これを化学反応式に反応エンタルピーを書き加えた式で表せ。ただし，生成する水は液体とする。

$$C_2H_2(気) + \frac{5}{2}O_2(気) \longrightarrow 2CO_2(気) + H_2O(液) \quad \Delta H = -1300\,kJ$$

燃焼エンタルピーについての反応式を書くときは，燃焼させるものの係数を1にする。

☑ **2** アセチレンは C≡C 結合をもち，C≡C 結合は C=C 結合をもつアルケンと同じように **付加** 反応を起こしやすい。例えば， **Pt** や **Ni** を触媒としてアセチレンに H_2 を付加させると，エチレンを経て，エタンを生じる。次の空欄に簡略化した構造式・名称を書け。

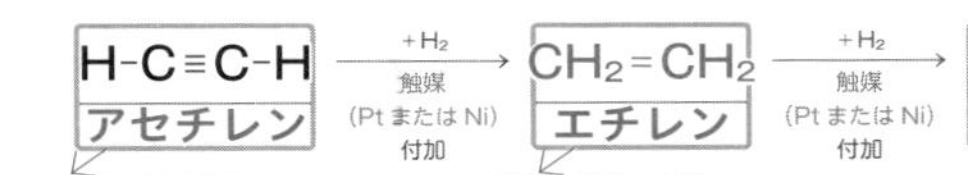

付加反応

アセチレンは，付加反応しやすい。

アセチレンに硫酸水銀(Ⅱ) $HgSO_4$ を **触媒** として，水を付加させると **ビニルアルコール** を生じる。

H-C≡C-H —触媒($HgSO_4$) +H_2O 付加→ $\begin{matrix}H\\H\end{matrix}$>C=C<$\begin{matrix}H\\OH\end{matrix}$ **ビニルアルコール**

$CH_2=CH-$ をビニル基という

ところが，ビニルアルコールは **不安定** なので，すぐに **安定** な異性体の **アセトアルデヒド** に変化する。

ビニルアルコール H₂C=C(H)OH —不安定なので安定な異性体へと変化する(異性化という)→ **アセトアルデヒド** H-C(H)(H)-C(H)=O

考え方 -C(H)=O はホルミル基とよぶ

☑ **3** アセチレンは C≡C 結合をもち，ハロゲン単体 Br_2 などと **付加** 反応を起こす。次の空欄に簡略化した構造式や色を書け。

H-C≡C-H —$+Br_2$ 付加→ H-C(Br)=C(Br)-H —$+Br_2$ 付加→ H-C(Br)(Br)-C(Br)(Br)-H

この反応は，Br_2 の **赤褐** 色が消えるので， **C=C** 結合や **C≡C** 結合の検出に用いられる。

☑ **4** アセチレンに触媒を用いることで，さまざまな酸を付加することができる。次の空欄に簡略化した構造式と名称を書け。

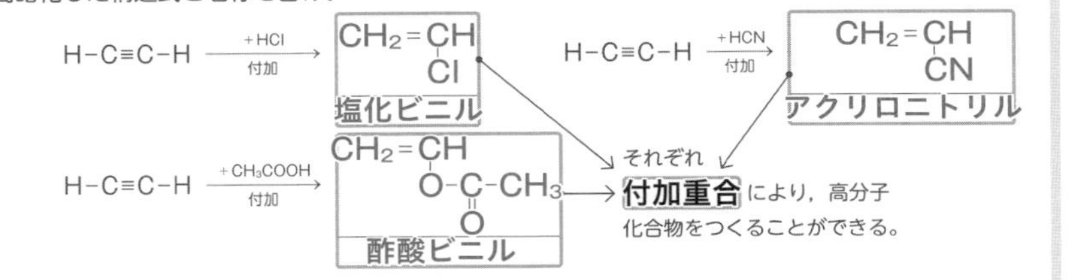

☑ **5** 空欄に簡略化した構造式と名称を書け。

H-C≡C-H **アセチレン** —$+H_2O$ 触媒($HgSO_4$)→ H₂C=C(H)OH **ビニルアルコール** —異性化→ $CH_3-C(=O)-H$ **アセトアルデヒド**

エチンでも OK

☑ **6** アセチレンが **付加重合** すると **ポリアセチレン** が得られる。

nCH≡CH —**付加**重合→ $\{CH=CH\}_n$

ポリアセチレンからは電気を通す高分子(**導電性高分子**)がつくられ，コンデンサーなどに用いられる。

44 炭化水素のまとめ

学習日　月　日

重合

アセチレンを赤熱した **鉄** に接触させると，アセチレン **3** 分子が **重合** し，ベンゼンが生じる。

アセチレン →(Fe, 3分子重合) ベンゼン

☑ **1** (1) 次の表を完成させよ。

種類	アルカン	アルケン	アルキン
一般式	C_nH_{2n+2}	C_nH_{2n}	C_nH_{2n-2}
化合物の例	CH_4 **メタン**（名称） CH_3-CH_3 **エタン**（名称）	$CH_2=CH_2$ **エチレン**（エテンも OK）	$CH≡CH$ **アセチレン**（エチンも OK）

(2) 炭素原子間の距離を不等号で示すと次のようになる。

単結合 **>** 二重結合 **>** 三重結合

☑ **2** 下図の空欄に簡略化した構造式・名称を書け。

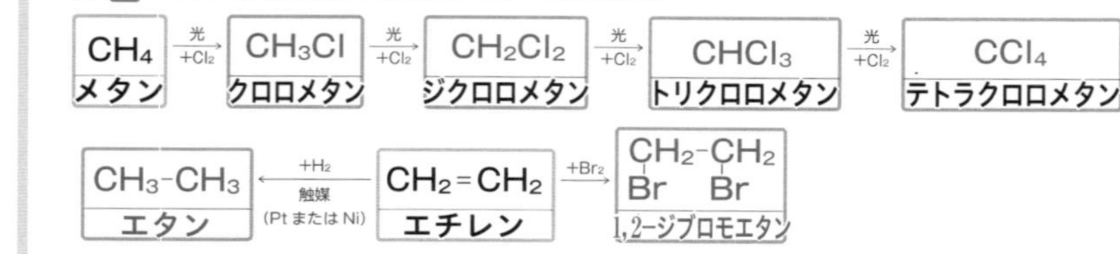

45 アルコールの構造と分類

学習日　月　日

アルコール

$H-CH_3$ **メタン**（メチルアルコールともいう）→ $H-CH_2-OH$ **メタノール**

$H-CH_2-CH_3$ **エタン**（エチルアルコールも OK）→ $H-CH_2-CH_2-OH$ **エタノール**

炭化水素の -H を -OH **ヒドロキシ** 基で置き換えた化合物を **アルコール** という。メタノールやエタノールのように -OH 1 個のものを **1** 価アルコール，-OH n 個のものを **n** 価アルコールという。

☑ **1** 次のアルコールの名称と価数を答えよ。

名前をつけるには，-OH の位置番号が小さくなるように C 骨格に番号をつける

簡略化した構造式	CH_3-CH_2-OH	$CH_3-CH_2-CH_2-OH$	$CH_3-CH(OH)-CH_3$	$CH_2(OH)-CH_2(OH)$	$CH_2(OH)-CH(OH)-CH_2(OH)$
名称	**エタノール**	**1-プロパノール**	**2-プロパノール**	**エチレングリコール**	**グリセリン**
価数	**1価アルコール**	**1価アルコール**	**1価アルコール**	**2価アルコール**	**3価アルコール**

1,2-エタンジオールも OK（1,2：-OH の位置番号，ジ：-OH 2 個を表している）
1,2,3-プロパントリオールも OK（1,2,3：-OH の位置番号，トリ：-OH 3 個を表している）

☑ **2** 1 価アルコールでは，炭素原子の数が **3** 個までは水によく溶ける。次の 1 価アルコールの名称と水への溶けやすさについて答えよ。

簡略化した構造式	CH_3-OH	CH_3-CH_2-OH	$CH_3-CH_2-CH_2-OH$	$CH_3-CH_2-CH_2-CH_2-OH$
名称	メタノール	エタノール	**1-プロパノール**	**1-ブタノール**
水への溶解度	∞	**∞**	**∞**	水に溶けにくい

アルコールの分類

-OH の結合している C に，他の C が何個結合しているかで分類できる。

第 **一** 級アルコール（漢数字）　第 **二** 級アルコール　第 **三** 級アルコール

メタノールは，第 **一** 級アルコール に分類する

☑ **3** $CH_3-CH(OH)-CH_3$ は **2-プロパノール**（名称）といい，第 **二** 級アルコールに分類される。

46 アルコールの級数と性質

学習日　月／日

アルコールの級数

アルコールの級数は，形でとらえると判定しやすい。

$CH_3-CH_2-CH_2-CH_2-OH$（C骨格）
C骨格 のはしに $-OH$ がついていると，第 一 級アルコール（漢数字）

$CH_3-CH_2-CH(OH)-CH_3$（C骨格）
C骨格 の途中に $-OH$ がついていると，第 二 級アルコール

$CH_3-C(CH_3)(OH)-CH_3$
C骨格 の枝分かれ部分に $-OH$ がついていると，第 三 級アルコール

1 次のアルコールの級数と名称を答えよ。

簡略化した構造式	$CH_3-CH_2-CH(OH)-CH_3$（途中-OH）	$CH_3-CH_2-CH_2-CH_2-OH$（はし-OH）	$CH_3-C(CH_3)(OH)-CH_3$（枝分かれ-OH）
分類	第 二 級アルコール	第 一 級アルコール	第 三 級アルコール
名称	2-ブタノール	1-ブタノール	2-メチル-2-プロパノール

CH_3-の位置番号　-OH の位置番号

アルコールの性質

アルコール R-OH のもつ -OH は，水溶液中で電離 しない（する or しない）ため，アルコールの水溶液は 中 性になる。

沸点　$CH_3-CH_2-CH_2-OH$（1-プロパノール） ＞ $CH_3-CH_2-O-CH_3$（エチルメチルエーテル）　分子式は同じ C_3H_8O だが沸点は異なる。

-OH の部分で，分子間の 水素 結合を形成するので，沸点が 高 い。

-O- エーテル 結合をもつ エーテル である。分子間で水素結合は形成 しない（する or しない）。

2 アルコール R-OH は Na と反応し，H_2 を発生する。この反応を化学反応式で書くと，

$$2R\text{-}OH + 2Na \longrightarrow 2R\text{-}ONa + H_2$$

となる。この反応で生じる R-ONa を ナトリウムアルコキシド といい，この反応は ヒドロキシ 基の検出に利用される。

(1) エタノールとナトリウムとの反応の化学反応式を書け。

$$2C_2H_5OH + 2Na \longrightarrow 2C_2H_5ONa + H_2$$

(2) (1)の反応で生じる C_2H_5ONa は ナトリウムエトキシド という。

（補足 エタノールと構造異性体の関係にあるジメチルエーテル CH_3-O-CH_3 は Na とは反応 しない（する or しない）。）

47 アルコールの酸化と脱水

学習日　月／日

アルコールの酸化

【1】第一級アルコール をニクロム酸カリウム $K_2Cr_2O_7$ などの 酸化 剤で 酸化 すると アルデヒド になり，さらに 酸化 すると カルボン酸 になる。

R^1-CH_2-OH（第 一 級アルコール）→（まず，同じC原子からH 2個がうばわれる）酸化→ R^1-CHO（アルデヒド）→ 酸化（次に，Oが入る）→ R^1-COOH（カルボン酸）

【2】第二級アルコール を酸化すると ケトン になる。

$R^1-CH(OH)-R^2$（第 二 級アルコール）→（同じC原子からH 2個がうばわれる）酸化→ R^1-CO-R^2（ケトン）

【3】第三級アルコール は酸化 されにくい。

1 次のアルコールの級数と名称を書け。また，生成物の簡略化した構造式や名称も書け。

(1) 第 一 級アルコール：CH_3-CH_2-OH（エタノール）→ 酸化 → CH_3-CHO（アセトアルデヒド）→ 酸化 → CH_3-COOH（酢酸）

(2) 第 二 級アルコール：$CH_3-CH(OH)-CH_3$（2-プロパノール）→ 酸化 → $CH_3-CO-CH_3$（アセトン）

(3) $CH_3-C(CH_3)(OH)-CH_3$（2-メチル-2-プロパノール）← 第 三 級アルコールなので，酸化されにくい

2 濃硫酸は有機化合物に対し 脱水 作用（H_2O の形 で引き抜く作用）がある。

アルコールと濃硫酸の混合物を加熱すると，反応温度によりアルコールの 分子間（低い温度のとき）やアルコールの 分子内（高い温度のとき）で 脱水 が起（こる）。

- 130～140℃でエタノールを分子間で脱水すると生じるのは，ジエチルエーテル である。（2個　C_2H_5-）
  C_2H_5-O-H と $H-O-C_2H_5$ からは（H_2O を引き抜く） $C_2H_5-O-C_2H_5$（簡略化した構造式） が生じる。
- 160～170℃でエタノールを分子内で脱水すると生じるのは，エチレン である。（エテンも OK）
  $CH_2(H)-CH_2(OH)$ からは（H_2O を引き抜く） $CH_2=CH_2$（簡略化した構造式） が生じる。

48 アルコールとエーテルのまとめ

学習日 月 / 日

メチルアルコールも OK

【1】CH_3OH は メタノール といい，無色の 有 毒な 液 体である。工業的には，触媒を用いて一酸化炭素 CO と水素 H_2 の混合気体（ 合成 ガスまたは 水性 ガスという）から高温・高圧で合成する。 順不同
このときの化学反応式を完成させよ。

$$CO + 2H_2 \xrightarrow[\text{高温・高圧}]{ZnO\text{ 触媒}} CH_3OH$$

エチルアルコールも OK

【2】C_2H_5OH は エタノール といい，無色の 液 体であり，アルコール飲料(酒)の成分である。アルコール飲料(エタノール)は，酵母によるグルコース $C_6H_{12}O_6$ などの アルコール 発酵によりつくられる。このときの化学反応式を書け。

$$C_6H_{12}O_6 \longrightarrow 2C_2H_5OH + 2CO_2$$

（係数がつけにくいので，$C_6H_{12}O_6$ の係数を 1 と覚えておくとよい）

また，工業的には，リン酸 H_3PO_4 を触媒として，エチレンに H_2O を 付加 させてつくる。

$$CH_2{=}CH_2 \xrightarrow[\text{触媒(リン酸)}]{H_2O} CH_2(H){-}CH_2(OH)$$

【3】$-\overset{|}{\underset{|}{C}}-O-\overset{|}{\underset{|}{C}}-$ を エーテル 結合といい，この結合をもつ化合物 R^1-O-R^2 は エーテル という。

$C_2H_5-O-C_2H_5$ を ジエチルエーテル といい，次の①〜④の性質をもつ。

① 無 色の 揮発 性の 液 体で，極めて 引火性 が強い。（不燃 or 揮発）
② 構造異性体の関係にある アルコール に比べると沸点は 低い 。（高い or 低い）
③ 水より 軽く ，水に溶け にくい 。（重く or 軽く）（やすい or にくい）
④ 多くの有機化合物をよく溶かし，有機溶媒として用いられ， 麻酔 作用がある。

1 $>C=O$ を カルボニル 基といい，$H-C(=O)-$（$\underset{H}{>}C=O$）を ホルミル 基という。

また，$>C=O$ をもつ化合物を カルボニル 化合物，$\underset{H}{>}C=O$ をもつ化合物を アルデヒド，

$(-C)(-C)>C=O$ をもつ化合物を ケトン という。

2 次の［…］コール［…］と名称を入［…］

アルデヒド		第一級アルコール	ケトン		第二級アルコール
$CH_3-C(=O)-H$	還元 +2H → / ← 酸化 −2H	CH_3-CH_2-OH	$CH_3-C(=O)-CH_3$	還元 +2H → / ← 酸化 −2H	$CH_3-CH(OH)-CH_3$
アセトアルデヒド		エタノール	アセトン		2-プロパノール

アルコールの脱水

低い温度

【1】エタノールと濃硫酸の混合物を 130〜140℃に加熱する。

分子 間 からの脱 水 反応(分子間脱水)が起こる。（内 or 間）（分子内脱水 or 分子間脱水）

$$C_2H_5-OH + HO-C_2H_5 \xrightarrow[130\sim140℃]{\text{濃 }H_2SO_4} C_2H_5-O-C_2H_5 + H_2O$$

この反応で生じるエーテルの名称は ジエチルエーテル といい，2つの分子から簡単な分子(今回は H_2O)が取れる反応を 縮合反応 高い温度

【2】エタノールと濃硫酸の混合物を 160〜170℃に加熱する。

分子 内 からの脱 水 反応(分子内脱水)が起こる。（分子内脱水 or 分子間脱水）

$$CH_2(H)-CH_2(OH) \xrightarrow[160\sim170℃]{\text{濃 }H_2SO_4} CH_2{=}CH_2 + H_2O$$

この反応で生じるアルケンの名称は エチレン といい，1つの分子から簡単な分子(今回は H_2O)が取れる反応を 脱離反応 という。 エテンも OK

3 鎖状構造(環をもたない構造)の C 骨格のパターンは，炭素原子が 3 個の場合，C−C−C だけである。次の条件にあてはまる C_3H_8O の構造異性体の簡略化した構造式と名称を書け。

① 第一級アルコール
$CH_3-CH_2-CH_2-OH$
1-プロパノール

② 第二級アルコール
$CH_3-CH(OH)-CH_3$
2-プロパノール

③ エーテル
$CH_3-CH_2-O-CH_3$
エチルメチルエーテル（ethyl C_2H_5-，methyl CH_3-）（アルファベット順に名前をつける）

4 次の(1)〜(3)について答えよ。

(1) メタノールがナトリウムと反応するときの化学反応式を書け。

$$2CH_3OH + 2Na \longrightarrow 2CH_3ONa + H_2$$

CH_3ONa は，ナトリウムメトキシドという

(2) 空欄に簡略化した構造式を書け。

$CH_3-CH(CH_3)-CH_2-OH$（第一級アルコール） $\xrightarrow{\text{酸化}}$ $CH_3-CH(CH_3)-C(=O)-H$（アルデヒド） $\xrightarrow{\text{酸化}}$ $CH_3-CH(CH_3)-C(=O)-OH$（カルボン酸）

(3) エタノールと濃硫酸の混合物を①130〜140℃，②160〜170℃に加熱した。このとき生じるおもな有機化合物の簡略化した構造式を書け。

① $C_2H_5-O-C_2H_5$　② $CH_2{=}CH_2$

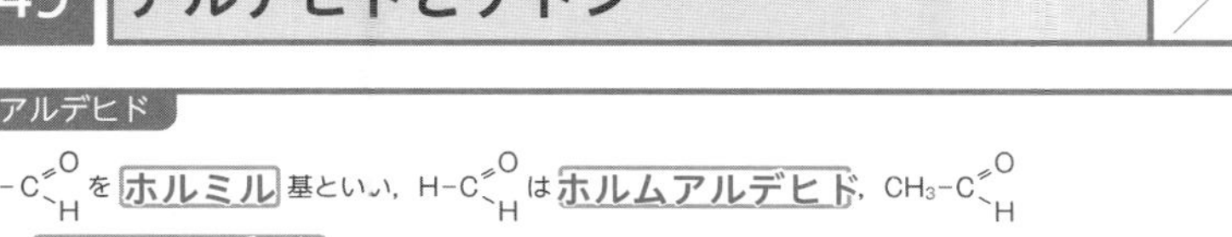

49 アルデヒドとケトン

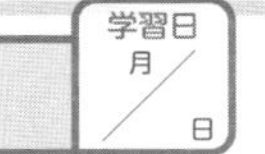

アルデヒド

$-C{\overset{O}{\underset{H}{}}}$ を ホルミル 基といい，$H-C{\overset{O}{\underset{H}{}}}$ は ホルムアルデヒド，$CH_3-C{\overset{O}{\underset{H}{}}}$ は アセトアルデヒド とよぶ。

【1】ホルムアルデヒド HCHO は，**無** 色の刺激臭のある **気** 体で，水に溶け **やすい**（やすい or にくい）。水溶液は **ホルマリン** とよばれ，**防腐剤** や **消毒薬** に用いられる。

赤（赤 or 黒）色の銅線を空気中で加熱し，生じた **黒**（赤 or 黒）色の酸化銅(Ⅱ)CuO をメタノールの蒸気に触れさせると，メタノールが **酸化** されホルムアルデヒドが発生する。

銅線Cu(赤)を空気中で酸化する。 → 黒色のCuOが生成 → 銅線が熱いうちにメタノールの液面に近づけ，その蒸気を酸化する → Cuの赤色に戻る　ホルムアルデヒドHCHOの気体　メタノール CH_3OH

$H-\underset{H}{\overset{H}{C}}-O-H$（メタノール，H 2個をうばう） $\xrightarrow{酸化}$ $H-\overset{O}{\overset{\|}{C}}-H$（ホルムアルデヒド）

【2】アセトアルデヒド CH_3CHO は，**無** 色の刺激臭のある **液** 体で，水に **よく溶ける**。アセトアルデヒドは，第 **一** 級アルコールであるエタノールを，二クロム酸カリウム $K_2Cr_2O_7$ の硫酸酸性溶液で **酸化** して得られる。次の空欄に簡略化した構造式を書け。

CH_3-CH_2-OH（**エタノール**） $\xrightarrow{酸化}$ $CH_3-\overset{O}{\overset{\|}{C}}-H$（**アセトアルデヒド**）

工業的には，塩化パラジウム(Ⅱ)$PdCl_2$ と塩化銅(Ⅱ)$CuCl_2$ を **触媒** に用いて，**エチレン** を酸素で酸化してつくられる。

$H_2C=CH_2$（**エチレン**） $\xrightarrow{酸化}$ $CH_3-\overset{O}{\overset{\|}{C}}-H$（**アセトアルデヒド**）

考え方　$H_2C=CH_2$ → O を入れて → $H_2C=CH-OH$（ビニルアルコール，不安定）が生じて

⇒その後，アセトアルデヒドに異性化すると覚えるとよい（➡ p. 65）

1 空欄に構造（簡略化した構造式と名称を入れよ。

(1) $H-\underset{H}{\overset{H}{C}}-O-H$（**メタノール**）（2H をうばう） $\xrightarrow{酸化}$ $H-\overset{O}{\overset{\|}{C}}-H$（**ホルムアルデヒド**）（O を入れる） $\xrightarrow{酸化}$ $H-\overset{O}{\overset{\|}{C}}-OH$（**ギ酸**）

(2) $CH_3-\underset{H}{\overset{H}{C}}-O-H$（**エタノール**）（2H をうばう） $\xrightarrow{酸化}$ $CH_3-C{\overset{O}{\underset{H}{}}}$（**アセトアルデヒド**）（O を入れる） $\xrightarrow{酸化}$ $CH_3-C{\overset{O}{\underset{OH}{}}}$（**酢酸**）

2 アルデヒドは，他の物質を還元する性質（**還元** 性という）をもつ。アンモニア性硝酸銀水溶液と反応すると，Ag^+ が **還元**（酸化 or 還元）され **Ag**（元素記号）が析出する。この反応は **銀鏡** 反応という。

また，フェーリング液と反応すると，Cu^{2+} が **還元** されて **Cu_2O**（化学式）の **赤** 色沈殿を生じる。

<**銀鏡** 反応>　　<**フェーリング液の還元**>

アンモニア性硝酸銀水溶液 → アルデヒドを加え，加温する → **銀** 鏡を生じる

フェーリング液（**青** 色） → アルデヒドを加え，加温する → Cu_2O の **赤** 色沈殿を生じる

いずれの反応も **ホルミル** 基の検出に利用される。

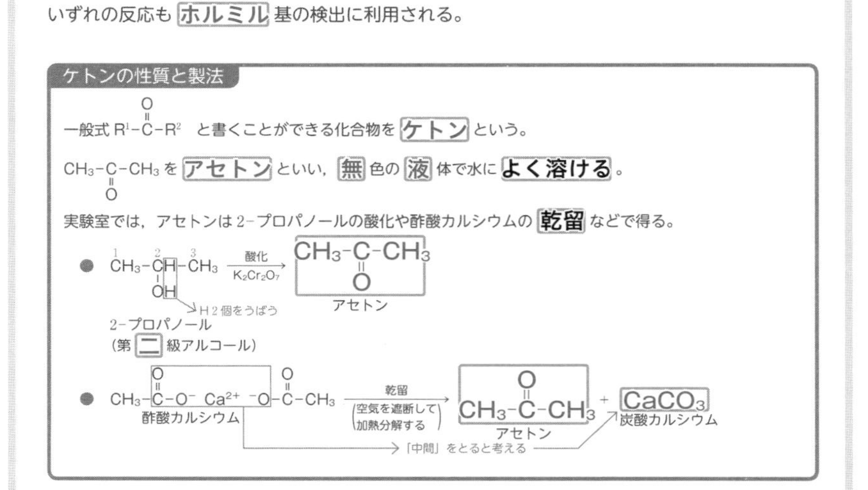

ケトンの性質と製法

一般式 $R^1-\overset{O}{\overset{\|}{C}}-R^2$ と書くことができる化合物を **ケトン** という。

$CH_3-\underset{O}{\underset{\|}{C}}-CH_3$ を **アセトン** といい，**無** 色の **液** 体で水に **よく溶ける**。

実験室では，アセトンは 2-プロパノールの酸化や酢酸カルシウムの **乾留** などで得る。

● $\overset{1}{C}H_3-\overset{2}{C}H(OH)-\overset{3}{C}H_3$（2-プロパノール（第 **二** 級アルコール），H 2個をうばう） $\xrightarrow[K_2Cr_2O_7]{酸化}$ $CH_3-\underset{O}{\underset{\|}{C}}-CH_3$（アセトン）

● $CH_3-\overset{O}{\overset{\|}{C}}-O^-\ Ca^{2+}\ ^-O-\overset{O}{\overset{\|}{C}}-CH_3$（酢酸カルシウム） $\xrightarrow{乾留（空気を遮断して加熱分解する）}$ $CH_3-\overset{O}{\overset{\|}{C}}-CH_3$（アセトン） + **$CaCO_3$**（炭酸カルシウム）

「中間」をとると考える

3 アセトンにヨウ素 I_2 と水酸化ナトリウム NaOH 水溶液を加え加熱すると，**特異** 臭をもつ **ヨードホルム** CHI_3 の **黄** 色沈殿が生じる。この反応を **ヨードホルム** 反応という。

<ヨードホルム反応>

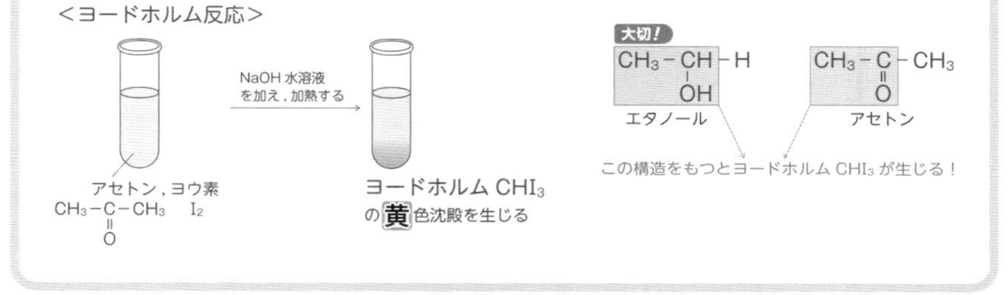

大切！　$CH_3-CH(OH)-H$（エタノール）　$CH_3-\underset{O}{\underset{\|}{C}}-CH_3$（アセトン）

この構造をもつとヨードホルム CHI_3 が生じる！

50 カルボン酸

学習日　月／日

カルボン酸の分類と名称

$-C\begin{smallmatrix}=O\\-OH\end{smallmatrix}$ を **カルボキシ** 基といい，$-C\begin{smallmatrix}=O\\-OH\end{smallmatrix}$ をもつ化合物を **カルボン酸** という。

HCOOH を **ギ酸**，CH_3COOH を **酢酸**（さくさん）といい，これらのように -COOH 1 個をもつカルボン酸を **1** 価カルボン酸（**モノカルボン酸**）と分類する。

つまり，-COOH を *n* 個もつカルボン酸は **n** 価カルボン酸になる。

次の表を完成させよ。

簡略化した構造式	H-C(=O)-OH（ホルミル基）	CH_3-C(=O)-OH	COOH-COOH	HOOC(H)C=C(H)COOH トランス形	HOOC(H)C=C(H)COOH シス形
名称	**ギ酸**	**酢酸**	**シュウ酸**	**フマル酸**	**マレイン酸**
分類	1価カルボン酸 モノカルボン酸	**1価カルボン酸** **モノカルボン酸**	**2価カルボン酸** **ジカルボン酸**	**2価カルボン酸** **ジカルボン酸**	**2価カルボン酸** **ジカルボン酸**
特徴	ホルミル基をもつため，**還元** 性を示す	純粋なものは冬季に凝固する（ぎょうこ）ので **氷酢酸** ともよぶ	二水和物は中和滴定に用いる	トラにフマれてマレにシスと覚える　トランス形　フマル酸	マレイン酸　シス形

☑ **1**　ギ酸 HCOOH や酢酸 CH_3COOH のように，水素原子や鎖状の炭化水素のはしに -COOH が **1** 個結合したカルボン酸を，特に **脂肪酸**（しぼうさん）という。　「環」をもたない

また，乳酸 $CH_3-CH(OH)-COOH$ のように，-COOH と -OH をもつカルボン酸は **ヒドロキシ酸** という。

脂肪酸のうち，

H-C(=O)-O-H（ギ酸）や CH_3-C(=O)-OH（酢酸）は，**飽和脂肪酸** や **飽和モノカルボン酸** と分類される。　（単結合のみ）

$CH_2=C(CH_3)-COOH$ **メタクリル酸** は，**不飽和脂肪酸** や **不飽和モノカルボン酸** と分類される。　（二重結合（不飽和結合）をもつ）

☑ **2**　炭素原子の数が少ない脂肪酸を **低級脂肪酸**，炭素原子の数が多い脂肪酸を **高級脂肪酸** という。

☑ **3**　脂肪酸の中で最も強い酸性を示すものは，**ギ酸**（名称）である。

カルボン酸の性質

【1】カルボン酸は，同程度の分子量をもつアルコールよりも沸点・融点が **高** い。
次のアルコールやカルボン酸の水素結合を「…」で示せ。

〈アルコール〉 R-O-H…O(H)-R（水素結合）

〈カルボン酸〉 R-C(=O…H-O)-O-H…O=C-R（水素結合）

二量体 をつくり，分子量が 2 倍の物質のようになるために，沸点・融点が高い。

【2】カルボン酸 R-COOH は，水溶液中でわずかに **電離** し，弱い **酸** 性を示す。このようすをイオン反応式で書け。

$$R\text{-}COOH \rightleftarrows R\text{-}COO^- + H^+$$

【3】カルボン酸は，塩基の水溶液と中和する。カルボン酸 R-COOH と水酸化ナトリウム NaOH との中和反応を化学反応式で書け。

$$R\text{-}COOH + NaOH \longrightarrow R\text{-}COONa + H_2O$$

【4】酸の強さは，**希硫酸，塩酸 > カルボン酸 > 炭酸**（H_2SO_4，HCl，R-COOH，$H_2CO_3(CO_2+H_2O)$）の順になる。

☑ **4**　次の(1)，(2)の化学反応式を書け。

(1) カルボン酸のナトリウム塩 R-COONa に希塩酸 HCl を加えると，酸の強さの順は HCl＞R-COOH　なので，R-COOH が遊離する。

$$R\text{-}COONa + HCl \longrightarrow R\text{-}COOH + NaCl$$
（弱い酸の塩，強い酸，弱い酸，強い酸の塩）（弱酸の遊離）

この反応を参考に，酢酸ナトリウム CH_3COONa に希塩酸 HCl を加えたときの化学反応式を書け。

$$CH_3COONa + HCl \longrightarrow CH_3COOH + NaCl$$
（弱酸の遊離）

(2) カルボン酸の酸性は，二酸化炭素 CO_2 の水溶液（**炭酸**）より **強い**（弱い or 強い）ので，カルボン酸 R-COOH は炭酸水素ナトリウム $NaHCO_3$ と反応し，CO_2 が発生する。

$$R\text{-}COOH + NaHCO_3 \longrightarrow R\text{-}COONa + CO_2 + H_2O$$
（強い酸，弱い酸の塩，強い酸の塩，弱い酸）（弱酸の遊離）

この反応を参考に，酢酸 CH_3COOH と炭酸水素ナトリウム $NaHCO_3$ の化学反応式を書け。

$$CH_3COOH + NaHCO_3 \longrightarrow CH_3COONa + CO_2 + H_2O$$
（弱酸の遊離）

補足　この反応は -COOH **カルボキシ** 基の検出に用いられる。

51 酸無水物の生成

学習日　月　日

【1】酢酸 CH_3COOH に P_4O_{10} などの **脱水剤** を加えて加熱すると，酢酸 2 分子から水 1 分子がとれて，**無水酢酸**$(CH_3CO)_2O$ を生じる。

$CH_3-C(=O)-O-H + H-O-C(=O)-CH_3 \xrightarrow[\text{加熱}]{\text{脱水剤}(P_4O_{10})} CH_3-C(=O)-O-C(=O)-CH_3 + H_2O$

酢酸　　無水酢酸　　「H_2O」がとれる

無水酢酸のような化合物を **酸無水物** または **カルボン酸無水物** という。

【2】シス形のマレイン酸は $-COOH$ どうしが近いので，加熱すると分子内で脱水して **無水マレイン酸**（名称）とよばれる **酸無水物** が生じる。

マレイン酸 → 無水マレイン酸 + H_2O　（「H_2O」がとれる）

トランス形の **フマル酸** は $-COOH$ どうしが離れているので，加熱しても **酸無水物** を生じない。

1 次の表を完成させよ。

分類	名称	示性式・簡略化した構造式	分類	名称	簡略化した構造式
飽和モノカルボン酸（飽和脂肪酸）	**ギ酸**	$HCOOH$	不飽和ジカルボン酸	**マレイン酸**	$HOOC(H)C=C(H)COOH$（シス形）
	酢酸	CH_3COOH			
不飽和モノカルボン酸（不飽和脂肪酸）	**メタクリル酸**	$CH_2=C(CH_3)-COOH$		**フマル酸**	$HOOC(H)C=C(H)COOH$（トランス形）
飽和ジカルボン酸	**シュウ酸**	$(COOH)_2$	ヒドロキシ酸	**乳酸**	$CH_3-CH(OH)-COOH$

2 空欄に簡略化した構造式や名称を書け。

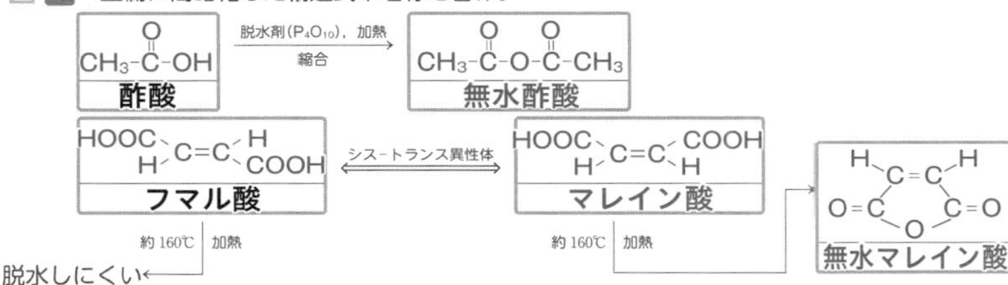

3 鎖状構造（環をもたない構造）の C 骨格のパターンは，炭素原子が 4 個の場合

C-C-C-C　と　C-C(C)-C　の 2 種類が考えられる。

(1) 次の条件にあてはまる $C_4H_{10}O$ の構造異性体の簡略化した構造式を書け。

① おだやかに酸化すると銀鏡反応を示す化合物（アルデヒドのこと）になるアルコール（2 個）

第一級アルコール（はしーOH）を答える

$CH_3-CH_2-CH_2-CH_2-OH$ ，$CH_3-CH(CH_3)-CH_2-OH$

② ヨードホルム反応を示すアルコール（1 個）

$CH_3-CH(OH)-$ の形をもつものを答える。アルコールなので$-OH$をもつ

$CH_3-CH(OH)-CH_2-CH_3$

③ 酸化剤により酸化されにくいアルコール（1 個）

第三級アルコール（枝分かれ-OH）を答える

$CH_3-C(CH_3)(OH)-CH_3$

④ エーテル（3 個）

$CH_3-O-CH_2-CH_2-CH_3$ ，$CH_3-CH_2-O-CH_2-CH_3$ ，$CH_3-CH(CH_3)-O-CH_3$

(2) $C_4H_{10}O$ の構造異性体は何種類になるか。 **7** 種類

2（①の答より 第一級）＋ 1（②の答より 第二級）＋ 1（③の答より 第三級）＋ 3（④の答より エーテル(3 種類)）＝ 7 種類

アルコール(4 種類)

4 $C_4H_{10}O$ のアルコールで不斉炭素原子をもつものの簡略化した構造式を書き，不斉炭素原子に＊をつけよ。

$CH_3-C^*H(OH)-CH_2-CH_3$

> ヨードホルム反応を示すのは $CH_3-CH(OH)-■$ と $CH_3-C(=O)-■$ で，-■の部分には H 原子や C 原子が直接結合している必要がある。つまり，酢酸はヨードホルム反応を示さない。

5 次の表を完成させよ。

名称	エタノール	アセトアルデヒド	アセトン	**ギ酸**	**酢酸**
簡略化した構造式	CH_3-CH_2-OH	$CH_3-C(=O)-H$	$CH_3-C(=O)-CH_3$	$H-C(=O)-OH$（ホルミル基）	$CH_3-C(=O)-OH$
銀鏡反応	**示さない**	示す	示さない	示す	示さない
フェーリング液を還元する反応	示さない（示す or 示さない）	示す	示さない	―	示さない
ヨードホルム反応	示す（示す or 示さない）	示す	示す	示さない	示さない

52 エステル

学習日　月　日

エステルの名称と製法

【1】$-\overset{O}{\overset{\|}{C}}-O-$ を **エステル** 結合といい，$R^1-\overset{O}{\overset{\|}{C}}-O-R^2$ を **エステル** という。

【2】$R^1-\overset{O}{\overset{\|}{C}}-O-R^2$ の名称は，構成するカルボン酸 R^1COOH の名称に続けて，R^2 の部分の名称を加える。

HCOOH は **ギ酸**，CH_3COOH は **酢酸**，CH_3- は **メチル** 基，C_2H_5- は **エチル** 基であることを参考にして，次のエステルに名前をつけよう！

簡略化した構造式	$H-\overset{O}{\overset{\|}{C}}-O-CH_3$	$H-\overset{O}{\overset{\|}{C}}-O-C_2H_5$	$CH_3-\overset{O}{\overset{\|}{C}}-O-CH_3$	$CH_3-\overset{O}{\overset{\|}{C}}-O-C_2H_5$
名称	ギ酸メチル	ギ酸エチル	酢酸メチル	酢酸エチル

【3】カルボン酸 R^1-COOH とアルコール R^2-OH の混合物に，**触媒** として濃硫酸 H_2SO_4 を加えて加熱すると水分子がとれ，**エステル** が生じる。エステルの生成反応は **エステル化** という。次の反応式を完成させよ。

$$R^1-\overset{O}{\overset{\|}{C}}-O-H + H-O-R^2 \xrightleftharpoons{濃硫酸} R^1-\overset{O}{\overset{\|}{C}}-O-R^2 + H_2O \quad (エステル化)$$

「H_2O」がとれる

カルボキシ基から **OH**，ヒドロキシ基から **H** がとれて H_2O が生じる。

1 次の化学反応式を書け。

(1) ギ酸 HCOOH とエタノールのエステル化

$$HCOOH + C_2H_5OH \rightleftharpoons HCOOC_2H_5 + H_2O$$

(2) 酢酸 CH_3COOH とメタノールのエステル化

$$CH_3COOH + CH_3OH \rightleftharpoons CH_3COOCH_3 + H_2O$$

2 (1) 酢酸とエタノールの混合物に，触媒として濃硫酸を加えて加熱すると起こるエステル化の化学反応式を書け。

$$CH_3COOH + C_2H_5OH \rightleftharpoons CH_3COOC_2H_5 + H_2O$$

(2) (1)の反応で生じるエステルの名称は **酢酸エチル** であり，このエステルは，水に溶け **にくい**（やすい or にくい）が有機溶媒には溶け **やすい**（やすい or にくい）。酢酸エチルは，果実のような **芳香** をもつ液体で，**香料** や **接着剤** などに用いられる。

エステルの加水分解

【1】エステル $R^1-\overset{O}{\overset{\|}{C}}-O-R^2$ に，希塩酸 HCl や希硫酸 H_2SO_4 を加えて加熱すると，酸の **H^+**（化学式）が触媒となり，エステル化の逆反応が進む。この反応をエステルの **加水分解** という。

$$\underset{エステル}{R^1-\overset{O}{\overset{\|}{C}}-O-R^2} + H_2O \xrightleftharpoons{触媒(H^+)} \underset{カルボン酸}{R^1-\overset{O}{\overset{\|}{C}}-OH} + \underset{アルコール}{R^2-OH}$$

考え方　$R^1-\overset{O}{\overset{\|}{C}}-O-R^2$ / $H-O-H$　H_2O を書き，矢印↓で切ってつなぐ

【2】エステル $R^1-\overset{O}{\overset{\|}{C}}-O-R^2$ に，水酸化ナトリウム NaOH の水溶液を加えて加熱すると **加水分解** が起こり，生成したカルボン酸が続いて中和される。塩基を用いたエステルの加水分解は特に **けん化** という。

$$R^1-\overset{O}{\overset{\|}{C}}-O-R^2 + H_2O \longrightarrow R^1-COOH + R^2-OH \quad (加水分解)$$

$$+)\ R^1-COOH + NaOH \longrightarrow R^1-COONa + H_2O \quad (中和)$$

2つの式をまとめると

$$R^1-COO-R^2 + NaOH \longrightarrow R^1-COONa + R^2-OH \quad (けん化)$$

3 酢酸エチルを加水分解したときの化学反応式を書け。

(1) 希硫酸を用いたとき

$$CH_3COOC_2H_5 + H_2O \rightleftharpoons CH_3COOH + C_2H_5OH$$

$CH_3-\overset{O}{\overset{\|}{C}}-O-C_2H_5$ / $H-O-H$　H_2O を書き，矢印↓で切ってつなぐ

(2) 水酸化ナトリウム水溶液を用いたとき

$$CH_3COOC_2H_5 + NaOH \longrightarrow CH_3COONa + C_2H_5OH$$

$CH_3-\overset{O}{\overset{\|}{C}}-O-C_2H_5$ / $O-H$　OH^- を書き，矢印↓で切ってつなぐ

4 カルボン酸だけでなく，硝酸 HNO_3 や硫酸 H_2SO_4 などのオキソ酸も，アルコールと硝酸エステルや硫酸エステルを生じる。次の空欄に簡略化した構造式を書け。

(1) グリセリンに濃硫酸を触媒とし濃硝酸を反応させると，心臓病の薬や爆薬として用いられるニトログリセリンを生じる。

$$\begin{matrix} CH_2-OH \\ CH-OH \\ CH_2-OH \end{matrix} + \begin{matrix} HO-NO_2 \\ HO-NO_2 \\ HO-NO_2 \end{matrix} \xrightarrow[エステル化]{濃硫酸} \begin{matrix} CH_2-O-NO_2 \\ CH-O-NO_2 \\ CH_2-O-NO_2 \end{matrix} + 3H_2O$$

ニトログリセリン

(2) 1-ドデカノール $CH_3(CH_2)_{11}OH$ と濃硫酸 H_2SO_4 を反応させると，硫酸エステルを生じる。

$$CH_3(CH_2)_{11}OH + H-O-SO_3H \xrightarrow{エステル化} CH_3(CH_2)_{11}OSO_3H + H_2O$$

(1)，(2)とも，オキソ酸の OH とアルコールの H から H_2O が生じる。

53 芳香族炭化水素

ベンゼンの性質や特徴

① 分子式は C_6H_6 で，無 色で特有のにおいをもつ 液 体。
② 水に溶け にく く，有 毒。（やす or にく）
③ 引火し やす く，空気中では多量の すす を出して燃焼する。
④ 炭素原子間の結合の長さは **C-C 結合と C=C 結合の中間** の状態であり，いずれも等しく，6 個の炭素原子は 正六角 形をつくっている。
⑤ すべての原子（C，H）は，同一平面上 にある。

〈ベンゼンの構造〉

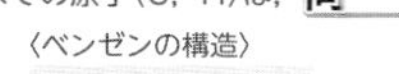

●は C，●は H を表す。
すべての C，H は 同一平面上 にあり，6 個の C は 正六角 形をつくる。

〈ベンゼンの構造式〉　〈ベンゼンの構造式（略記したもの）〉

どれを使用してもよい

1　炭素原子間の距離を不等号で表せ。

エタン ＞ ベンゼン ＞ エチレン ＞ アセチレン

$H-C\equiv C-H$

2　ベンゼンのもつ H- 2 個をそれぞれメチル基 CH_3- に置き換えたものには，3 種類の構造異性体がある。その構造式と名称を答えよ。

o-キシレン　*m*-キシレン　*p*-キシレン

o-はオルト
m-はメタ
p-はパラ
とよむ

3　ベンゼン環をもつ炭化水素を 芳香族炭化水素 という。次の(1)～(5)の構造式を書け。

(1) トルエン　(2) エチルベンゼン　(3) スチレン　(4) *m*-キシレン　(5) ナフタレン

（メチルベンゼンともよぶ）

CH_3　CH_2-CH_3　$CH=CH_2$

54 ベンゼンの置換反応

ベンゼンは，ベンゼン環に結合している H 原子（コレ）が他の原子や原子団と置き換わる **置換反応** を起こしやすい。

【1】ハロゲン化

鉄粉 Fe または塩化鉄（Ⅲ）$FeCl_3$ を 触媒 として，ベンゼンに塩素 Cl_2 を反応させると，-H の -H（コレ）が -Cl により置換された **クロロベンゼン** が生じる。-H 原子がハロゲン原子（Cl，Br，…）で置換される反応は ハロゲン化 といい，Cl 原子の場合は **塩素化** という。このときの化学反応式を完成させよ。

-H + Cl-Cl →（触媒（Fe，$FeCl_3$））-Cl + HCl
「HCl」をとると考える

【2】スルホン化

ベンゼンに濃硫酸 H_2SO_4 を加えて加熱すると，-H の -H（コレ）が $-SO_3H$ により置換された $-SO_3H$ **ベンゼンスルホン酸** が生じる。-H 原子が スルホ 基 $-SO_3H$ で置換される反応を スルホン化 という。このときの化学反応式を完成させよ。

-H + H-O-SO_3H →（加熱）-SO_3H + H_2O
「H_2O」をとると考える

1　鉄粉を用いて，ベンゼンに塩素や臭素を作用させると，置換反応が起こる。
(1) 鉄粉の役割を漢字 2 文字で答えよ。　触媒
(2) 塩素を作用させてクロロベンゼンが生じたときの化学反応式を書け。

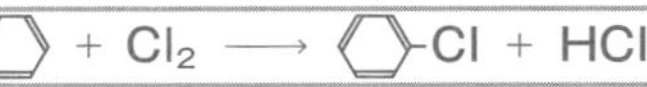

$C_6H_6 + Cl_2 \longrightarrow C_6H_5Cl + HCl$

(3) 臭素を作用させてブロモベンゼンが生じたときの化学反応式を書け。

$C_6H_6 + Br_2 \longrightarrow C_6H_5Br + HBr$

2　ベンゼンを濃硫酸とともに加熱すると，ベンゼンスルホン酸の固体を生じる。このときの化学反応式を書け。

$C_6H_6 + H_2SO_4 \longrightarrow C_6H_5SO_3H + H_2O$

【3】ニトロ化

ベンゼンに濃硝酸 HNO_3 と濃硫酸 H_2SO_4 の混合物(**混酸**(こんさん))を加えて約 60℃にすると，

⬡-H の -H が $-NO_2$ により置換された ⬡$-NO_2$ **ニトロベンゼン**

が生じる。-H原子が **ニトロ** 基 $-NO_2$ で置換される反応を **ニトロ化** という。このときの化学反応式を完成させよ。

⬡-H + H-O-NO_2 —(濃硫酸，約 60℃)→ ⬡$-NO_2$ + H_2O

（「H_2O」をとると考える）

ニトロベンゼンは，特有のにおいをもつ淡 **黄** 色の **液** 体(純粋なものは無色)で，水に溶け **にくく**（やすく or にくく），水よりも **重い**（軽い or 重い）ので水に **沈む**。

☑ **3** (1) ベンゼンに **濃硝酸** と **濃硫酸**（順不同）の混合物(混酸)を加え，約 60℃で反応させると，ニトロベンゼンが生じる。

(2) (1)の化学反応式を書け。

⬡ + HNO_3 ⟶ ⬡$-NO_2$ + H_2O

☑ **4** トルエンのもつベンゼン環のH原子1個をニトロ基で置換したすべての異性体を構造式で書け。

（トルエン：CH_3-⬡）　答：o-ニトロトルエン（CH_3, NO_2 隣接），m-ニトロトルエン，p-ニトロトルエン の構造式

☑ **5** トルエンを **常温** で混酸を用いてニトロ化すると，主に o-ニトロトルエンと p-ニトロトルエンが生じる。トルエンを **高温** で混酸を用いてニトロ化すると，o-位と p-位のHがすべてニトロ基で置換された **2, 4, 6-トリニトロトルエン** が生じる。空欄に構造式を書け。

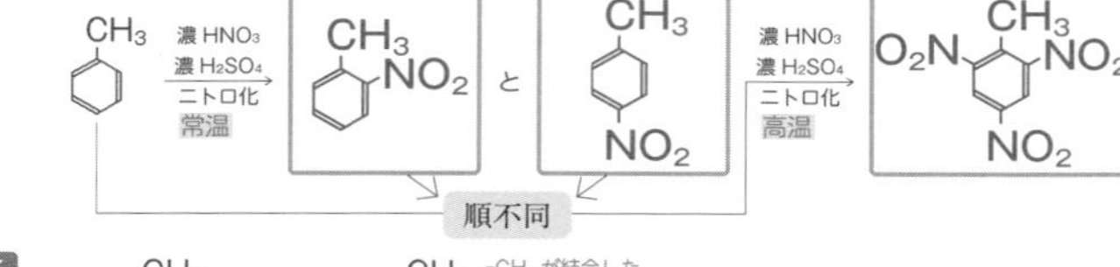

☑ **6** O_2N, CH_3, NO_2, NO_2（2,4,6-トリニトロトルエンの構造式）は CH_3-⬡（トルエン）（$-CH_3$ が結合した炭素原子を①にして番号をつける）の②，④，⑥のHがニトロ基で置換されていることから **2, 4, 6-トリニトロトルエン**（「3個を表す」「$-NO_2$ を表す」）(略称 **TNT**（trinitrotoluene）)という。**黄** 色の結晶で **火薬** の原料になる。

55 ベンゼンの付加反応・まとめ

学習日　月　日

ベンゼン環の不飽和結合は **安定** で，アルケンなどの C=C 結合に比べて付加反応を起こし **にくい**（やすい or にくい）。しかし，特別な条件(「触媒を用いて高温・高圧下で反応させる」，「光(紫外線)を当てる」など)のもとでは **付加** 反応を起こす。

覚え方　切る ―で切る→ つなぐ ―をつなぐ→ X_2の付加後

(1) ベンゼンに，**白金 Pt** や **ニッケル Ni** を触媒として，**高** 温・**高** 圧のもとで水素 H_2 を反応させると **付加** 反応が起こり，**シクロヘキサン**（「環」を意味する）が生じる。

⬡ + $3H_2$ —(触媒(Pt または Ni)，高温・高圧)→ シクロヘキサン（C_6H_{12} の構造式）

(2) ベンゼンに，光(**紫外線**)を当てながら塩素 Cl_2 を反応させると **付加** 反応が起こり，**1,2,3,4,5,6-ヘキサクロロシクロヘキサン**（C 骨格の番号を表す／6個を表す／Cl を表す）(**ベンゼンヘキサクロリド(BHC)**)が生じる。

⬡ + $3Cl_2$ —光→ 1,2,3,4,5,6-ヘキサクロロシクロヘキサン（$C_6H_6Cl_6$ の構造式）

☑ **1** 空欄に該当する化合物の構造式や名称を記せ。

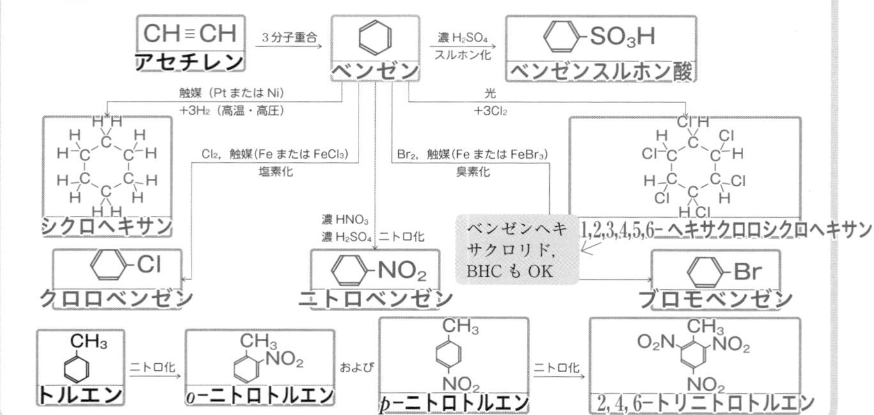

56 フェノール類の名称と性質

学習日　月／日

ベンゼン環の C 原子に -OH が直接結合した化合物を **フェノール類** という。次の名称を答えよ。

(OH)	(CH_3, OH)	(CH_3, OH)	(CH_3, OH)	(OH, COOH)
フェノール	***o*-クレゾール**	***m*-クレゾール**	***p*-クレゾール**	**サリチル酸**

●フェノールの性質

① フェノールは，水に少し溶け，その水溶液は弱い **酸** 性を示す。

フェノールが水溶液中で電離するようすをイオン反応式で表せ。

$$\text{C}_6\text{H}_5\text{-OH} \rightleftarrows \text{C}_6\text{H}_5\text{-O}^- + \text{H}^+$$

注意 同じ -OH **ヒドロキシ** 基をもっていても，アルコール R-OH の水溶液は **中** 性になる。

また，酸の強さは，

H_2SO_4, HCl（希硫酸 塩酸） ＞ R-COOH（カルボン酸） ＞ CO_2 + H_2O（(H_2CO_3)炭酸） ＞ C_6H_5-OH（フェノール）

の順になるので，ナトリウムフェノキシド C_6H_5-ONa の水溶液に，フェノールより **強い** 酸である CO_2 を通じると，フェノールが遊離する。このときの化学反応式を書け。（強い or 弱い）

$$\text{C}_6\text{H}_5\text{-ONa} + CO_2 + H_2O \longrightarrow \text{C}_6\text{H}_5\text{-OH} + NaHCO_3$$

（弱い酸の塩　強い酸　弱い酸　強い酸の塩）（弱酸の遊離）

② 塩化鉄（Ⅲ）$FeCl_3$ 水溶液を加えると **フェノール類** は **紫** 系の色になる。

☑ **1** 次の(1)，(2)の化学反応式を書け。

(1) フェノールは弱酸で，水酸化ナトリウムと中和する。 💡中和

$$\text{C}_6\text{H}_5\text{-OH} + NaOH \longrightarrow \text{C}_6\text{H}_5\text{-ONa} + H_2O$$

(2) ナトリウムフェノキシドの水溶液に，フェノールよりも強い酸である塩酸を加えた。 💡弱酸の遊離

$$\text{C}_6\text{H}_5\text{-ONa} + HCl \longrightarrow \text{C}_6\text{H}_5\text{-OH} + NaCl$$

☑ **2** 構造式を書き，塩化鉄（Ⅲ）$FeCl_3$ で呈色するものに○，呈色しないものに×をつけよ。

名称	フェノール	*o*-クレゾール	サリチル酸	ベンジルアルコール	アセチルサリチル酸
構造式	C_6H_5-OH	$C_6H_4(CH_3)OH$	$C_6H_4(COOH)OH$	C_6H_5-CH_2-OH	$C_6H_4(OCOCH_3)COOH$
$FeCl_3$	○（→○ or ×）	○	○	×	×

C_6H_5-OHの形を含まないので×

57 フェノールの反応

学習日　月／日

【1】フェノールは，アルコール R-OH と同じようにナトリウム Na と反応し，水素を発生する。

次の化学反応式を完成させよ。

2R-OH ＋ 2Na ⟶ **2R-ONa + H_2**（ナトリウムアルコキシド）

2C_6H_5-OH ＋ 2Na ⟶ **2C_6H_5-ONa ＋ H_2**（ナトリウムフェノキシド）

【2】フェノールやアルコール R-OH は，無水酢酸$(CH_3CO)_2O$ と反応してエステルを生じる。

$$\underset{\text{アルコール}}{\text{R-OH}} + \text{CH}_3\text{-CO-O-CO-CH}_3 \longrightarrow \underset{\text{エステル}}{\text{R-O-CO-CH}_3} + \text{CH}_3\text{COOH}$$

→「CH_3COOH 酢酸」がとれる

この反応を参考に，フェノールと無水酢酸との反応の化学反応式を書け。

$$\text{C}_6\text{H}_5\text{-OH} + (CH_3CO)_2O \longrightarrow \text{C}_6\text{H}_5\text{-O-CO-CH}_3 + CH_3COOH$$

💡アルコールの -R を C_6H_5- に変えることで完成する

この反応は **エステル化** だが，-OH の H- が CH_3-CO- **アセチル** 基に置き換わった化合物を生じるので **アセチル** 化ともいう。

☑ **1** フェノールは，ベンゼンよりも置換反応が起こり **やすく**，特にベンゼン環の *o*-，*p*-の位置で置換反応が起こりやすい。

(1) フェノールに臭素水を十分加えると，*o*-位と *p*-位の -H がすべて -Br で置換された **2,4,6-トリブロモフェノール** の **白** 色沈殿が生じる。

C_6H_5-OH $\xrightarrow[\text{臭素化}]{Br_2}$ **$C_6H_2Br_3$-OH（2,4,6-トリブロモフェノール）**（**白** 色沈殿）

この反応は，**フェノール** の検出に利用される。

(2) フェノールに濃硝酸と濃硫酸の混合物（混酸）を加えて加熱すると，最終的に *o*-位と *p*-位の -H がすべて -NO_2 で置換された **2,4,6-トリニトロフェノール**（**ピクリン酸**）が生じる。

C_6H_5-OH $\xrightarrow[\text{ニトロ化}]{\text{濃硝酸，濃硫酸}}$ **$C_6H_2(NO_2)_3$-OH** 2,4,6-トリニトロフェノール（ピクリン酸）

2,4,6-トリニトロフェノールは，**黄** 色の結晶で，**爆薬** の原料になる。その水溶液は強 **酸** 性を示す。

58 フェノールの合成

学習日　月　日

現在，日本では，フェノールは **クメン法** で合成される。

手順１　まず，触媒を用いて，ベンゼンとプロペンから **クメン**（**イソプロピルベンゼン**）をつくる。

$CH_2{=}CH{-}CH_3$ + H-⌬ —付加／触媒→ $CH_2{-}CH{-}CH_3$（H，⌬）　クメン（イソプロピルベンゼン）

この反応はベンゼンにプロペンを **付加** させているため **付加** 反応となり，

ベンゼンの −H が $CH_3{-}CH(CH_3){-}$ **イソプロピル** 基に置き換わった化合物を生じる。

手順２　次に，クメンを空気中の O_2 で酸化して，**クメンヒドロペルオキシド** をつくる。

クメン —O_2（O_2 を C−H の間に入れると考える）→ ⌬−C(CH_3)(CH_3)−O−O−H

クメンヒドロペルオキシドは，−O−O− 結合をもつ。−O−O− 結合をもつものは，過酸化物という。

手順３　最後に，クメンヒドロペルオキシドに希硫酸 H_2SO_4 を加えて分解すると，フェノールとアセトンが生じる。

⌬−C(CH_3)(CH_3)−O−O−H —希 H_2SO_4／分解→ ⌬−OH + $CH_3{-}C({=}O){-}CH_3$　（「アセトン」をとる）

1 ベンゼンスルホン酸ナトリウム ⌬−SO_3Na やクロロベンゼン ⌬−Cl から，フェノール ⌬−OH を最終的に得る際には，「固体の NaOH と融解状態で反応させる」，「NaOH 水溶液を高温・高圧で反応させる」などの特別な条件が必要になる。また，この条件で生じる化合物は，フェノールが NaOH で中和されたときに生じる **ナトリウムフェノキシド** ⌬−ONa になる。（名称）

(1) 下線の操作を何というか。　**アルカリ** 融解

(2) 空欄に構造式や名称を書け。

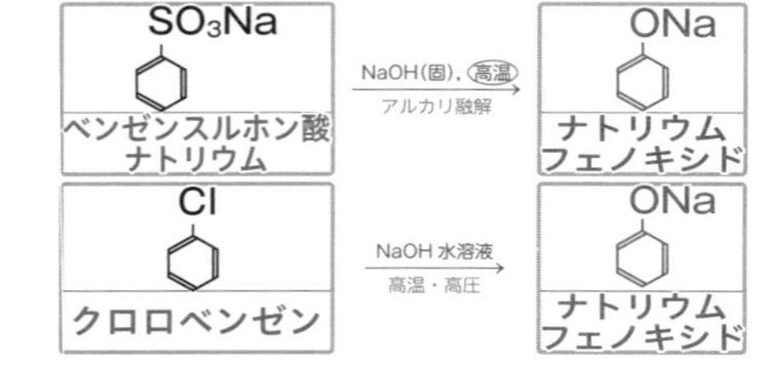

2 酸の強さは，H_2SO_4，HCl > R−COOH > CO_2 + H_2O（H_2CO_3）> ⌬−OH の順になる。次の(1)と(2)の化学反応式を書け。

(1) ナトリウムフェノキシドの水溶液に，二酸化炭素を通じた。　弱酸の遊離

⌬−ONa + CO_2 + H_2O ⟶ ⌬−OH + $NaHCO_3$

(2) ナトリウムフェノキシドの水溶液に塩酸を加えた。　弱酸の遊離

⌬−ONa + HCl ⟶ ⌬−OH + NaCl

3 空欄に該当する化合物の構造式や名称を記せ。

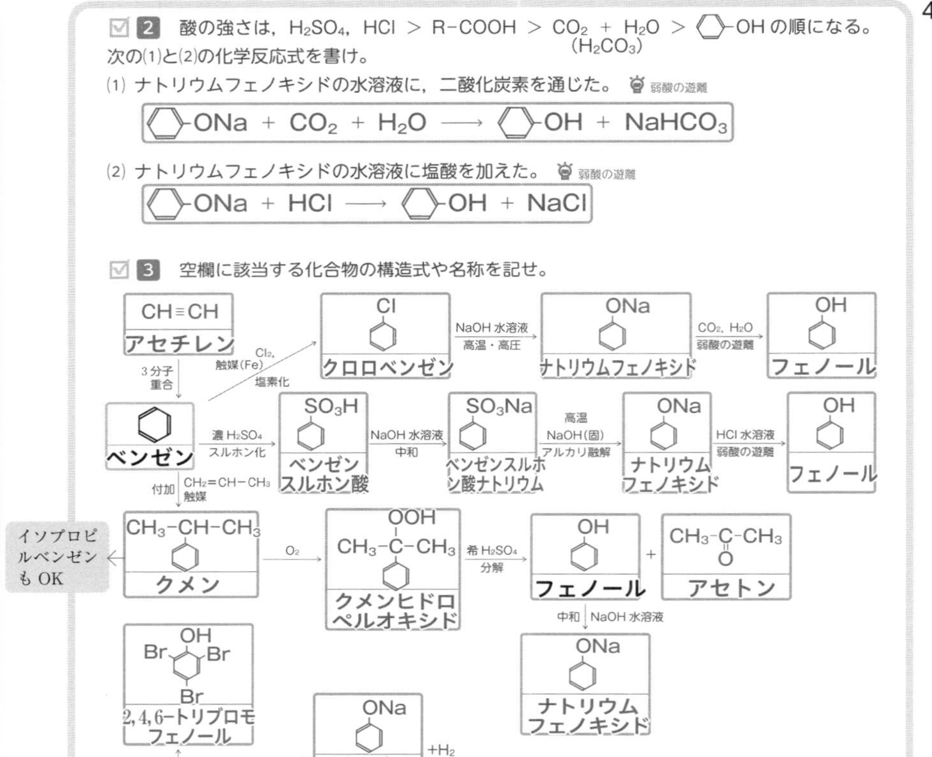

59 芳香族カルボン酸

学習日　月　日

芳香族カルボン酸の名称と反応

【1】ベンゼン環のC原子に直接 $-COOH$ **カルボキシ** 基が結合した化合物を **芳香族カルボン酸** という。次の芳香族カルボン酸の名称を答えよ。

安息香酸　**フタル酸**　**テレフタル酸**　**サリチル酸**

【2】トルエンを中性～塩基性の $KMnO_4$ 水溶液と反応させると，ベンゼン環に結合した炭化水素基（$-CH_3$, $-CH_2-CH_3$ など）(側鎖)が酸化され，最終的にカルボキシ基 $-COOH$ となる。

トルエン →($KMnO_4$ 酸化)→ **安息香酸カリウム** →(希 H_2SO_4 弱酸の遊離)→ **安息香酸**

☑ **1** ベンゼン環の側鎖の炭化水素基は酸化されると，炭素の数に関係なく $-COOH$ に変化する。次の空欄に構造式や名称を入れよ。

(1) **エチルベンゼン** →($KMnO_4$ 酸化)→ C_6H_5COOK →(HCl 水溶液 弱酸の遊離)→ **安息香酸**

(2) ***o*-キシレン** →($KMnO_4$ 酸化)→ $C_6H_4(COOK)_2$ →(希 H_2SO_4 弱酸の遊離)→ **フタル酸**

(3) ***p*-キシレン** →($KMnO_4$ 酸化)→ $KOOC-C_6H_4-COOK$ →(HCl 水溶液 弱酸の遊離)→ **テレフタル酸**

☑ **2** シス形のマレイン酸は $-COOH$ どうしが近いので，加熱すると分子内で脱水して，酸無水物を生じる。同様に，フタル酸も $-COOH$ どうしが近く，加熱すると分子内で脱水して，酸無水物を生じる。空欄に構造式を入れよ。

マレイン酸 →(160℃，加熱 脱水)→ 無水マレイン酸

フタル酸 →(加熱 脱水)→ 無水フタル酸

ベンゼン環の酸化

ベンゼン環は酸化されにくい。ただし，触媒に酸化バナジウム(V) **V_2O_5** を用いて高温にすると酸化される。次の空欄に構造式を入れよ。

触媒に V_2O_5 を用いて，ベンゼンやナフタレンを酸化すると，無水マレイン酸や無水フタル酸が生じる。

ベンゼン →(触媒(V_2O_5) 酸化)→ 無水マレイン酸

ナフタレン →(触媒(V_2O_5) 酸化)→ 無水フタル酸

☑ **3** ナトリウムフェノキシドに **高温**・**高圧** のもとで CO_2 を反応させると **サリチル酸ナトリウム** が生じる。

考え方

高温・高圧で CO_2 を C−H の間に入れると考える → H^+ が移ると考える → サリチル酸ナトリウム

サリチル酸ナトリウムに，サリチル酸のもつ $-COOH$ **カルボキシ** 基よりも強い酸性を示す希 H_2SO_4 を加えると **サリチル酸** が遊離する。

サリチル酸ナトリウム →(希 H_2SO_4 弱酸の遊離)→ サリチル酸

☑ **4** サリチル酸は $-COOH$ と $-OH$ をもつので，カルボン酸とフェノール類の性質を示す。

(1) カルボン酸としての反応

サリチル酸にメタノール CH_3OH と濃 H_2SO_4(触媒)を作用させると，**エステル** 化により **サリチル酸メチル** を生じる。

$C_6H_4(OH)COOH + H-O-CH_3 \rightleftarrows C_6H_4(OH)COOCH_3 + H_2O$（エステル化）（濃硫酸）「$H_2O$」がとれる

(2) フェノール類としての反応

サリチル酸に無水酢酸 $(CH_3CO)_2O$ を作用させると，**アセチル** 化により **アセチルサリチル酸** を生じる。

$C_6H_4(COOH)OH + CH_3-CO-O-CO-CH_3 \longrightarrow C_6H_4(COOH)O-CO-CH_3 + CH_3COOH$（アセチル化）「$CH_3COOH$」がとれる

60 サリチル酸とその誘導体

学習日 月 / 日

次の表を完成させよ。また，塩化鉄(Ⅲ)$FeCl_3$で呈色するものには○，呈色しないものには×をつけよ。

名称	サリチル酸	サリチル酸メチル	アセチルサリチル酸
構造式	(ベンゼン環)OH, COOH	(ベンゼン環)OH, $COOCH_3$	(ベンゼン環)$OCOCH_3$, COOH
特徴・用途など	無色の結晶で，水に少し溶ける	無色の液体 消炎鎮痛用塗布薬（湿布薬）	無色の結晶 解熱鎮痛剤（飲み薬） アスピリンともいう
$FeCl_3$による呈色	○ (→○ or ×)	○	×

☑ **1** カルボン酸 R^1-COOH とアルコール R^2-OH の混合物に，濃 H_2SO_4(触媒)を加えて加熱すると水分子がとれ，エステルが生じる。このエステルの生成反応を **エステル** 化という。次の反応式を完成させよ。

$$R^1-\overset{O}{\overset{\|}{C}}-O-H + H-O-R^2 \xrightleftharpoons{濃硫酸} R^1-\overset{O}{\overset{\|}{C}}-O-R^2 + H_2O$$

→「H_2O」がとれる

この反応を参考にして，サリチル酸とメタノールの混合物に濃 H_2SO_4(触媒)を加えて加熱したときの化学反応式を書け。

$$C_6H_4(OH)COOH + CH_3OH \xrightleftharpoons{濃硫酸} C_6H_4(OH)COOCH_3 + H_2O$$

この反応で生じる芳香族化合物を **サリチル酸メチル** といい，**消炎** 鎮痛用塗布薬（**湿布** 薬）として用いられる。

☑ **2** フェノールと無水酢酸を反応させると，**酢酸フェニル** が生じる。この反応は **エステル化** であるが，特に **アセチル** 化という。次の反応式を完成させよ。

$$C_6H_5-O-H + CH_3-\overset{O}{\overset{\|}{C}}-O-\overset{O}{\overset{\|}{C}}-CH_3 \longrightarrow C_6H_5-O-\overset{O}{\overset{\|}{C}}-CH_3 + CH_3COOH$$

→「CH_3COOH」がとれる

この反応を参考にして，サリチル酸に無水酢酸を反応させたときの化学反応式を書け。

$$C_6H_4(OH)COOH + (CH_3CO)_2O \longrightarrow C_6H_4(OCOCH_3)COOH + CH_3COOH$$

☑ **3** 空欄に構造式や名称を記せ。

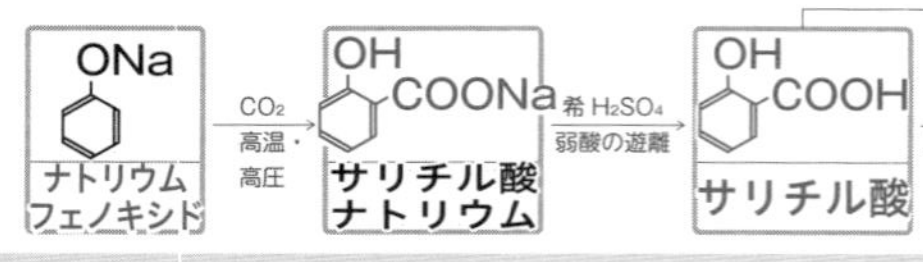

61 アニリンの性質と製法

学習日 月 / 日

アニリンの性質

アンモニア H-N(H)-H の H- を炭化水素基 R- で置き換えた R-N(H)-H のような化合物を **アミン** という。

ベンゼン環のC原子に$-NH_2$が直接結合した化合物は **芳香族アミン** といい，代表的なものには $C_6H_5-NH_2$ **アニリン** がある。

●アニリンの性質

① 特有のにおいをもつ **無** 色の **液** 体で，**有** 毒。

② ジエチルエーテルなどの有機溶媒によく溶ける。水にわずかに溶けて弱 **塩基** 性を示す。

③ 酸化され **やすい**。→やすい or にくい

例1 空気中に放置すると，徐々に **酸化** されて **赤褐** 色になる。

例2 さらし粉（**酸化** 剤）の水溶液を加えると **酸化** され，**赤紫** 色を呈する。

例3 ニクロム酸カリウム $K_2Cr_2O_7$（**酸化** 剤）の硫酸酸性水溶液を加えると **酸化** され，水に溶けにくい **黒** 色物質を生じる。この物質は，**アニリンブラック** とよばれ，染料として用いられる。

④ 無水酢酸で **アセチル** 化することができ，**アセトアニリド** を生じる。

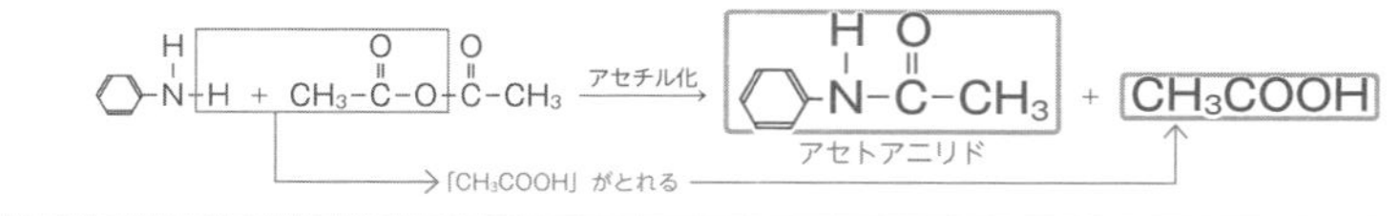

$$C_6H_5-N(H)-H + CH_3-\overset{O}{\overset{\|}{C}}-O-\overset{O}{\overset{\|}{C}}-CH_3 \xrightarrow{アセチル化} C_6H_5-N(H)-\overset{O}{\overset{\|}{C}}-CH_3 + CH_3COOH$$

☑ **1** アンモニアは，水によく溶けて電離し弱 **塩基** 性を示す。アンモニア水の電離するようすをイオン反応式で書け。

$$NH_3 + H_2O \rightleftarrows NH_4^+ + OH^-$$

アニリンは水にわずかに溶けて電離し弱 **塩基** 性を示す。アンモニア水の電離のイオン反応式を参考に，アニリンの電離するようすをイオン反応式で書け。

$$C_6H_5-NH_2 + H_2O \rightleftarrows C_6H_5-NH_3^+ + OH^-$$

☑ **2** アンモニアと塩酸の中和反応の化学反応式を書け。

$$NH_3 + HCl \longrightarrow NH_4Cl$$

上の反応を参考にして，アニリンと塩酸の中和反応の化学反応式を書け。

$$C_6H_5-NH_2 + HCl \longrightarrow C_6H_5-NH_3Cl$$

アニリンの製法

弱塩基の塩に強塩基を加えると，弱塩基の遊離が起こる。

塩化アンモニウム NH_4Cl 水溶液に水酸化ナトリウム NaOH 水溶液を加えると起こる化学反応式を書け。

$$NH_4Cl + NaOH \longrightarrow NH_3 + H_2O + NaCl$$ （弱塩基の遊離）

同様に，アニリン塩酸塩に水酸化ナトリウム水溶液を加えたときの，次の化学反応式を完成させよ。

C_6H_5-NH_3Cl（アニリン塩酸塩） + NaOH ⟶ C_6H_5-NH_2 + H_2O + NaCl （弱塩基の遊離）

実験室では，アニリンは次のようにつくる。

手順1　ニトロベンゼンを **Sn**（または **Fe**）と濃塩酸 HCl で **還元** し，**アニリン塩酸塩** とする。

C_6H_5-NO_2 —(Sn, HCl / 還元)→ C_6H_5-NH_3Cl

手順2　アニリン塩酸塩に水酸化ナトリウム水溶液を加える。このときの化学反応式を書け。

C_6H_5-NH_3Cl + NaOH ⟶ C_6H_5-NH_2 + H_2O + NaCl （弱塩基の遊離）

☑ **3**　アニリンを工業的につくるときには，**Ni** や **Pt** などを触媒として，ニトロベンゼンを H_2 で **還元** する。次の化学反応式を完成させよ。

C_6H_5-NO_2 + $3H_2$ —(触媒（Ni または Pt） / 還元)→ C_6H_5-NH_2 + $2H_2O$

☑ **4**　次の表を完成させよ。

p-フェニルアゾフェノールも OK

名称	アニリン	アセトアニリド	塩化ベンゼンジアゾニウム	*p*-ヒドロキシアゾベンゼン
構造式	C_6H_5-NH_2	C_6H_5-N(H)-C(=O)-CH_3	C_6H_5-$N^+{\equiv}NCl^-$	C_6H_5-N=N-C_6H_4-OH

☑ **5**　アセトアニリドのもつ -N(H)-C(=O)- 結合を **アミド** 結合といい，この結合をもつ化合物は **アミド** という。アセトアニリドの構造式を書け。

C_6H_5-N(H)-C(=O)-CH_3

☑ **6**　**橙赤** 色で **染料** や **色素** などとして用いられている *p*-ヒドロキシアゾベンゼン（*p*-フェニルアゾフェノール）のもつ -N=N- を **アゾ** 基という。*p*-ヒドロキシアゾベンゼンの構造式を書け。

C_6H_5-N=N-C_6H_4-OH

62 ジアゾ化，ジアゾカップリング

学習日　月　日

【1】アニリンを希塩酸 HCl に溶かし **5** ℃以下に冷やしながら，亜硝酸ナトリウム $NaNO_2$ 水溶液を加えると **塩化ベンゼンジアゾニウム** が生じる。この反応を **ジアゾ化** という。次の化学反応式を完成させよ。

C_6H_5-NH_2（アニリン） + $NaNO_2$（亜硝酸） + 2HCl —(0〜5℃ / ジアゾ化)→ C_6H_5-$N^+{\equiv}NCl^-$ + NaCl + $2H_2O$

C_6H_5-N_2Cl や $[C_6H_5$-$N{\equiv}N]^+$ Cl^- も OK

【2】塩化ベンゼンジアゾニウム水溶液にナトリウムフェノキシド水溶液を加えると，**橙赤** 色の *p*-ヒドロキシアゾベンゼン（*p*-フェニルアゾフェノール）が生じる。-N=N- を **アゾ** 基といい，この反応を **ジアゾカップリング** または **カップリング** という。次の化学反応式を完成させよ。

C_6H_5-N_2Cl（塩化ベンゼンジアゾニウム） + C_6H_5-ONa（ナトリウムフェノキシド） —(ジアゾカップリング)→ C_6H_5-N=N-C_6H_4-OH + NaCl

☑ **1**　塩化ベンゼンジアゾニウムは5℃以下の低温では安定だが，その水溶液を温め5℃以上にすると，N_2 を発生し，フェノールを生じる。次の化学反応式を完成させよ。

C_6H_5-N_2Cl（塩化ベンゼンジアゾニウム） + H_2O —(5℃以上)→ C_6H_5-OH（フェノール） + N_2 + HCl

☑ **2**　空欄に該当する芳香族化合物の構造式や名称を記せ。

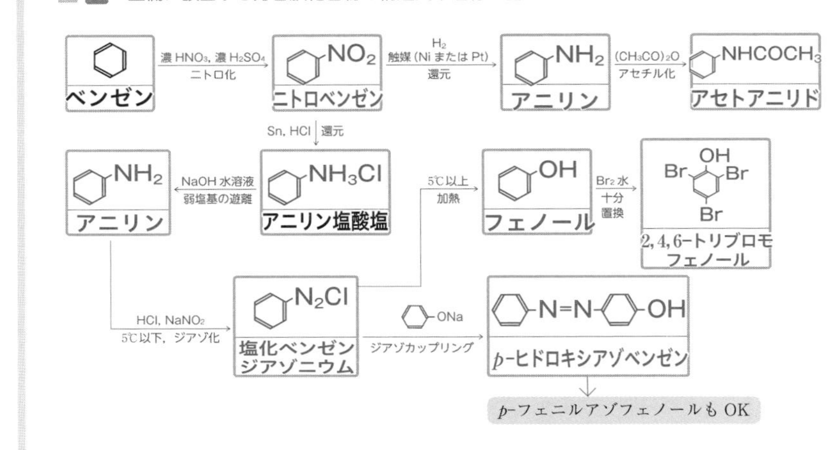

63 芳香族化合物の分離

学習日　月　日

有機化合物の多くは，ジエチルエーテルなどの有機溶媒に溶け **やすく**，水に溶け **にくい**。ただし，有機化合物も塩に変わると水に溶け **やすく**，有機溶媒に溶け **にくく** なる。

次の表を完成させよ。また，溶媒についてはジエチルエーテル・水のどちらに溶けやすいか答えよ。

名称	アニリン	アニリン塩酸塩	フェノール	サリチル酸	サリチル酸ナトリウム
構造式	⌬-NH_2	⌬-NH_3Cl	⌬-OH	⌬(COOH)(OH)	⌬(COONa)(OH)
溶けやすい溶媒	ジエチルエーテル	水	ジエチルエーテル	ジエチルエーテル	水

芳香族化合物の分離に使われる右のガラス器具を **分液ろうと** という。活栓を閉じておき，上栓をとり，ジエチルエーテルと水を入れると，上層は **ジエチルエーテル**，下層は **水** となる。

上栓
上層
活栓
下層

1 次の中和反応の化学反応式を書け。

(1) 安息香酸と水酸化ナトリウムの中和反応

⌬-COOH + NaOH ⟶ ⌬-COONa + H_2O

(2) フェノールと水酸化ナトリウムの中和反応

⌬-OH + NaOH ⟶ ⌬-ONa + H_2O

(3) アニリンと塩酸の中和反応

⌬-NH_2 + HCl ⟶ ⌬-NH_3Cl

酸の強さと弱酸の遊離

酸の強さは，

H_2SO_4，HCl（希硫酸，塩酸） > R-COOH（カルボン酸） > CO_2 + H_2O（(H_2CO_3)炭酸） > ⌬-OH（フェノール）

の順になり，弱い酸の塩に強い酸を加えると，次の反応が起こる。

（弱い酸の塩）+（強い酸） ⟶ （弱い酸）+（強い酸の塩）

この反応を参考に，次の(1)〜(3)の化学反応式を書け。

(1) 安息香酸ナトリウムと塩酸　弱酸の遊離

⌬-COONa + HCl ⟶ ⌬-COOH + NaCl

(2) 安息香酸と炭酸水素ナトリウム　弱酸の遊離

⌬-COOH + $NaHCO_3$ ⟶ ⌬-COONa + CO_2 + H_2O

(3) ナトリウムフェノキシドと二酸化炭素　弱酸の遊離

⌬-ONa + CO_2 + H_2O ⟶ ⌬-OH + $NaHCO_3$

2 塩基の強さは，NaOH（水酸化ナトリウム） > ⌬-NH_2（アニリン） の順になり，弱い塩基の塩に強い塩基を加えると，次の反応が起こる。

（弱い塩基の塩）+（強い塩基） ⟶ （弱い塩基）+（強い塩基の塩）

この反応を参考に，アニリン塩酸塩と水酸化ナトリウムとの反応の化学反応式を書け。　弱塩基の遊離

⌬-NH_3Cl + NaOH ⟶ ⌬-NH_2 + NaCl + H_2O

3 酸の強さの順を利用し，次の反応の化学反応式を書け。ただし，反応が起こらないときは「反応しない」と書け。

(1) ナトリウムフェノキシドと塩酸　弱酸の遊離

⌬-ONa + HCl ⟶ ⌬-OH + NaCl

(2) フェノールと炭酸水素ナトリウム　酸の強さが，CO_2 + H_2O > ⌬-OH の順なので，反応しない

反応しない

(3) 安息香酸ナトリウムと塩酸　弱酸の遊離

⌬-COONa + HCl ⟶ ⌬-COOH + NaCl

分液ろうとの使い方

ニトロベンゼン（ニトロ化合物）や トルエン（炭化水素）は，酸や塩基と反応しない **中** 性物質である。

芳香族化合物に，次の❶～❺のような分離操作を行う。

❶ フェノールとトルエンを含むジエチルエーテル溶液を **分液ろうと** に入れる。
❷ ❶に水酸化ナトリウム水溶液を加えてよく振りまぜる。
❸ フェノールが水酸化ナトリウムにより中和され，水層に移る。
❹ 水層を取り出し，塩酸を加えて **フェノール** を得る。
❺ 分液ろうとに残ったジエチルエーテル層を取り出して，ジエチルエーテルを蒸発させて **トルエン** を得る。

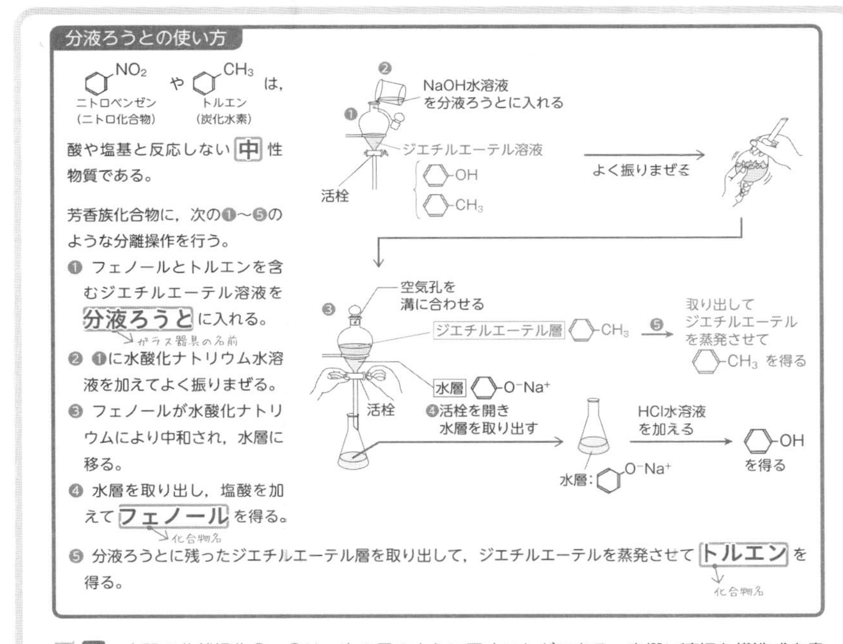

4 上記の分離操作❶～❺は，次の図のように示すことができる。空欄に適切な構造式を書け。

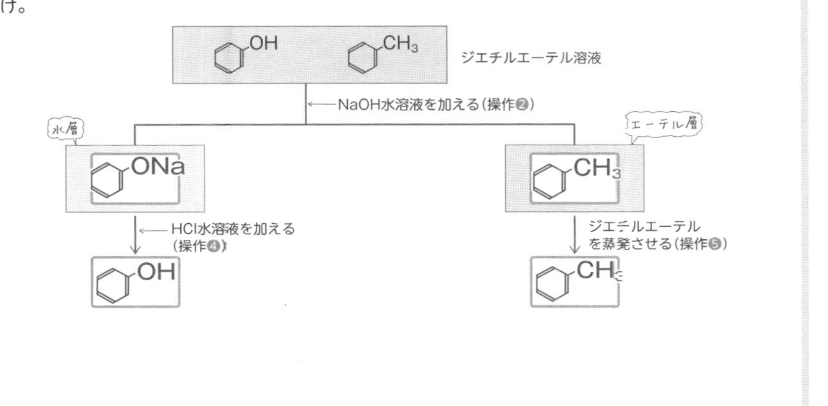

5 ニトロベンゼン，フェノール，安息香酸，アニリンを溶かしたエーテル溶液を，下図のように分離した。

(1) 空欄に適切な構造式を書け。

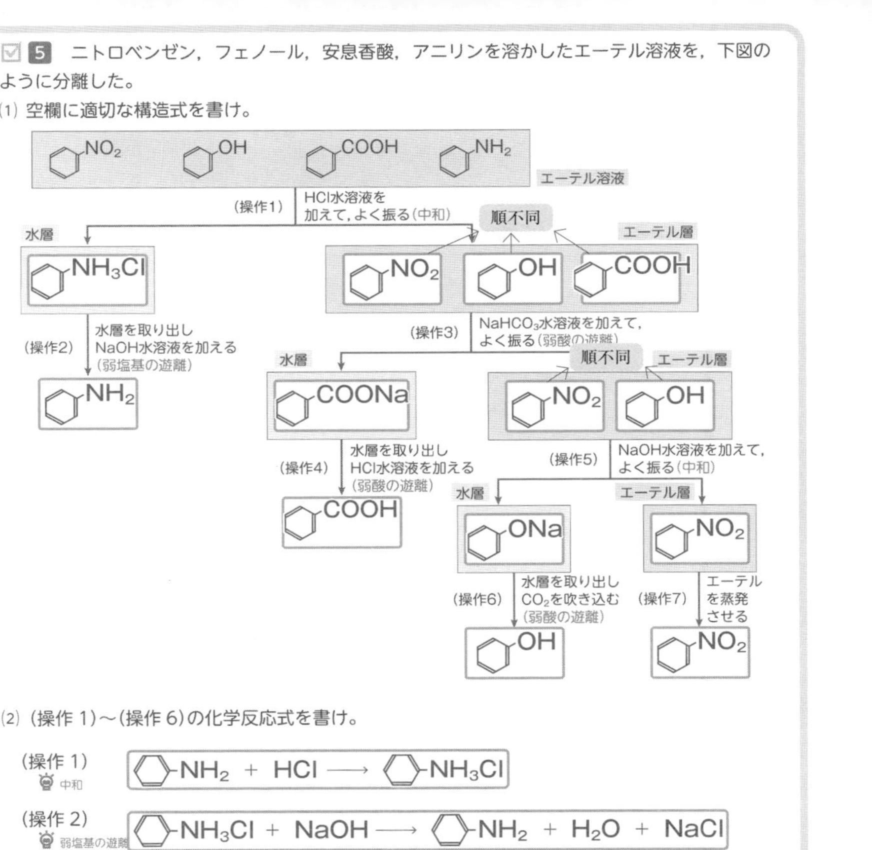

(2) （操作 1）～（操作 6）の化学反応式を書け。

（操作 1） 中和
$C_6H_5\text{-}NH_2 + HCl \longrightarrow C_6H_5\text{-}NH_3Cl$

（操作 2） 弱塩基の遊離
$C_6H_5\text{-}NH_3Cl + NaOH \longrightarrow C_6H_5\text{-}NH_2 + H_2O + NaCl$

（操作 3） 弱酸の遊離
$C_6H_5\text{-}COOH + NaHCO_3 \longrightarrow C_6H_5\text{-}COONa + CO_2 + H_2O$

（操作 4） 弱酸の遊離
$C_6H_5\text{-}COONa + HCl \longrightarrow C_6H_5\text{-}COOH + NaCl$

（操作 5） 中和
$C_6H_5\text{-}OH + NaOH \longrightarrow C_6H_5\text{-}ONa + H_2O$

（操作 6） 弱酸の遊離
$C_6H_5\text{-}ONa + CO_2 + H_2O \longrightarrow C_6H_5\text{-}OH + NaHCO_3$

64 油脂

学習日 月 / 日

油脂の分類と構造

【1】牛脂やゴマ油のような脂肪や油をまとめて **油脂**（ゆし）という。特に，牛脂や豚脂（ラード）のように常温で **固** 体の油脂を **脂肪**（しぼう），ゴマ油やオリーブ油のように常温で **液** 体の油脂を **脂肪油**（しぼうゆ）という。

【2】C=C 結合を多く含んでいる油脂は，融点が **低** く常温で **液** 体となり，C=C 結合が少ない油脂は融点が **高** く常温で **固** 体となる。

【3】CH_2-OH / $CH-OH$ / CH_2-OH を **グリセリン**（1, 2, 3-プロパントリオールも OK）といい，R-COOH（R：H か炭化水素基，-COOH は 1 個！）を **脂肪酸** という。

油脂は，グリセリンと炭素数の多い脂肪酸（**高級脂肪酸**）との **エステル** である。
次の反応式を完成させよ。

$$\begin{matrix} CH_2-OH \\ CH-OH \\ CH_2-OH \end{matrix} + \begin{matrix} H-O-CO-R^1 \\ H-O-CO-R^2 \\ H-O-CO-R^3 \end{matrix} \xrightarrow{\text{エステル化}} \begin{matrix} CH_2-O-CO-R^1 \\ CH-O-CO-R^2 \\ CH_2-O-CO-R^3 \end{matrix} + 3H_2O$$

グリセリン　高級脂肪酸　　油脂

「H_2O」を 3 個とる

1

天然の油脂を構成する脂肪酸 R-COOH の例には，次のようなものがある。R- に C=C 結合をもたないものを **飽和脂肪酸**，C=C 結合をもつものを **不飽和脂肪酸** という。
次の表を完成させよ。

	示性式	名称	常温での状態	炭素数	C=C 結合の数
飽和脂肪酸	$C_{15}H_{31}COOH$	パルミチン酸	固体	16	0
飽和脂肪酸	$C_{17}H_{35}COOH$	ステアリン酸	固体	18	0
不飽和脂肪酸	$C_{17}H_{33}COOH$	オレイン酸	液体	18	1
不飽和脂肪酸	$C_{17}H_{31}COOH$	リノール酸	液体	18	2
不飽和脂肪酸	$C_{17}H_{29}COOH$	リノレン酸	液体	18	3

数字

C_nH_{2n+1}- の型は，C-C 結合と C-H 結合だけからなり，C=C 結合をもたない

H が 2 個減ると，その都度 C=C 結合が 1 個増える

「パル・ステ・オ・リ・レン」と覚える

油脂を構成する脂肪酸

ステアリン酸は，次のような構造をもつ。

$$CH_3-CH_2-CH_2-CH_2-CH_2-CH_2-CH_2-CH_2-CH_2-CH_2-CH_2-CH_2-CH_2-CH_2-CH_2-CH_2-C(=O)-OH$$

-COOH以外は，C-C結合とC-H結合だけでできている

よって，ステアリン酸の示性式は $C_{17}H_{35}COOH$ となる。

オレイン酸は，次のような構造をもつ。

$$CH_3-CH_2-CH_2-CH_2-CH_2-CH_2-CH_2-CH_2-CH=CH-CH_2-CH_2-CH_2-CH_2-CH_2-CH_2-CH_2-C(=O)-OH$$

天然の高級不飽和脂肪酸は，いずれもこのような **シス** 形になる（シス or トランス）

-COOH以外は，C-C結合やC-H結合だけでなく，C=C結合ももつ

よって，オレイン酸の示性式は $C_{17}H_{33}COOH$ となる。

$C_{17}H_{35}COOH$（ステアリン酸，C=C 結合 0 個） →（H 2 個が減少する，C=C 結合が 1 個増える） $C_{17}H_{33}COOH$（オレイン酸，C=C 結合 1 個） →（H 2 個が減少する，C=C 結合が 1 個増える） $C_{17}H_{31}COOH$（リノール酸，C=C 結合 2 個） →（H 2 個が減少する，C=C 結合が 1 個増える） $C_{17}H_{29}COOH$（リノレン酸，C=C 結合 3 個）

2

油脂はグリセリンと高級脂肪酸とのエステルである。次の反応式を完成させよ。

$$\begin{matrix} R^1-COOH \\ R^2-COOH \\ R^3-COOH \end{matrix} + \begin{matrix} HO-CH_2 \\ HO-CH \\ HO-CH_2 \end{matrix} \xrightarrow{\text{エステル化}} \begin{matrix} R^1-COO-CH_2 \\ R^2-COO-CH \\ R^3-COO-CH_2 \end{matrix} + 3H_2O$$

まとめて，

$$3R-COOH + C_3H_5(OH)_3 \longrightarrow (R-COO)_3C_3H_5 + 3H_2O$$

と書くこともある。

3

(1) 空欄に脂肪・脂肪油・多・少な　のいずれかを入れよ。

油脂 ― 常温で
- 固体のもの → **脂肪** といい，C=C 結合は **少な** い
  例 牛脂，豚脂
- 液体のもの → **脂肪油** といい，C=C 結合は **多** い
  例 ゴマ油，オリーブ油

(2) 油脂を構成する脂肪酸の示性式を書け。

常温で固体（C=C 結合なし）
① パルミチン酸 $C_{15}H_{31}COOH$
② ステアリン酸 $C_{17}H_{35}COOH$

常温で液体
③ オレイン酸 $C_{17}H_{33}COOH$
④ リノール酸 $C_{17}H_{31}COOH$
⑤ リノレン酸 $C_{17}H_{29}COOH$

65 脂肪油の分類とけん化

学習日　月　日

【1】C=C結合を多く含む油脂は，空気中で 酸化（酸化 or 還元）され固化しやすい。このような脂肪油は，特に 乾性油（かんせいゆ）とよばれ，アマニ油，大豆油などがあり，塗料 などに用いられる。

【2】脂肪油に，ニッケル Ni を触媒として水素 H_2 を付加すると，C=C結合が 減り（増え or 減り），C–C結合が 増える（増える or 減る）ことで，常温で 固 体の脂肪に変化する。こうしてできた油脂を 硬化油（こうかゆ）といい，マーガリン の原料に用いられる。

脂肪油 $\xrightarrow[\text{付加}]{H_2,\ \text{触媒(Ni)}}$ 固体 ⇒ 硬化油 という

☑ 1　エステル $R^1\text{-}\overset{O}{\overset{\|}{C}}\text{-}O\text{-}R^2$ に NaOH 水溶液を加えて加熱すると，けん化が起こる。次の反応式を完成させよ。

$$R^1\text{-}\overset{O}{\overset{\|}{C}}\text{-}O\text{-}R^2 + NaOH \longrightarrow R^1\text{-}\overset{O}{\overset{\|}{C}}\text{-}ONa + R^2\text{-}OH$$

（エステル）（カルボン酸の塩）（アルコール）

☑ 2　1 の反応は，油脂に NaOH 水溶液を加えて加熱しても起こる。次の反応式を完成させよ。

$$\begin{array}{l} R^1\text{-}\overset{O}{\overset{\|}{C}}\text{-}O\text{-}CH_2 \\ R^2\text{-}\overset{O}{\overset{\|}{C}}\text{-}O\text{-}CH \\ R^3\text{-}\overset{O}{\overset{\|}{C}}\text{-}O\text{-}CH_2 \end{array} + 3NaOH \longrightarrow \begin{array}{l} R^1\text{-}COONa \\ R^2\text{-}COONa \\ R^3\text{-}COONa \end{array} + \begin{array}{l} CH_2\text{-}OH \\ CH\text{-}OH \\ CH_2\text{-}OH \end{array}$$

（油脂）（脂肪酸ナトリウム）（グリセリン）

このけん化で生じる脂肪酸のナトリウム塩 R–COONa を セッケン という。この反応式から，油脂 1 mol を完全に けん化 するには，NaOH 3 mol が必要とわかる。

☑ 3　2 の反応式は，

$$(RCOO)_3C_3H_5 + 3NaOH \longrightarrow 3R\text{-}COONa + C_3H_5(OH)_3$$

のように書くこともある。NaOH 水溶液ではなく KOH 水溶液を使ってけん化したときの反応式を完成させよ。

$$(RCOO)_3C_3H_5 + 3KOH \longrightarrow 3R\text{-}COOK + C_3H_5(OH)_3$$

この反応式から，油脂 $(RCOO)_3C_3H_5$ 1 mol をけん化するには，KOH 3 mol が必要とわかる。R–COONa や R–COOK を セッケン という。

66 セッケンの性質と洗浄のようす

学習日　月　日

セッケンの構造と性質

【1】セッケンは，水になじみにくい 疎水 基（親油 基ともいう）と，水になじみやすい 親水 基からなる。

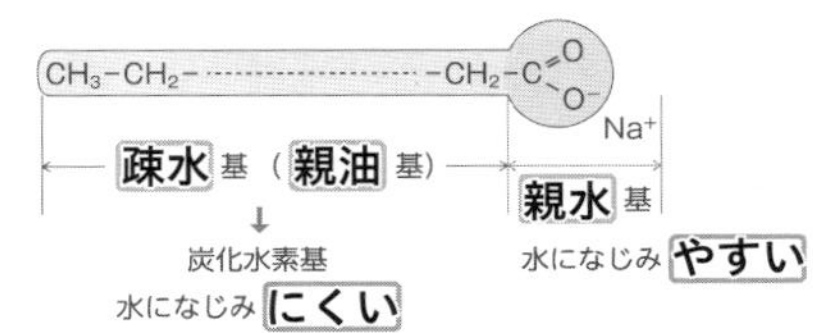

〈セッケンの構造〉

【2】セッケンを水に溶かして，一定濃度以上のセッケン水をつくると，セッケンは疎水基の部分を 内（内 or 外）側に向け，親水基の部分を 外（内 or 外）側に向けて集まることで コロイド 粒子をつくる。これをセッケンの ミセル という。

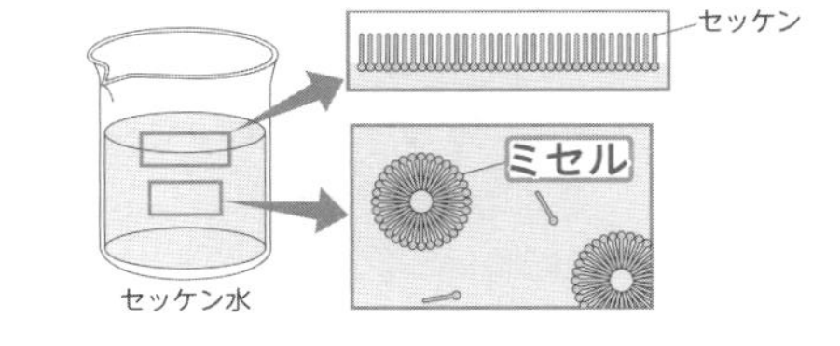

☑ 1　酢酸ナトリウム CH_3COONa は，「弱酸と強塩基からなる正塩」で，その水溶液は次の反応を起こし 弱塩基性 を示す。このような現象を塩の 加水分解 という。

$$CH_3COO^- + H_2O \rightleftarrows CH_3COOH + OH^-$$

同様に，セッケン R–COONa の水溶液も加水分解により弱 塩基 性を示す。このときのイオン反応式を上のイオン反応式を参考にして書け。

$$R\text{-}COO^- + H_2O \rightleftarrows R\text{-}COOH + OH^-$$

☑ 2　セッケンは，硬（硬 or 軟）水（Ca^{2+} や Mg^{2+} を多く含む水）の中では，水に溶けにくい塩である $(RCOO)_2Ca$ や $(RCOO)_2Mg$ をつくり，泡立ち にく（やす or にく）い。次の反応式を完成させよ。

$$2R\text{-}COO^- + Ca^{2+} \longrightarrow (RCOO)_2Ca\downarrow$$

$$2R\text{-}COO^- + Mg^{2+} \longrightarrow (RCOO)_2Mg\downarrow$$

洗浄のようす

セッケン水に油汚れのついた布を入れると，セッケンのもつ **疎水** 基の部分が油汚れと引き合うことで，油汚れは布の表面からはがされる。セッケンは油汚れのまわりをとり囲み，**親水** 基の部分は外側を向き，微粒子となる。この微粒子は水中に **分散** する。セッケンのこのような作用を **乳化** 作用といい，得られる溶液を **乳濁液** という。

親油も OK

エマルションも OK

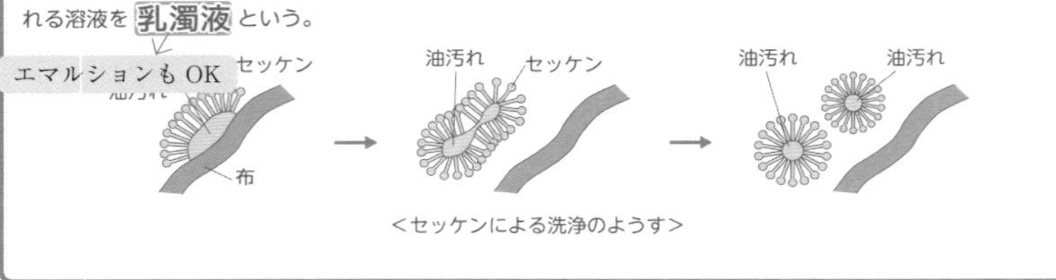

＜セッケンによる洗浄のようす＞

3 油脂$(RCOO)_3C_3H_5$にエタノールと水酸化ナトリウム水溶液を加え，湯浴中で加熱し，セッケン RCOONa をつくった。

(1) このとき起こった反応の化学反応式を書け。

$$(RCOO)_3C_3H_5 + 3NaOH \longrightarrow 3RCOONa + C_3H_5(OH)_3$$

(2) この反応を何というか。　加水分解も OK ← **けん化**

(3) セッケンの水溶液は何性を示すか。　(弱)アルカリ性も OK ← **(弱)塩基** 性

(4) 水溶液中のセッケンは，コロイド粒子として存在する。この集団を特に何というか。

ミセル

(5) セッケン RCOONa はCa^{2+}やMg^{2+}を多く含む水溶液では泡立ちが悪くなる。
このCa^{2+}やMg^{2+}を多く含む水溶液を **硬** 水といい，生じる沈殿の化学式は **$(RCOO)_2Ca$** や **$(RCOO)_2Mg$** となる。　順不同

(6) 油汚れがセッケン RCOONa と出あうと，疎水基と油汚れが引き合い，油汚れがセッケンにとり囲まれ，水中に分散する。この現象を何作用というか。

乳化作用

67 合成洗剤の性質

学習日　月　日

石油を原料として合成される

$C_{12}H_{25}-OSO_3Na$ ，$C_nH_{2n+1}-C_6H_4-SO_3Na$

などは，セッケンと似た作用をもち **合成洗剤** とよぶ。

合成洗剤 は「強酸と強塩基からなる **正塩** 」で，その水溶液は加水分解せずに **中** 性になる。

また，合成洗剤は，硬水中でも水に溶け **やすい** 塩をつくるので，洗浄力を保つ。

1 次の表を完成させよ。

	水溶液の性質	Ca^{2+}水溶液を加える	Mg^{2+}水溶液を加える	油汚れを加える
セッケン RCOONa	**(弱)塩基** 性になる	$(RCOO)_2Ca$の沈殿を生じる	**$(RCOO)_2Mg$の沈殿を生じる**	**乳化作用を示す**
合成洗剤	**中** 性になる	変化しない	**変化しない**	**乳化作用を示す**

2 グリセリンに，濃硫酸と濃硝酸の混合物(混酸)を作用させると，硝酸エステルである **ニトログリセリン** が生じる。

$$C_3H_5(OH)_3 + 3H-O-NO_2 \longrightarrow C_3H_5(ONO_2)_3 + 3H_2O$$

［H_2O］がとれる　（HNO_3から$-OH$ グリセリンから H がとれる）

このように，硝酸HNO_3や硫酸H_2SO_4などのオキソ酸もエステルをつくる。例えば，1-ドデカノール$C_{12}H_{25}-OH$と濃硫酸を反応させると，硫酸エステルが生じる。この反応の化学反応式を上の反応を参考に完成させよ。

$$C_{12}H_{25}-OH + H-O-SO_3H \longrightarrow \boxed{C_{12}H_{25}-O-SO_3H} + \boxed{H_2O}$$ （エステル化）

この反応で生じた硫酸エステルを NaOH 水溶液で中和すると，合成洗剤の主成分である硫酸ドデシルナトリウムが生じる。この反応の化学反応式を完成させよ。

$$C_{12}H_{25}-O-SO_3H + NaOH \longrightarrow \boxed{C_{12}H_{25}-O-SO_3Na} + \boxed{H_2O}$$ （中和）

3 炭化水素基であるアルキル基$C_nH_{2n+1}-$が結合したベンゼン(アルキルベンゼン)のp-位をスルホン化したものを，NaOH 水溶液で中和することで，合成洗剤の主成分であるアルキルベンゼンスルホン酸ナトリウムをつくることができる。空欄に構造式を書け。

$$C_nH_{2n+1}-C_6H_5 \xrightarrow[p\text{-位をスルホン化}]{濃 H_2SO_4} \boxed{C_nH_{2n+1}-C_6H_4-SO_3H} \xrightarrow[中和]{NaOH 水溶液} \boxed{C_nH_{2n+1}-C_6H_4-SO_3Na}$$

68 単糖

学習日　月　日

単糖

炭水化物は糖類ともよばれる。糖類は，**単糖類**(最小単位の糖)，**二糖類**(単糖2分子が結合した形をもつ糖)，**多糖類**(単糖が多数結合した形をもつ糖)に分類できる。

補足 加水分解により，それ以上簡単な糖を生じないものが **単** 糖。（六炭糖も OK）

単糖
- → 炭素原子が6個の単糖を **ヘキソース** という 「6」は「ヘキサ」
  - 例 グルコース，フルクトース，ガラクトース
- → 炭素原子が5個の単糖を **ペントース** という 「5」は「ペンタ」（五炭糖も OK）
  - 例 リボース

1 グルコース $C_6H_{12}O_6$ はブドウ糖ともよばれ，果実などに含まれ，生物体のエネルギー源になる。

結晶は，C **5** 個と O **1** 個が環状につながった C–C–O–C–C–C のような **六** 員環構造をとる。

●グルコースの **六** 員環構造

①　②　注目点

図の①の構造を **α** -グルコース，②の構造を **β** -グルコースといい，**立体** 異性体の関係にある。通常のグルコースの結晶は①の **α** -グルコースになる。

α-グルコースの結晶を水に溶かし水溶液にすると，α-グルコースのもつ **ヘミアセタール** 構造の部分で環が開き —CHO となり，**ホルミル** 基を生じる。そのため，グルコースの水溶液には **還元** 性があり，フェーリング液を **還元** し，銀鏡反応を **示す**。

水溶液中でグルコースは，α-グルコース，鎖状構造，β-グルコースの3種の異性体が **平衡状態** になる。それぞれのグルコースの構造式を書け。

α-グルコース ⇄ グルコース(鎖状構造) ⇄ β-グルコース

フルクトース

フルクトース $C_6H_{12}O_6$ は果糖ともよばれ，糖類の中で **最も** 甘く，果実やはちみつなどに含まれている。

フルクトースの水溶液は **還元** 性があり，フェーリング液を **還元** し，銀鏡反応を **示す**。

水溶液中でフルクトースは，次のような **平衡状態** になる。

β-フルクトース(六員環構造) ⇄ フルクトース(鎖状構造) ⇄ β-フルクトース(五員環構造)

鎖状構造の中にある —CO—CH_2OH の部分が，ホルミル基と同じように酸化されやすく，フルクトースの水溶液は **還元** 性を示す。

2 グルコースやフルクトースのような単糖類は，酵母によるアルコール発酵でエタノールと二酸化炭素に分解される。

(1) グルコースとフルクトースの分子式を答えよ。

グルコース ⇒ $C_6H_{12}O_6$　　フルクトース ⇒ $C_6H_{12}O_6$

(2) 次のグルコース水溶液の平衡状態を構造式で書け。

α-グルコース ⇄ グルコース(鎖状構造) ⇄ β-グルコース

(3) β-フルクトースの五員環構造の構造式を書け。

(4) アルコール発酵の化学反応式を完成させよ。

$C_6H_{12}O_6$ (グルコースやフルクトース) $\longrightarrow$ $2C_2H_5OH + 2CO_2$

3 右の表で，還元性を示す場合は○，還元性を示さない場合は×をつけよ。

単糖の水溶液はいずれも還元性を示す。

種類	名称	還元性	所在
単糖類 $C_6H_{12}O_6$	グルコース	○	果実，はちみつ
	フルクトース	○	果実，はちみつ
	ガラクトース	○	寒天

69 二糖

学習日　月　日

マルトース

【1】二糖には，マルトース，セロビオース，スクロースなどがある。
いずれも単糖 $C_6H_{12}O_6$ 2分子が脱水縮合した構造をもつ。よって，二糖の分子式は，

$C_6H_{12}O_6$（単糖の分子式） + $C_6H_{12}O_6$（単糖の分子式） − H_2O（脱水） = $C_{12}H_{22}O_{11}$（二糖の分子式）

となる。二糖の水溶液は，還元性をもつものと，もたないものがある。

【2】マルトース $C_{12}H_{22}O_{11}$ は麦芽糖ともよばれ，水あめの主成分である。(α−)マルトースは2分子の **α-グルコース** が1位の−OHと4位の−OHで **脱水縮合** した構造をもつ。

α-グルコース + α-グルコース →（1位と4位でH₂Oをとる）α-マルトース

（右側のグルコースがα-グルコースのものをα-マルトースという。）

(α−)マルトースは右側の環に $-O-C(H)-OH$ **ヘミアセタール** 構造が残っており，その水溶液は **還元**（酸化 or 還元）性を示す。

☑ **1** 二糖である(β−)セロビオース $C_{12}H_{22}O_{11}$ は，2分子の **β-グルコース** が1位の−OHと4位の−OHで **脱水縮合** した構造をもつ。

β-グルコース →（上下にうら返す）

β-グルコース + β-グルコース →（1位と4位でH₂Oをとる）β-セロビオース

（右側のグルコースがβ-グルコースのものをβ-セロビオースという。）

(β−)セロビオースは右側の環に $-O-C(OH)-H$ **ヘミアセタール** 構造が残っており，その水溶液は **還元**（酸化 or 還元）性を示す。

スクロース

スクロース $C_{12}H_{22}O_{11}$ はショ糖ともよばれ，サトウキビやテンサイに多量に存在している。

スクロースはα-グルコースの1位の−OHとβ-フルクトースの2位の−OHで脱水縮合した構造をもつ。

β-フルクトース（五員環） →（左右にうら返す）

α-グルコース + β-フルクトース →（α-グルコースの1位とβ-フルクトースの2位でH₂Oをとる）スクロース

スクロースは，グルコースとフルクトースの還元性を示す部分どうしで縮合しているので，スクロースの水溶液は **還元**（酸化 or 還元）性を示さない。

☑ **2** スクロースは酵素 **インベルターゼ**（または **スクラーゼ**）により加水分解されると，**グルコース** と **フルクトース**（順不同）の等量混合物（**転化糖**）になる。次の反応式を完成させよ。

$C_{12}H_{22}O_{11}$（スクロース） + H_2O →（インベルターゼ） **$C_6H_{12}O_6$**（グルコース） + **$C_6H_{12}O_6$**（フルクトース）

転化糖 → **還元**（酸化 or 還元）性を示すようになる

☑ **3** 次の表を完成させよ。また，還元性を示す場合は○，還元性を示さない場合は×をつけよ。

名称	構成単糖	加水分解する酵素	水溶液の還元性
スクロース（ショ糖）	α-グルコース（1位のOH） +β-フルクトース（2位のOH）	**インベルターゼ**（**スクラーゼ**）	×
マルトース（麦芽糖）	α-グルコース（1位のOH） +グルコース（4位のOH）	**マルターゼ**	○
セロビオース	β-グルコース（1位のOH） +グルコース（4位のOH）	**セロビアーゼ**	○
ラクトース（乳糖）	β-ガラクトース（1位のOH） +グルコース（4位のOH）	**ラクターゼ**	○

70 多糖

学習日　月　日

デンプン

加水分解により多数の単糖が生じる糖を **多糖類** といい，分子式は **$(C_6H_{10}O_5)_n$** になる。

多糖には，米やイモの主成分である **デンプン**，植物の細胞壁の主成分である **セルロース**，動物デンプンともよばれる **グリコーゲン** がある。

デンプンは 80℃ くらいの温水に溶ける成分 **アミロース** と，溶けにくい成分 **アミロペクチン** とからできている。

☑ **1** デンプンは，その分子式が **$(C_6H_{10}O_5)_n$** であり，植物の **光合成**（光合成 or 分解）により作られる。デンプンは **α-グルコース**（α-グルコース or β-グルコース）が **縮合重合** したもので，約 80℃ の温水に溶けやすい **アミロース** と，温水に溶けにくい **アミロペクチン** に分けることができる。

●アミロース

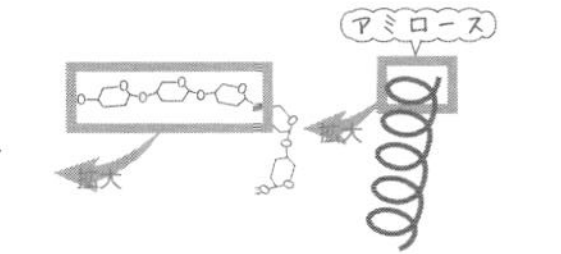

アミロースは，多くの α-グルコースが **1** 位と **4** 位の -OH 間で **鎖状** に結合した構造をとる。α-グルコース 6 個で 1 回転するような **らせん構造** をとり，分子内に **水素** 結合がはたらいている。ヨウ素デンプン反応は **濃青** 色を示す。

●アミロペクチン

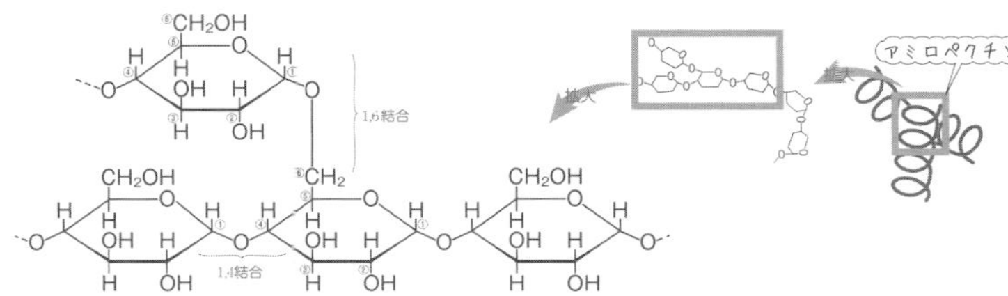

アミロペクチンは，α-グルコースの **1** 位と **4** 位の -OH 間で **鎖状** に結合した構造に加え，α-グルコースの **1** 位と **6** 位の -OH 間で **枝分かれ** に結合した構造を含む。ヨウ素デンプン反応は **赤紫** 色を示し，**もち米** にはほぼ 100% で含まれている。

☑ **2** グリコーゲン$(C_6H_{10}O_5)_n$ は，動物の肝臓や筋肉に多く含まれ，動物体内でグルコースから合成される。**動物デンプン** ともよばれ，アミロペクチンに似た構造をもち，枝分かれがさらに多く，ヨウ素デンプン反応は **赤褐** 色になる。

セルロース

セルロース$(C_6H_{10}O_5)_n$ は，植物の **細胞壁**（根 or 細胞壁）の主成分で，熱水や有機溶媒にも溶け **にくい**。

セルロースは，多数の **β-グルコース**（α-グルコース or β-グルコース）が縮合重合してできた天然高分子化合物で，**直鎖** 状であり，分子間の **水素** 結合によって平行に並び，繊維をつくっている。

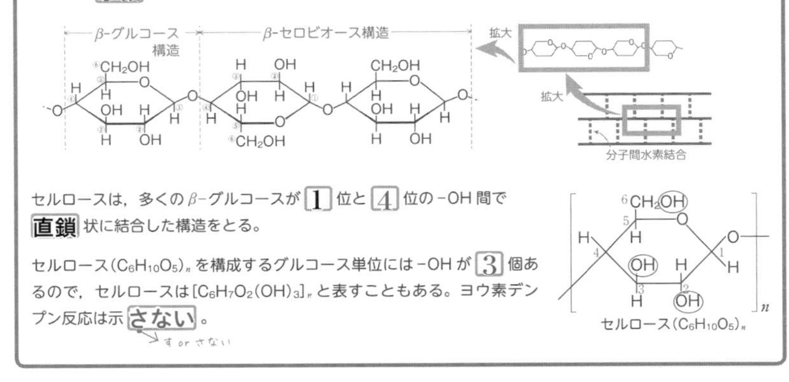

セルロースは，多くの β-グルコースが **1** 位と **4** 位の -OH 間で **直鎖** 状に結合した構造をとる。

セルロース$(C_6H_{10}O_5)_n$ を構成するグルコース単位には -OH が **3** 個あるので，セルロースは $[C_6H_7O_2(OH)_3]_n$ と表すこともある。ヨウ素デンプン反応は示 **さない**（す or さない）。

セルロース$(C_6H_{10}O_5)_n$

☑ **3** 次の表を完成させよ。

		名称	分子式	構成単糖類	温水・熱水への溶解	I_2 との反応
多糖類	デンプン	アミロース	**$(C_6H_{10}O_5)_n$**	**α**-グルコース（1,4結合のみ）	温水に **溶ける**	I_2 で **濃青色** に呈色する
		アミロペクチン	**$(C_6H_{10}O_5)_n$**	**α**-グルコース（1,4結合のほか 1,6結合もある）	温水に **溶けない**	I_2 で **赤紫色** に呈色する
	セルロース		**$(C_6H_{10}O_5)_n$**	**β**-グルコース（1,4結合のみ）	熱水に **溶けない**	I_2 で呈色しない
	グリコーゲン		$(C_6H_{10}O_5)_n$	α-グルコース	温水に **溶ける**	I_2 で **赤褐色** に呈色する

☑ **4** 木材から得られるパルプの主成分は **セルロース** である。これをシュバイツァー試薬（シュワイツァー試薬）$(Cu(OH)_2$ ＋ 濃 NH_3 水$)$ や NaOH 水溶液などの溶液に溶かし，繊維状に再生したものを **レーヨン**（再生繊維）という。試薬として，シュバイツァー試薬を利用したときには **銅アンモニアレーヨン**（キュプラも OK），NaOH 水溶液を利用したときには **ビスコースレーヨン** とよぶ。また，繊維状でなく薄膜状に再生することもあり，このときはビスコースレーヨンとはよばず **セロハン** とよぶ。

71 アミノ酸(分類，名称，性質)

学習日 月 日

α-アミノ酸の分類と名称

$-NH_2$ アミノ 基と -COOH カルボキシ 基をもつ化合物を アミノ酸 という。このうち，同じ炭素原子に $-NH_2$ と -COOH が結合した $H_2N-C(R)(H)-COOH$ を α -アミノ酸という。タンパク質をつくっているα-アミノ酸は，約 20 種である。

R-CH(NH₂)-COOH（R：-COOH や -NH₂ はない）	R-CH(NH₂)-COOH（R：-COOH をもつ）	R-CH(NH₂)-COOH（R：-NH₂ をもつ）
↓	↓	↓
中 性アミノ酸	酸 性アミノ酸	塩基 性アミノ酸

α-アミノ酸は，側鎖(R-)の違いにより，それぞれ固有の名称でよぶ。

$H-CH(NH_2)-COOH$ グリシン，$CH_3-C^*H(NH_2)-COOH$ アラニン，$C_6H_5-CH_2-C^*H(NH_2)-COOH$ フェニルアラニン（名称）

不斉 炭素原子をもつ（C^*のこと）

1 タンパク質を構成するα-アミノ酸のうちで，動物が体内でつくることができず，食物から摂取する必要のあるα-アミノ酸を何というか。 必須（ひっす）アミノ酸

2 グリシンとアラニンの構造式を書け。

グリシン ⇒ $H-CH(NH_2)-COOH$　アラニン ⇒ $CH_3-CH(NH_2)-COOH$

3 $HOOC-CH_2-CH(NH_2)-COOH$（アスパラギン酸）や $HOOC-(CH_2)_2-CH(NH_2)-COOH$（グルタミン酸）のように，側鎖に -COOH をもつものを 酸 性アミノ酸，$H_2N-(CH_2)_4-CH(NH_2)-COOH$（リシン）のように，側鎖に $-NH_2$ をもつものを 塩基 性アミノ酸という。

4 側鎖 R- が H- の グリシン 以外のα-アミノ酸は 不斉 炭素原子をもつので，次のような 鏡像異性体 または 光学異性体 が存在する。

（順不同）L形という：H_2N, R, H, COOH が C に結合 ｜鏡｜ D形という：R, H, HOOC, NH_2 が C に結合

天然に存在するα-アミノ酸は，ほとんどが L 形

α-アミノ酸の性質

【1】アミノ酸は 酸 性の -COOH と 塩基 性の $-NH_2$ があり，酸とも塩基とも反応するので 両 性化合物とよばれる。

【2】アミノ酸の結晶は，次のような 双性（そうせい）イオン からできている。（陽イオン，陰イオン or 双性イオン）

$R-CH(NH_3^+)-COO^-$

アミノ酸は イオン 結晶で（イオン or 金属），一般の有機化合物に比べ融点は 高 く，水に溶け やす く，有機溶媒に溶け にく いものが多い。（やすorにく）（両性も OK）

【3】α-アミノ酸の結晶を水に溶かすと，双性 イオンとなって溶ける。この水溶液を酸性や塩基性にすると，それぞれ次の反応を起こす。次のイオン反応式を完成させよ。

酸性にしたとき：$R-CH(NH_3^+)-COO^-$（双性イオン）$+ H^+ \longrightarrow R-CH(NH_3^+)-COOH$（陽イオン）

塩基性にしたとき：$R-CH(NH_3^+)-COO^-$（双性イオン）$+ OH^- \longrightarrow R-CH(NH_2)-COO^-$（陰イオン）$+ H_2O$

5 α-アミノ酸には -COOH と $-NH_2$ が存在するので，アルコールと反応させるとエステルが生じ，無水酢酸と反応させるとアミドが生じる。次の反応式を完成させよ。

(1) α-アミノ酸とメタノールの反応

$R-CH(NH_2)-COOH + CH_3OH \xrightarrow{濃H_2SO_4} R-CH(NH_2)-COOCH_3 + H_2O$（エステル化）（「$H_2O$」がとれる）

(2) α-アミノ酸と無水酢酸の反応

$R-CH(NH_2)-COOH + (CH_3CO)_2O \longrightarrow R-CH(NHCOCH_3)-COOH + CH_3COOH$（アセチル化）（「$CH_3COOH$」がとれる）

6 α-アミノ酸の水溶液では，次のような 電離平衡 が存在し，水溶液の pH を変化させると，各イオンの割合が変化する。空欄に構造式を入れよ。

$R-CH(NH_3^+)-COOH$ 陽イオン（酸性水溶液中） $\underset{H^+}{\overset{OH^-}{\rightleftarrows}}$ $R-CH(NH_3^+)-COO^-$ 双性イオン $\underset{H^+}{\overset{OH^-}{\rightleftarrows}}$ $R-CH(NH_2)-COO^-$ 陰イオン（塩基性水溶液中）

（小）pH（大）

72 アミノ酸(等電点)

学習日 月 日

アミノ酸の水溶液を電気泳動させると，pH により，陽極側や陰極側に移動する。

{ pH が小さい（酸性）と **陽** イオンの割合が多い ⇒ **陰** 極側に移動する
{ pH が大きい(塩基性)と **陰** イオンの割合が多い ⇒ **陽** 極側に移動する

（陽 or 陰）

特定の pH になると，どちらの極にも移動しない。このときの pH を **等電点**（とうでんてん）といい，このとき，アミノ酸の平衡混合物の電荷が全体として **0** となっている。

名称(略号)	簡略化した構造式(C^*は不斉炭素原子)	等電点
グリシン(Gly)	H-CH(NH_2)-COOH	6.0(中性付近)
アラニン(Ala)	CH_3-C^*H(NH_2)-COOH	6.0(中性付近)
グルタミン酸(Glu)	HOOC-$(CH_2)_2$-C^*H(NH_2)-COOH	3.2(酸性)
リシン(Lys)	H_2N-$(CH_2)_4$-C^*H(NH_2)-COOH	9.7(塩基性)

表のように，中性アミノ酸の等電点は中性付近，酸性アミノ酸の等電点は **酸** 性側，塩基性アミノ酸の等電点は **塩基** 性側になる。

☑ **1** アミノ酸の水溶液では，等電点において，アミノ酸分子のほとんどが **双** 性イオンになっている。また，このとき，陽イオンと陰イオンは少なく，その濃度は等しくなっている。

グリシンは水溶液中で 3 種類のイオン A^+，$B^\pm$，C^- として存在し，次のような平衡状態にある。

$$A^+ \rightleftarrows B^\pm + H^+ \qquad K_1=\frac{[B^\pm][H^+]}{[A^+]}$$

$$B^\pm \rightleftarrows C^- + H^+ \qquad K_2=\frac{[C^-][H^+]}{[B^\pm]}$$

(1) グリシンの陽イオン A^+，双性イオン $B^\pm$，陰イオン C^- の構造式を書け。

A^+ ⇒ **H_3N^+-CH_2-COOH**　$B^\pm$ ⇒ **H_3N^+-CH_2-COO^-**　C^- ⇒ **H_2N-CH_2-COO^-**

(2) 等電点では，$[A^+]=[C^-]$ となる。グリシンの等電点のときの$[H^+]$を，K_1 と K_2 を使って表せ。

考え方のコツ　$K_1 \times K_2$を求めてみよう。

双性イオンどうしなので消去できる

$$K_1\times K_2=\frac{[B^\pm][H^+]}{[A^+]}\times\frac{[C^-][H^+]}{[B^\pm]}=[H^+]^2$$

等電点では$[A^+]=[C^-]$が成り立つので，消去できる

よって，$[H^+]^2=K_1K_2$　より，$[H^+]=\sqrt{K_1K_2}$

$[H^+]=\sqrt{K_1K_2}$

73 ペプチド

学習日 月 日

α-アミノ酸 2 分子が -COOH と -NH_2 の間で **脱水縮合** して生じる化合物を **ジペプチド** という。
次の反応式を完成させよ。

$$H_2N\text{-}CH(R^1)\text{-}C(=O)\text{-}OH + H\text{-}N(H)\text{-}CH(R^2)\text{-}COOH \longrightarrow H_2N\text{-}CH(R^1)\text{-}C(=O)\text{-}N(H)\text{-}CH(R^2)\text{-}COOH + H_2O$$

（α-アミノ酸）（「H_2O」をとる）

この反応で生じる -C(=O)-N(H)- は **アミド** 結合というが，アミノ酸どうしから生じる -C(=O)-N(H)- は特に **ペプチド** 結合という。

{ 2 分子の α-アミノ酸の縮合で生じたペプチドは **ジペプチド**
{ 3 分子の α-アミノ酸の縮合で生じたペプチドは **トリペプチド**

という。また，多数の α-アミノ酸の縮合で生じたペプチドは **ポリペプチド** という。

☑ **1** グリシン 1 分子とアラニン 1 分子からできるジペプチドの構造式をすべて書き，すべての不斉炭素原子に○をつけよ。

2 種類の構造異性体が存在する

H_2N-CH_2-C(=O)-OH + H-N(H)-Ⓒ H(CH_3)-COOH のようにつくると，**H_2N-CH_2-C(=O)-N(H)-Ⓒ H(CH_3)-COOH**（グリシルアラニンという）
（グリシン）（H_2O をとる）（アラニン）

H_2N-Ⓒ H(CH_3)-C(=O)-OH + H-N(H)-CH_2-COOH のようにつくると，**H_2N-Ⓒ H(CH_3)-C(=O)-N(H)-CH_2-COOH**（アラニルグリシンという）
（アラニン）（H_2O をとる）（グリシン）

☑ **2** タンパク質は，多数の α-アミノ酸が -C(=O)-N(H)- の **ペプチド** 結合により結びついたものである。タンパク質は，離れたペプチド結合の間で ＞C=O……H-N＜ のような **水素** 結合をつくり安定化している。タンパク質の基本構造には，次のようなものがある。

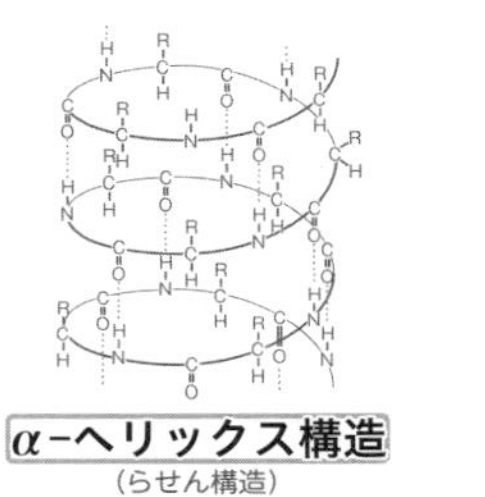

α-ヘリックス構造
(らせん構造)

β-シート構造
(ひだ状の平面構造)

多くのタンパク質は，α-ヘリックス構造や β-シート構造をあわせもったり，側鎖(R-)どうしの相互作用(**水素** 結合，**ファンデルワールス力**，イオン結合)や **ジスルフィド** 結合(-S-S-)などにより，折りたたまれ特有の構造をとっている。

74 タンパク質

学習日 月 / 日

タンパク質の分類

タンパク質は，その構成成分から分類することができる。加水分解したときに α-アミノ酸のみが生じるタンパク質を **単純タンパク質**，α-アミノ酸以外の物質も同時に生じるタンパク質を **複合タンパク質** という。

タンパク質はその形状から分類することもできる。ポリペプチド鎖が球状になったタンパク質を **球状タンパク質**，複数のポリペプチド鎖が束(たば)状になったタンパク質を **繊維状タンパク質** という。次の表を完成させよ。

分類・名称				所在
単純タンパク質		**球** 状タンパク質	**アルブミン**	卵白
		繊維 状タンパク質	**ケラチン**	羊毛や爪
			フィブロイン	絹糸
複合 タンパク質	リンタンパク質(**リン酸** が含まれているタンパク質)		**カゼイン**	牛乳
	色素タンパク質(**色素** が含まれているタンパク質)		**ヘモグロビン**	赤血球

☑ **1** タンパク質のポリペプチド鎖は，**時計まわり** のらせん構造(**α-ヘリックス** 構造)やひだ状の平面構造(**β-シート** 構造)などをつくっている。
また，側鎖(R-)どうしの相互作用などにより，特有の構造をとっていることが多い。側鎖どうしの相互作用には，

-S-S- ⇒ **ジスルフィド** 結合　　-O-H⋯O=C(-OH)- ⇒ **水素** 結合

⬡⋯⬡ ⇒ **ファンデルワールス力**　　$-NH_3^+\cdots{}^-O-C(=O)-$ ⇒ **イオン** 結合

などがある。

☑ **2** タンパク質を **加熱** したり，強酸，強塩基，アルコール，重金属イオン(Cu^{2+}，Pb^{2+} など)を加えると凝固し，再びもとの状態に戻らなくなることがある。この現象をタンパク質の **変性**(へんせい) という。

☑ **3** アミノ酸に **ニンヒドリン** 水溶液を加えて温めると **赤紫～青紫** 色を呈する。この反応を **ニンヒドリン** 反応といい，**アミノ** 基をもつアミノ酸やタンパク質の検出に用いられる。

☑ **4** 生体内で触媒機能をもつタンパク質のことを何というか。　**酵素**(こうそ)

タンパク質の検出反応

【1】α-アミノ酸やタンパク質に **ニンヒドリン** 水溶液を加え，温めると **赤紫～青紫** 色を呈する。この反応を **ニンヒドリン** 反応といい，アミノ酸やタンパク質のもつ **$-NH_2$** を検出する。

【2】タンパク質や **トリペプチド以上** のペプチドに **NaOH 水溶液** を加えて塩基性にした後，**$CuSO_4$** 水溶液を加えると **赤紫** 色になる。この反応を **ビウレット** 反応という。

$H_2N-CH(R^1)-C(=O)-N(H)-CH(R^2)-C(=O)-N(H)-CH(R^3)-COOH$ を **トリペプチド** という。

ペプチド 結合

【3】**ベンゼン環** をもつ α-アミノ酸やタンパク質に，**濃硝酸** を加えて加熱すると，ベンゼン環が **ニトロ化** され **黄** 色になる。冷却後，**NH_3** 水などを加えて **塩基** 性にすると **橙黄** 色になる。この反応を **キサントプロテイン** 反応という。ベンゼン環をもつ α-アミノ酸には，次のフェニルアラニンやチロシンなどがある。

$C_6H_5-CH_2-C^*H(NH_2)-COOH$ **フェニルアラニン**　　$HO-C_6H_4-CH_2-C^*H(NH_2)-COOH$ **チロシン**　　C*は不斉炭素原子

【4】**硫黄 S** を含む α-アミノ酸やタンパク質に **NaOH** を加えて加熱し，酢酸鉛(Ⅱ) **$(CH_3COO)_2Pb$** 水溶液を加えると **PbS** の **黒** 色沈殿を生じる。S を含むアミノ酸には，次のシステインやメチオニンがある。

$HS-CH_2-C^*H(NH_2)-COOH$ **システイン**　　$CH_3-S-(CH_2)_2-C^*H(NH_2)-COOH$ **メチオニン**　　C*は不斉炭素原子

☑ **5** 次の反応名などを答えよ。

(1) 卵白水溶液 →(+NaOH 水溶液)→ →(+$CuSO_4$ 水溶液)→ **赤紫** 色

ビウレット 反応
(**トリペプチド** 以上のペプチドやタンパク質を検出する)

(2) 卵白水溶液 →(+濃 HNO_3 加熱する)→ **黄** 色 →(+NH_3 水)→ **橙黄** 色

キサントプロテイン 反応
(**ベンゼン環** をもつ α-アミノ酸やタンパク質を検出する)

75 酵素, 繊維とタンパク質の検出反応のまとめ

学習日　月　日

生体内ではたらく **触媒** を **酵素** といい，その主成分は **タンパク質** である。

過酸化水素 H_2O_2 の分解反応

$2H_2O_2 \longrightarrow 2H_2O + O_2$

では，MnO_2 やカタラーゼなどが **触媒** としてはたらく。MnO_2 は無機 **触媒** であり，カタラーゼは **酵素** になる。

酵素が触媒として作用する物質を **基質**(きしつ)，基質と立体的に結合する部位を **活性部位**(かっせいぶい) または **活性中心** という。

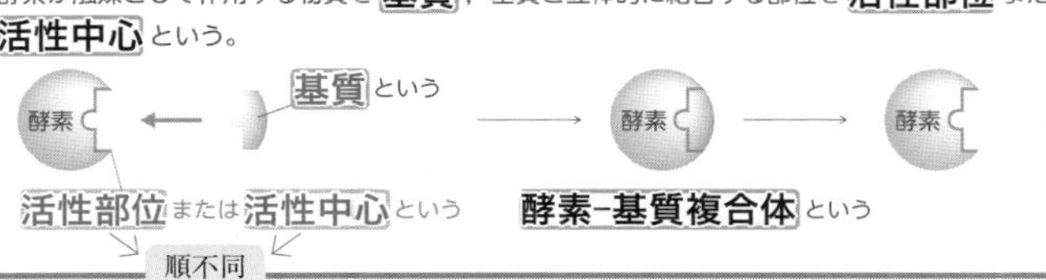

☑ **1** 酵素には，無機触媒にはない次の(1)〜(3)の特徴がある。

(1) 酵素は決まった基質にしか作用しない。このような酵素の性質を **基質特異性**(きしつとくいせい) という。

例 肝臓片などに含まれている **カタラーゼ** は，過酸化水素の分解反応には作用するが，他の物質には作用しない。（MnO_2 or カタラーゼ）

(2) 酵素が最もよくはたらく温度を **最適温度** といい，ふつう 35〜40℃ になる。酵素が作用する反応では，**最適温度** までは反応速度は大きくなるが，それ以上の温度になると酵素をつくるタンパク質が **変性** し，その活性を失う。これを **酵素の失活** という。

(3) 酵素が最もよくはたらく pH を **最適 pH** といい，中性付近で最もよくはたらく酵素が多い。

☑ **2** デンプンは，アミラーゼやマルターゼなどの酵素により加水分解されて，最終的にグルコースになる。空欄に酵素名を入れよ。

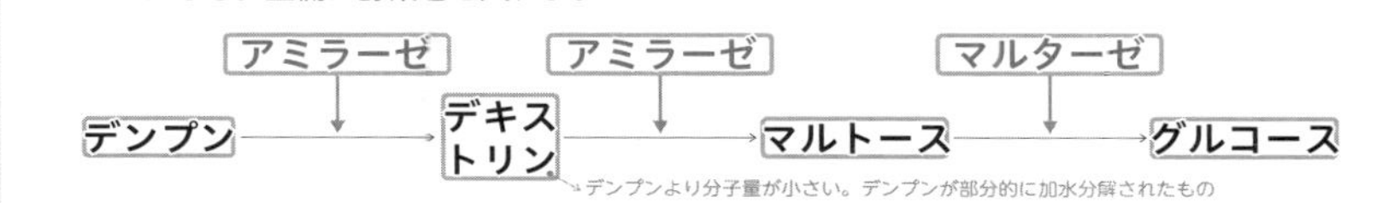

☑ **3** セルロースは，セルラーゼやセロビアーゼなどの酵素により加水分解されて，最終的にグルコースになる。空欄に酵素名を入れよ。

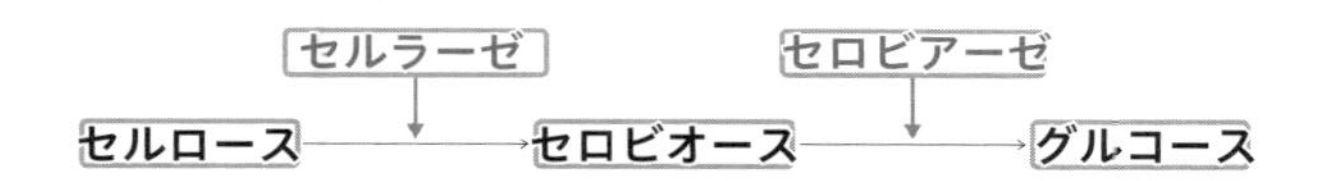

☑ **4** セルロース$(C_6H_{10}O_5)_n$ の再生繊維は **レーヨン** とよばれ，木材パルプがおもな原料として用いられる。

$Cu(OH)_2$ に濃 NH_3 水を加えると，**$[Cu(NH_3)_4]^{2+}$** を含む **深青** 色の溶液を得ることができる。この溶液を **シュバイツァー試薬** という。

次の図を完成させよ。

セルロース $[C_6H_7O_2(OH)_3]_n$ —シュバイツァー試薬に溶かす（$[Cu(NH_3)_4]^{2+}$ を含む）→ **粘性の大きなコロイド溶液** —希 H_2SO_4 中でセルロースを再生する→ **銅アンモニアレーヨン** $[C_6H_7O_2(OH)_3]_n$（名称：キュプラも OK）

セルロース $[C_6H_7O_2(OH)_3]_n$ —濃 NaOH 水溶液にひたす→ CS_2 にひたす → NaOH 水溶液に溶かす → 希 H_2SO_4 中でセルロースを再生する →
- 繊維状に再生する → **ビスコースレーヨン** $[C_6H_7O_2(OH)_3]_n$（名称）
- 薄膜状に再生する → **セロハン** $[C_6H_7O_2(OH)_3]_n$

☑ **5** セルロース$[C_6H_7O_2(OH)_3]_n$ のもつ $-OH$ の一部を変化させ，紡糸すると，長い繊維が得られる。これを **半合成繊維** という。（合成繊維 or 半合成繊維）

$-OH$ を無水酢酸$(CH_3CO)_2O$ でアセチル化して得られるものには，次のようなものがある。

$$-OH + (CH_3CO)_2O \xrightarrow{\text{アセチル化}} -OCOCH_3 + CH_3COOH$$

$[C_6H_7O_2(OCOCH_3)_3]_n$ **トリアセチルセルロース** ⇒ 写真フィルムなど

$[C_6H_7O_2(OH)(OCOCH_3)_2]_n$ **ジアセチルセルロース** ⇒ **アセテート** 繊維

☑ **6** 次の表を完成させよ。

呈色反応名	操作	色	検出するもの
ビウレット 反応	NaOH 水溶液を加えた後，**$CuSO_4$**（化学式）水溶液を加える	**赤紫** 色	**トリペプチド** 以上のペプチドやタンパク質
キサントプロテイン 反応	**濃硝酸** を加えて加熱する 冷却後，**NH_3**（化学式）水を加える	**黄** 色 **橙黄** 色	**ベンゼン環** をもつ α-アミノ酸やタンパク質
ニンヒドリン 反応	**ニンヒドリン** 水溶液を加えて温める	**赤紫〜青紫** 色	**$-NH_2$** をもつ α-アミノ酸やタンパク質（アミノ基も OK）
硫黄 S の検出反応	NaOH 水溶液を加えて加熱し，**$(CH_3COO)_2Pb$** 水溶液を加える	$PbS\downarrow$ **黒** 色沈殿	**S** を含む α-アミノ酸やタンパク質（硫黄も OK）

76 核酸

学習日　月　日

生物の細胞には，**核酸**という高分子化合物が存在し，その生物のもつ**遺伝**情報を次の世代に伝えたり，**タンパク質合成**に関わるなどの役割を果たしている。

核酸には，**デオキシリボ核酸**（**DNA**）と**リボ核酸**（**RNA**）の2種類がある。デオキシリボ核酸やリボ核酸は，いずれも**ヌクレオチド**が縮合重合した**ポリヌクレオチド**である。

<DNAのヌクレオチド>

リン酸の部分　デオキシリボース（糖）の部分　塩基の部分

<RNAのヌクレオチド>

リン酸の部分　リボース（糖）の部分　塩基の部分

DNAとRNAのヌクレオチドは，糖の部分が**デオキシリボース**か**リボース**かの違い，塩基の種類に**チミン**（T）が含まれるか**ウラシル**（U）が含まれるかの違いがある。

「チミンがウラギル（ウラシル）」と覚える

1 次の表を完成させよ。

核酸	所在	構造	役割
デオキシリボ核酸（**DNA**）	細胞の**核**に存在	**二重らせん**構造	**遺伝情報**を保持し伝える
リボ核酸（**RNA**）	細胞の**核**と**細胞質**に存在	ふつう**1本鎖**構造	**タンパク質合成**に関わる

核酸	構成	糖の部分	塩基
デオキシリボ核酸（DNA）	ポリヌクレオチド	**デオキシリボース**	A・G・C・T（アデニン　グアニン　シトシン　チミン）
リボ核酸（**RNA**）	**ポリヌクレオチド**	**リボース**	A・G・C・U（アデニン　グアニン　シトシン　ウラシル）

2 DNAやRNAをつくっている塩基の名称を書け。

DNA ⇒ **アデニン**（A），**グアニン**（G），**シトシン**（C），**チミン**（T）

RNA ⇒ **アデニン**（A），**グアニン**（G），**シトシン**（C），**ウラシル**（U）

DNAでは**チミン**（T）であるところが，RNAでは**ウラシル**（U）になる。

77 DNA（デオキシリボ核酸）

学習日　月　日

DNAは下の図のような**二重らせん**構造を形成している。

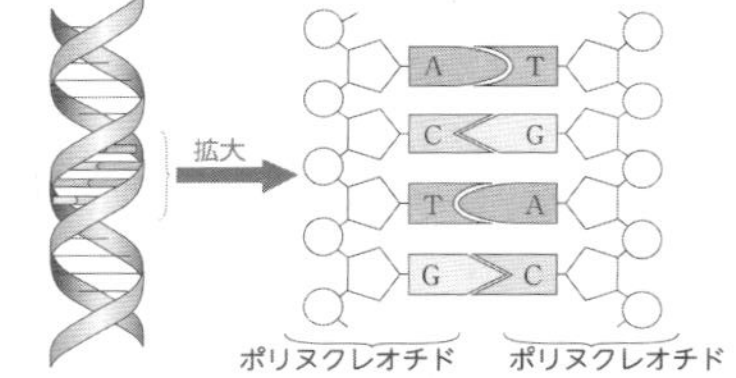

○は**リン酸**，
⬠は**デオキシリボース**
を表す。A，G，C，Tは塩基を表し，
Aは**アデニン**，
Gは**グアニン**，
Cは**シトシン**，
Tは**チミン**になる。

DNAの**二重らせん**構造は，塩基間の**水素**結合により保たれている。

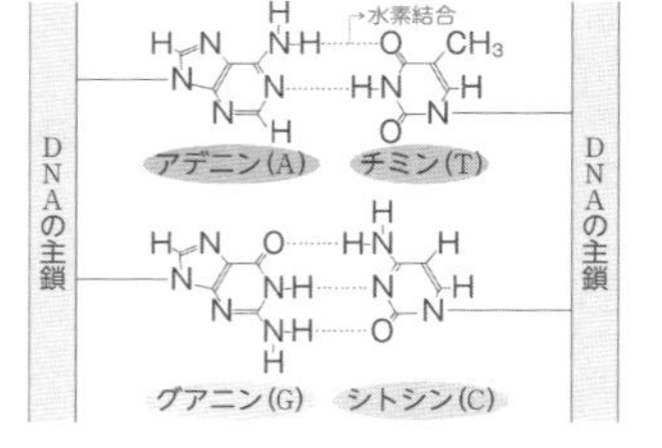

アデニン（A）と**チミン**（T）は**2**本の**水素**結合で結びつき，**グアニン**（G）と**シトシン**（C）は**3**本の**水素**結合で結びつき，**塩基対**をつくる。

「A 2 T，G 3 C」と覚える（水素結合の本数）

1 「核酸」の構成単位は，「リン酸」と「糖」と「Nを含む環状構造の塩基（核酸塩基）」が結合した**ヌクレオチド**とよばれる物質である。核酸は，この**ヌクレオチド**どうしが糖部分の－OHと，リン酸部分の－OHとの間で**縮合重合**した**ポリヌクレオチド**である。

（付加重合 or 縮合重合）

2 右図は，DNAを構成するデオキシリボースの構造式である。
この構造式の表し方にしたがって，RNAを構成するリボースの構造式を書け。

デオキシリボース　リボース

3 2本鎖DNAの塩基組成を調べたところ，Aの割合は40%であった。このDNAのG，T，Cの割合を整数で答えよ。

G：**10**%　T：**40**%　C：**10**%

A2T，G3C より，A＝T＝40%となる。ここで，G＝C＝x〔%〕とおくと，
$40+40+x+x=100$%　よって，G＝C＝x＝10%

78 合成繊維

学習日 月 日

合成繊維

石油 などを原料とし，重合反応によってつくった繊維を 合成繊維 という。合成繊維には，

- $-\overset{O}{\overset{\|}{C}}-O-H$ と $H-\overset{H}{\overset{|}{N}}-$（カルボキシ基・アミノ基）から次々と$H_2O$がとれてできた $-\overset{O}{\overset{\|}{C}}-\overset{H}{\overset{|}{N}}-$（アミド結合）を多数もつ ポリアミド 系のもの
- $-\overset{O}{\overset{\|}{C}}-O-H$ と $H-O-$（カルボキシ基・ヒドロキシ基）から次々とH_2Oがとれてできた $-\overset{O}{\overset{\|}{C}}-O-$（エステル結合）を多数もつ ポリエステル 系のもの

などがある。このように，H_2O のような簡単な分子がとれる 縮合 反応によって，次々と結びつく重合反応を 縮合重合 という。

1 縮合重合によりつくられる合成繊維には，ポリアミド系のナイロン 66 やポリエステル系のポリエチレンテレフタラートなどがある。次の(1)，(2)の反応式を完成させよ。

(1) ヘキサメチレンジアミンとアジピン酸の縮合重合により合成される合成繊維を **ナイロン 66** といい，くつ下などに用いられる。

$$n\,H-\overset{H}{\overset{|}{N}}-(CH_2)_6-\overset{H}{\overset{|}{N}}-H + n\,HO-\overset{O}{\overset{\|}{C}}-(CH_2)_4-\overset{O}{\overset{\|}{C}}-OH \xrightarrow{\text{縮合重合}} \left[\overset{H}{\overset{|}{N}}-(CH_2)_6-\overset{H}{\overset{|}{N}}-\overset{O}{\overset{\|}{C}}-(CH_2)_4-\overset{O}{\overset{\|}{C}}\right]_n + 2nH_2O$$

ヘキサメチレンジアミン　アジピン酸　ナイロン 66

(2) テレフタル酸とエチレングリコールの縮合重合により合成される合成繊維を **ポリエチレンテレフタラート(PET)** といい，ワイシャツなどに用いられる。

$$n\,HO-\overset{O}{\overset{\|}{C}}-C_6H_4-\overset{O}{\overset{\|}{C}}-OH + n\,HO-(CH_2)_2-OH \xrightarrow{\text{縮合重合}} \left[\overset{O}{\overset{\|}{C}}-C_6H_4-\overset{O}{\overset{\|}{C}}-O-(CH_2)_2-O\right]_n + 2nH_2O$$

テレフタル酸　エチレングリコール　ポリエチレンテレフタラート(PET)

2 ナイロン 66 のもつ $-\overset{O}{\overset{\|}{C}}-\overset{H}{\overset{|}{N}}-$ を アミド 結合，ポリエチレンテレフタラートのもつ $-\overset{O}{\overset{\|}{C}}-O-$ を エステル 結合といい，ナイロン分子間にはたらく $C=O \cdots H-N$ のような結合を 水素 結合という。

ナイロン

環構造をもつアミドの ε(イプシロン)-カプロラクタムに，少量の水を加えて加熱すると，開環 を伴う重合反応（開環重合(かいかんじゅうごう)）により，合成繊維ナイロン 6 が生じる。ナイロン 6 は，ナイロン 66 と性質が似ている。

$$n\,H_2C\langle^{CH_2-CH_2-N-H}_{CH_2-CH_2-C=O} \xrightarrow{\text{開環重合}} \left[\overset{H}{\overset{|}{N}}-(CH_2)_5-\overset{O}{\overset{\|}{C}}\right]_n$$

ε-カプロラクタム　ナイロン 6

3 ビニロンは，日本初の合成繊維で 綿 に似た性質がある。ビニロンは次のようにつくる。

手順 1　酢酸ビニルを付加重合させて ポリ酢酸ビニル とし，これを NaOH 水溶液でけん化して ポリビニルアルコール(PVA) を得る。

$$n\,CH_2=CH-O-\overset{O}{\overset{\|}{C}}-CH_3 \xrightarrow{\text{付加重合}} \left[CH_2-\underset{OCOCH_3}{CH}\right]_n \xrightarrow{\text{けん化}} \left[CH_2-\underset{OH}{CH}\right]_n$$

酢酸ビニル　ポリ酢酸ビニル　ポリビニルアルコール

$$-O-\overset{O}{\overset{\|}{C}}-CH_3 + OH^- \xrightarrow{\text{けん化}} -OH + CH_3-\overset{O}{\overset{\|}{C}}-O^-$$

手順 2　ポリビニルアルコールは -OH を多くもち，水に溶けやすいので，ホルムアルデヒドを反応させ水に溶けない ビニロン を得る。この反応を アセタール化 という。

$$\cdots CH_2-\underset{OH}{CH}-CH_2-\underset{OH}{CH}-CH_2-\underset{OH}{CH}\cdots \xrightarrow[\text{アセタール化 30〜40\%}]{H-\overset{O}{\overset{\|}{C}}-H} \cdots CH_2-CH-CH_2-CH-CH_2-\underset{OH}{CH}\cdots\ (O-CH_2-O)$$

ポリビニルアルコール　（□で H_2O をとる）　ビニロン

ビニロンは，親水基である -OH が多く残っているため，吸湿 性をもつ。

4 アクリロニトリルを付加重合させて得られる ポリアクリロニトリル が主成分の繊維は アクリル 繊維という。

$$n\,CH_2=\underset{CN}{CH} \xrightarrow{\text{付加重合}} \left[CH_2-\underset{CN}{CH}\right]_n$$

アクリロニトリル　ポリアクリロニトリル

⇓

羊毛 に似た肌触りで，セーターなどに用いられる

アクリル繊維を高温で熱処理すると 炭素繊維 が得られる。軽く強いので，スポーツ用品や航空機の翼などに用いられる。

↓ カーボンファイバーも OK

79 合成樹脂

学習日 月／日

合成樹脂

分子量が **1万** をこえる化合物を **高分子化合物** という。デンプン・セルロース・タンパク質など天然に存在する高分子化合物を **天然高分子化合物**，ナイロン・ポリエステルなど原料が石油の高分子化合物を **合成高分子化合物** という。

高分子化合物 ─ 天然高分子化合物 ／ 合成高分子化合物 ─ 合成繊維・合成樹脂(プラスチック)・合成ゴム

高分子化合物の原料となる小さな分子を **単量体(モノマー)**，これが多数結合したものを **重合体(ポリマー)** という。

n 個の **単量体**（モノマーも OK） ──重合（単量体が結びつく反応のこと）→ **重合体**（ポリマーも OK）

加熱するとやわらかくなり，冷やすと固まる性質をもつプラスチックを **熱可塑性樹脂**，加熱すると硬くなる性質をもつプラスチックを **熱硬化性樹脂** という。

1 $CH_2=CH-$ **ビニル** 基や $>C=C<$ をもつ化合物は，**付加** 重合により **鎖状構造** をもつ **熱可塑性** 樹脂になる。次の表を完成させよ。

付加 or 縮合

$n\ H_2C=CHX \xrightarrow{付加重合} [-CH_2-CHX-]_n$ （ここが切れて，つながる）

樹脂名	低密度ポリエチレン（高圧でつくり，すきまが多い）	高密度ポリエチレン（低圧でつくり，すきまが少ない）	ポリスチレン	ポリ酢酸ビニル㊟
単量体の構造式	$CH_2=CH_2$	$CH_2=CH_2$	$CH_2=CH-C_6H_5$	$CH_2=CH-OCOCH_3$
重合体の構造式	$[-CH_2-CH_2-]_n$	$[-CH_2-CH_2-]_n$	$[-CH_2-CH(C_6H_5)-]_n$	$[-CH_2-CH(OCOCH_3)-]_n$
用途	ポリ袋	ポリ容器	発泡ポリスチレン	接着剤

樹脂名	ポリプロピレン	ポリ塩化ビニル	メタクリル樹脂㊟ ポリメタクリル酸メチル
単量体の構造式	$CH_2=CH-CH_3$	$CH_2=CH-Cl$	$CH_2=C(CH_3)-COOCH_3$
重合体の構造式	$[-CH_2-CH(CH_3)-]_n$	$[-CH_2-CH(Cl)-]_n$	$[-CH_2-C(CH_3)(COOCH_3)-]_n$
用途	容器	パイプ，消しゴム	光ファイバー

㊟ エステル結合の向きに注意して覚えること

熱硬化性樹脂

熱硬化性樹脂は，**付加** 反応と **縮合** 反応をくり返す **付加縮合** により合成されるものが多く，**立体網目状** の構造をもつ。

フェノールとホルムアルデヒドの付加縮合で生じる **フェノール樹脂**（ベークライトも OK），尿素とホルムアルデヒドの付加縮合で生じる **尿素樹脂**（ユリア樹脂も OK），メラミンとホルムアルデヒドの付加縮合で生じる **メラミン樹脂** などがある。

フェノール 樹脂（**ベークライト**）：世界初の合成樹脂。電気絶縁性に優れ，電気部品などに使われる

尿素 樹脂（**ユリア** 樹脂）（順不同）：電気器具や家庭用品などの材料や接着剤などに使われる

メラミン 樹脂：食器などに使われる

2 次の表を完成させよ。

名称	フェノール樹脂	尿素樹脂	メラミン樹脂
単量体の構造式	フェノール（C_6H_5OH）と $H-CO-H$	尿素（$(H_2N)_2C=O$）と $H-CO-H$	メラミン と $H-CO-H$
用途	電気部品など	接着剤など	食器など

3 (1) 次の構造をもつ合成高分子の名称を答えよ。

① $-CH_2-CH(C_6H_5)-$ **ポリスチレン**

② $-CO-C_6H_4-CO-O-(CH_2)_2-O-$ **ポリエチレンテレフタラート**（PET も OK）

③ $-CH_2-C_6H_2(OH)(CH_2-)-CH_2-$ **フェノール** 樹脂

④ $-CH_2-CH_2-$ **ポリエチレン**

⑤ $-CH_2-C(CH_3)(COOCH_3)-$ **ポリメタクリル酸メチル**（メタクリル樹脂も OK）

⑥ $-CH_2-N(-CO-N(-CH_2-)-CH_2-)-CH_2-$ **尿素** 樹脂（ユリアも OK）

(2) 空欄に熱可塑性・熱硬化性のいずれかを入れよ。

③と⑥は **熱硬化性** 樹脂，①，②，④，⑤は **熱可塑性** 樹脂である。

熱硬化性樹脂は立体網目状の高分子で，熱可塑性樹脂は鎖状の高分子になる。

80 ゴム

学習日　月　日

天然ゴム

ゴムの木の樹皮に傷をつけて得られる白い粘性のある液体を **ラテックス** といい，これを集めて酸を加えて固めたものを **天然ゴム** または **生ゴム** という。

$CH_2=C(CH_3)-CH=CH_2$（イソプレン） —付加重合→ $\cdots-CH_2-C(CH_3)=CH-CH_2-\cdots$（ポリイソプレン）

新たに二重結合が生じる

天然ゴムは **ポリイソプレン** であり，**ポリイソプレン** は **イソプレン** が **付加** 重合した構造をもつ。ポリイソプレンは C=C 結合のところでシス形やトランス形をとることができ，天然ゴムは **シス** 形である。

イソプレン or プロピレン　付加 or 縮合

（**補足** トランス形のポリイソプレンは **グタペルカ** または **グッタペルカ** とよばれ，ゴム弾性がなく硬い。ゴルフボールの外皮などに使われていた。）

☑ **1** 天然ゴムは，**イソプレン** が付加重合した **シス** 形の構造をもつ **ポリイソプレン** であり，ゴム特有の弾性（**ゴム弾性**）が小さい。そこで，硫黄を数%加えて加熱する。すると，S による **架橋**（かきょう）構造が生じてゴム弾性が向上した **弾性ゴム** になる。この操作を **加硫**（かりゅう）という。

→ 橋かけも OK

☑ **2** 空欄にシス・トランス・天然ゴム・グタペルカ　のいずれかを入れよ。

(1) $-CH_2(CH_3)C=CH-CH_2-CH_2-C(CH_3)=CH-CH_2-$

シス 形の **天然ゴム**

(2) $-CH_2(CH_3)C=CH-CH_2-CH_2-C(CH_3)=CH-CH_2-$

トランス 形の **グタペルカ**

☑ **3** 天然ゴム（生ゴム）に 30～40%の硫黄 S を加えて長時間加熱すると生じる黒色の硬い物質を何というか。

エボナイト

☑ **4** イソプレンの構造式を書け。

馬 と覚えるとよい

つまり，C-C(C)=C-C=C より，解答のようになる

$CH_2=C(CH_3)-CH=CH_2$

☑ **5** イソプレンのように C=C 結合を 2 個もつ化合物を **ジエン** 化合物といい，イソプレン以外に次のようなものもある。

→「ジ」は「2」を表す

$CH_2=CH-CH=CH_2$　**1,3-ブタジエン**

$CH_2=C(Cl)-CH=CH_2$　**クロロプレン** → 2-クロロ-1,3-ブタジエンともいう

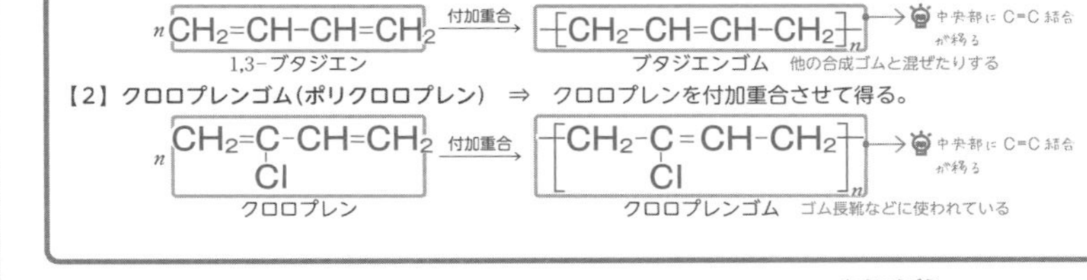

合成ゴム

イソプレンに似た構造の化合物を付加重合させると，**合成** ゴムをつくることができる。

【1】ブタジエンゴム（ポリブタジエン）　⇒　1,3-ブタジエンを付加重合させて得る。

$n\,CH_2=CH-CH=CH_2$（1,3-ブタジエン） —付加重合→ $[CH_2-CH=CH-CH_2]_n$（ブタジエンゴム　他の合成ゴムと混ぜたりする）→ 中央部に C=C 結合が移る

【2】クロロプレンゴム（ポリクロロプレン）　⇒　クロロプレンを付加重合させて得る。

$n\,CH_2=C(Cl)-CH=CH_2$（クロロプレン） —付加重合→ $[CH_2-C(Cl)=CH-CH_2]_n$（クロロプレンゴム　ゴム長靴などに使われている）→ 中央部に C=C 結合が移る

☑ **6** 2 種類以上の単量体（モノマー）を混合して重合させることを **共重合**（きょうじゅうごう）という。合成ゴムの中には，**共重合** でつくられるものがある。

(1) スチレン-ブタジエンゴム　⇒　1,3-ブタジエンとスチレンを共重合させて得る。

$nx\,CH_2=CH-CH=CH_2$（1,3-ブタジエン） + $ny\,CH_2=CH(C_6H_5)$（スチレン） —共重合→ $[(CH_2-CH=CH-CH_2)_x(CH_2-CH(C_6H_5))_y]_n$

スチレン-ブタジエンゴム（SBR）
自動車タイヤや靴底などに使われている

(2) アクリロニトリル-ブタジエンゴム

$nx\,CH_2=CH-CH=CH_2$（1,3-ブタジエン） + $ny\,CH_2=CH(CN)$（アクリロニトリル） —共重合→ $[(CH_2-CH=CH-CH_2)_x(CH_2-CH(CN))_y]_n$

アクリロニトリル-ブタジエンゴム（NBR）
石油のゴムホースなどに使われている

☑ **7** 次の有機化合物の構造式を書け。

(1) 1,3-ブタジエン　$CH_2=CH-CH=CH_2$

(2) スチレン　$CH(C_6H_5)=CH_2$

(3) クロロプレン　$CH_2=C(Cl)-CH=CH_2$

(4) アクリロニトリル　$CH_2=CH(CN)$

☑ **8** 次の合成ゴムの名称を書け。

(1) $[(CH_2-CH=CH-CH_2)_x(CH_2-CH(C_6H_5))_y]_n$

スチレン-ブタジエンゴム → SBR も OK

(2) $[(CH_2-CH=CH-CH_2)_x(CH_2-CH(CN))_y]_n$

アクリロニトリル-ブタジエンゴム → NBR も OK

81 イオン交換樹脂

学習日 月 / 日

溶液中のイオンを，他のイオンと交換するはたらきをもつ合成樹脂を **イオン交換** 樹脂といい，**陽イオン交換樹脂** や **陰イオン交換樹脂** がある。

(1) 次の有機化合物の構造式を書け。

① スチレン　$CH=CH_2$ が結合したベンゼン環

② p-ジビニルベンゼン　ベンゼン環の p 位に $CH=CH_2$ が2つ結合

(2) 次のイオン交換樹脂は，陽イオン交換樹脂と陰イオン交換樹脂のいずれか答えよ。

① $\cdots -CH-CH_2-$（ベンゼン環に SO_3H）　**陽イオン交換樹脂**

② $\cdots -CH-CH_2-$（ベンゼン環に CH_2-$(CH_3)_3N^+OH^-$）　**陰イオン交換樹脂**

☑ **1** 次の反応式を完成させよ。

(1) $\cdots -CH-CH_2- \cdots$（ベンゼン環に $SO_3^-H^+$）陽イオン交換樹脂 $+ Na^+$（水溶液中の陽イオン）$\rightleftarrows$ $\cdots -CH-CH_2- \cdots$（ベンゼン環に $SO_3^-Na^+$）$+$ **H^+**（流出する陽イオン）

交換される

(2) $\cdots -CH-CH_2- \cdots$（ベンゼン環に $H_2CN^+(CH_3)_3OH^-$）陰イオン交換樹脂 $+ Cl^-$（水溶液中の陰イオン）$\rightleftarrows$ $\cdots -CH-CH_2- \cdots$（ベンゼン環に $H_2CN^+(CH_3)_3Cl^-$）$+$ **OH^-**（流出する陰イオン）

交換される

補足 (1)，(2)の反応はいずれも可逆反応なので，イオン交換樹脂は元の状態に戻すことができる。

☑ **2** 陽イオン交換樹脂は，スチレンと p-ジビニルベンゼンから次の図のように作ることができる。図を完成させよ。

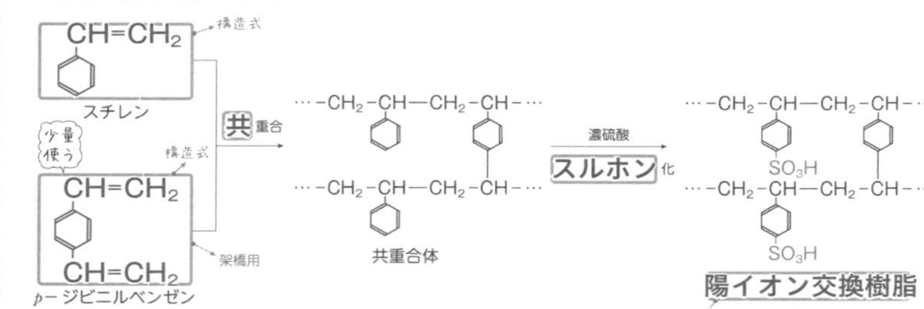

82 機能性高分子

学習日 月 / 日

アクリル酸ナトリウム $CH_2=CH-COONa$ の付加重合体をポリアクリル酸ナトリウムという。

ポリアクリル酸ナトリウムの構造式を書け。

$$\left[CH_2-CH(COONa) \right]_n$$

ポリアクリル酸ナトリウムの網目のすき間に水がとり込まれると，$-COONa$ が **電離** して，親水基の $-COO^-$ どうしが **反発** して，網目のすき間が **拡大** する。この網目のすき間に多量の水が入り，水は $-COO^-$ や Na^+ に **水和** することで網目構造に吸収・保持される。

拡大 or 縮小

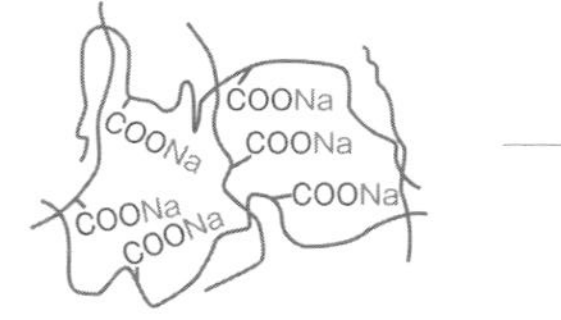

このように多量の水を吸収し，保持する機能をもつ高分子を **吸水性高分子** または **高吸水性樹脂** という。紙おむつなどに利用される。

☑ **1** ふつうのプラスチックは電気を通さず，**絶縁体** として用いられる。ところが，アセチレンの付加重合により得られるポリアセチレンは，少量のヨウ素を加えると，金属並みの電気伝導性を示す。これを **導電性高分子** または **導電性樹脂** という。

$$n\,CH\equiv CH \xrightarrow{\text{付加重合}} \left[CH=CH \right]_n$$

アセチレン　　ポリアセチレン → 構造式

コンデンサーや高性能電池などに使われている

☑ **2** ポリ乳酸やポリグリコール酸などは，生体内や自然環境の中で分解される高分子で，**生分解性高分子** という。

$$\left[O-CH(CH_3)-C(=O) \right]_n \qquad \left[O-CH_2-C(=O) \right]_n$$

ポリ乳酸 → 農業用フィルムなどに使われる（名称）

ポリグリコール酸 → 手術糸などに使われる（名称）